安徽省高等学校"十二五"规划教材
安徽省精品资源共享课配套教材
高等职业院校精品教材系列

典型模具零件的数控加工一体化教程(第2版)

谢 暴 主 编
吕冬梅 谢 超 副主编

电子工业出版社
Publishing House of Electronics Industry
北京·BEIJING

内 容 简 介

本书在第1版得到广泛使用的基础上，根据模具制造技术领域职业岗位群的技能需求，结合新的课程改革成果与教学实践经验进行修订编写。本书参照国家职业标准《数控车工》、《数控铣工》及《加工中心操作工》的理论知识要求和技能要求，以"工学融合"为切入点，以"工作任务"为导向，模拟"职业岗位情境"项目进行设计，主要以典型模具零件为载体，重点介绍各种模具的数控加工工艺与操作技能，突出实践技能的培养和训练。全书内容包括4个学习情境，共计13个项目，每个项目设置有若干任务，每个任务的内容相对独立，按照模具数控加工的不同技能需求逐步展开，在每个项目后均附有任务巩固内容，供学生课后练习使用。

本书为高等职业本专科院校模具、数控、机械制造、机电一体化等相关专业的教材，以及开放大学、成人教育、自学考试、中职学校及培训班的教材，同时也是数控机床操作与编程人员的一本好参考工具书。

本书配有免费的电子教学课件和精品课网站，详见前言。

未经许可，不得以任何方式复制或抄袭本书之部分或全部内容。
版权所有，侵权必究。

图书在版编目（CIP）数据

典型模具零件的数控加工一体化教程/谢暴主编．—2版．—北京：电子工业出版社，2017.8
全国高等职业院校规划教材·精品与示范系列
ISBN 978-7-121-26591-4

Ⅰ．①典… Ⅱ．①谢… Ⅲ．①模具-零部件-数控机床-加工-高等职业教育-教材 Ⅳ．①TG760.6

中国版本图书馆CIP数据核字（2015）第155837号

策划编辑：陈健德（chenjd@phei.com.cn）
责任编辑：陈健德　　　文字编辑：陈晓明
印　　刷：北京七彩京通数码快印有限公司
装　　订：北京七彩京通数码快印有限公司
出版发行：电子工业出版社
　　　　　北京市海淀区万寿路173信箱　邮编100036
开　　本：787×1092　1/16　印张：17.5　字数：448千字
版　　次：2012年6月第1版
　　　　　2017年8月第2版
印　　次：2021年8月第4次印刷
定　　价：52.00元

凡所购买电子工业出版社图书有缺损问题，请向购买书店调换。若书店售缺，请与本社发行部联系，联系及邮购电话：(010)88254888。
质量投诉请发邮件至zlts@phei.com.cn，盗版侵权举报请发邮件至dbqq@phei.com.cn。
本咨询联系方式:chenjd@phei.com.cn

前言

本书根据模具制造技术领域职业岗位群的技能需求,以"工学融合"为切入点,以"工作任务"为导向,模拟职业岗位实践项目进行修订编写。本书第 1 版于 2012 年 6 月出版后,得到广大师生的认可与好评,并被评为安徽省高等学校"十二五"规划教材(编号:2013ghjc366)。

本书改变了传统的模具数控加工技术课程以操作指令为主线进行讲解的形式,而以模具数控加工过程中的典型模具零件为载体,重点突出与操作技能相关的必备专业知识,理论知识以实用、够用为原则。全书划分为 4 个学习情境,共计 13 个项目,所有项目均可以进行测评及再扩展。每个项目中又设置了若干任务,每个任务可根据各校现有设备进行适当调整,具有较强的针对性和适应性。每个项目中各任务的难度总体上逐步递进,每个任务的内容相对独立,每个任务均按"任务描述→任务分析→相关知识→任务实施→质量检验→任务巩固"方式进行内容展开,体现了模具数控加工岗位的职业工作过程。每个任务后均配有任务巩固内容,供学生课后训练使用。

本教材在编写的过程中主要突出以下特点。

1. 突出模具数控加工操作技术,涵盖多种类型的模具零件。全书以模具结构及工艺规程分析为主线,以数控加工方法为目标,条理明晰,循序渐进,便于实施教学和学生自学。

2. 以实际的典型模具零件加工为载体,涉及数控加工技术所必需的系统知识。

3. 书中所用实例全部来源于生产实践案例,具有很强的实践性和应用性。

4. 结合数控机床编程与加工技术的特点,从知识和技能两方面入手,特别引出"知识点"—"知识树"的概念。将"数控编程—机床操作—加工刀具(夹具、量具)—工件加工—测量技术"五大方面需要的相关知识点作为树枝,组成相关的"知识链",将其作为每一个学习情境的要点链接,使学生在课后可以按照知识的链状结构迅速找到需要的知识,并有选择地进行自我学习。

本书内容新颖实用,可操作性很强,为高等职本专科院校模具、数控、机械制造、机电一体化等相关专业的教材,以及开放大学、成人教育、自学考试、中职学校及培训班的教材,同时也是数控机床操作与编程人员的一本好参考工具书。

本书由安徽职业技术学院谢暴任主编,安徽交通职业技术学院吕冬梅、合肥通用职业技术学院谢超任副主编。具体编写分工如下:谢暴编写绪论、学习情境 1、学习情境 2 中的项目 2.1 和 2.3、学习情境 3 中的项目 3.1,吕冬梅编写学习情境 2 中的项目 2.2,谢超编写学习情境 4,安徽职业技术学院李彦编写学习情境 2 中的项目 2.4 和 2.5,合肥通用职业技术学院葛婧编写学习情境3中的项目3.2和3.3。全书由谢暴负责统稿和定稿，由安徽职业技术学院机械工程系杜兰萍教授进行主审，合肥通用职业技术学院李正老师参与了部分实例和程序的编写整理工作，江淮汽车集团、安徽神剑科技股份有限公司等企业在实践项目内容设置等方面给予大力支持，同时引用和参考了大量的文献资料和科研成果，在此一并表示衷心的感谢！

尽管我们在探索项目化教学及特色教材建设方面做出了很多的努力，但由于时间和水平所限，疏漏及不妥之处仍在所难免，恳请广大读者批评指正。

为了方便教师教学及学生学习，本书配有免费的电子教学课件，请有需要的教师登录华信教育资源网（http://www.hxedu.com.cn）免费注册后进行下载，有问题时请在网站留言或与电子工业出版社联系（E-mail:hxedu@phei.com.cn）。读者也可通过该省级精品课网站（http://61.190.12.38/ec2006/C60/Course/Index.htm）浏览和参考更多的教学资源。

编 者

目 录

绪论 ··· 1

学习情境1　模具零件的数控加工基础 ·· 3

要点链接 ··· 3

项目1.1　数控机床的认识 ··· 5

　　任务1.1.1　数控机床加工原理及过程的认识 ·· 5
　　　　　　　（含数控机床的组成与坐标系统）
　　任务1.1.2　数控机床类型识别 ··· 9
　　　　　　　（含数控机床的不同特点、典型数控系统）

项目1.2　数控车床的基本操作与简单程序调试 ··· 13

　　任务1.2.1　数控车床的手动操作 ·· 13
　　　　　　　（含数控车床安全生产与基本操作、回参考点）
　　任务1.2.2　对刀及程序编辑 ··· 20
　　任务1.2.3　数控车床的自动运行 ·· 24
　　　　　　　（含数控车床的图形模拟、空运行及自动运行）

项目1.3　数控铣床/加工中心的基本操作与简单程序调试 ··· 26

　　任务1.3.1　数控铣床/加工中心的手动操作 ··· 26
　　　　　　　（含数控铣床/加工中心的安全生产及基本操作、回参考点）
　　任务1.3.2　数控铣床/加工中心的对刀 ·· 35
　　任务1.3.3　程序编辑及自动运行 ·· 41
　　　　　　　（含数控铣床/加工中心的程序编辑及自动运行）

学习情境2　模具零件的数控车削及铣削加工技术 ·· 45

要点链接 ·· 45

项目2.1　导柱零件的数控车削加工 ·· 47

　　任务2.1.1　冲模导柱零件的加工 ·· 47
　　　　　　　（含数控车床基本编程指令、编程规则、步骤及简单量具的使用方法）
　　任务2.1.2　轴类综合零件的加工 ·· 81
　　　　　　　（含数控车床固定循环指令、编程规则、轴类综合零件加工进给路线确定及所需
　　　　　　　　工、量、夹具的正确选择使用）

项目2.2　轴套类零件的数控车削加工 ·· 101

　　任务2.2.1　导套的加工 ·· 102
　　　　　　　（含套类零件孔加工方法及内孔测量工具的使用）
　　任务2.2.2　套类综合零件的加工 ··· 112
　　　　　　　（含套类综合零件加工工艺及方法、内螺纹等测量工具的使用）

· V ·

项目 2.3　模具板类零件的数控铣削加工 …………………………………………… 118
　　任务 2.3.1　平面的加工 ………………………………………………………… 119
　　　　　　　（含数控铣床、加工中心的类型及数控铣削的加工特点）
　　任务 2.3.2　模板工件的外形轮廓加工 ………………………………………… 130
　　　　　　　（含数控铣削指令、编程规则、步骤，零件上平面加工方法及常用测量工具的使用）
项目 2.4　模具型腔类零件的数控铣削加工 …………………………………………… 147
　　　　　（含挖槽零件铣削加工工艺及常用测量工具的使用）
项目 2.5　模具零件上的孔系加工 ……………………………………………………… 159
　　　　　（含零件上孔（孔系）加工工艺及孔测量）

学习情境 3　宏程序及模具 CAM 加工技术 ……………………………………… 177
　要点链接 ……………………………………………………………………………… 177
　项目 3.1　零件的曲线轮廓及简单曲面加工 …………………………………………… 178
　　任务 3.1.1　方程曲线类零件的车削加工 ……………………………………… 179
　　　　　　　（含数控车床宏程序编程指令、规则、步骤及系列零件加工方法）
　　任务 3.1.2　简单平面曲线轮廓的铣削加工 …………………………………… 190
　　　　　　　（含方程曲线类零件宏程序的编制方法）
　　任务 3.1.3　简单立体曲面的加工 ……………………………………………… 194
　　　　　　　（含简单立体曲面的宏程序编程指令、编程方法及工艺分析）
　　任务 3.1.4　MasterCAM Mill 二维加工 ………………………………………… 200
　　　　　　　（含 MasterCAM Mill 二维加工主要参数设置、加工操作与技巧、后置处理修改）
　项目 3.2　复杂曲面类模具零件的加工 ………………………………………………… 211
　　任务 3.2.1　曲面造型 …………………………………………………………… 212
　　　　　　　（含 MasterCAM 各种曲面造型及曲面编辑方法）
　　任务 3.2.2　实体造型 …………………………………………………………… 220
　　　　　　　（含 MasterCAM 各种实体生成及实体编辑方法）
　　任务 3.2.3　可乐瓶底电极模的设计与加工 …………………………………… 227
　项目 3.3　典型模具零件的数控编程加工 ……………………………………………… 241
　　　　　（含数控机床编程技术、CAD/CAM 应用技术、数控加工工艺编制、机床操作技巧、生产成本与效率及常用量具的使用）

学习情境 4　模具零件的电火花线切割加工 ……………………………………… 247
　要点链接 ……………………………………………………………………………… 247
　项目 4.1　电火花线切割机床的操作与编程 …………………………………………… 248
　　　　　（含线切割机床加工的原理、特点、安全生产、程序编制及基本操作方法）
　项目 4.2　落料凹模的电火花线切割加工 ……………………………………………… 270
　　　　　（含线切割加工的工艺分析、程序编制、加工步骤、质量检验）

参考文献 ……………………………………………………………………………… 274

绪 论

模具是制造业发展的基础工艺装备,模具工业是国民经济各部门发展的重要基础。在各行各业中,特别是在汽车、电子、电器、仪表、家电等产品中,大多数的零部件都依赖模具成型,模具生产的技术水平决定了最终产品的质量和效益,显示了企业新产品开发的能力和市场竞争能力。随着我国向制造业强国发展,模具工业的发展将起到重要作用。

1. 模具制造技术及其发展

模具制造技术是指模具零件加工及模具装配过程中所运用的技术方法和技术手段。模具的设计精度和制造精度要求较高,模具制造的技术方法和手段要求也较高。所以确定合理的加工工艺及选择高效的加工设备是模具制造的重要因素。

模具制造涉及模具制造工艺规程、常规加工技术及设备、数控机床及数控加工、快速制模、模具表面加工与处理、模具通用零件制造、塑料模具制造、冲压模具制造、压铸模具制造、模具材料及其热处理、模具维护与修复、模具先进制造模式和模具制造生产经营管理等内容。

当前模具制造的关键技术是高速切削技术、快速模具制造及快速成型技术、电加工技术、模具CAD/CAM/CAE技术及三坐标测量技术等,而数控加工技术是这些技术的基础及重要支撑。

2. 数控加工技术在模具制造中的应用

1) 数控加工技术

数控加工就是根据零件图样及工艺要求等原始条件,编制零件数控加工程序,并输入到数控机床的数控系统,以控制数控机床中刀具与工件的相对运动,从而完成零件加工的整个过程。数控加工技术是指高效、准确地实现数控加工要求的相关理论和方法的技术,包含计算机技术、自动控制、精密测量和机械设计等新技术,是制造业实现自动化、柔性化、集成化生产的基础性技术。现代的CAD/CAM、FMS和CIMS、敏捷制造和智能制造等,都是建立在数控加工技术之上的。

2) 数控加工技术的特点

(1) 高精度:数控加工的零件一般具有较高的精度要求,所以数控加工中要对数控机床的几何精度和加工精度进行控制。一般通过减小数控系统误差,提高数控机床的制造精度和稳定性来控制数控机床的几何精度,采用闭环补偿控制技术提高数控加工精度。高精密控制的数控精加工精度已经进入亚微米级,正在向纳米级的超精加工发展。高精度是数控加工技术发展的目标。

(2) 高速度:高速切削是提高加工效率最有效的途径。高速切削有利于克服机床的振动和加速排屑,减小被加工件的热变形和机床主轴的切削力,提高工件的加工精度和表面质

量。高速切削是数控机床发展的主要方向。

（3）高柔性化：柔性是指数控机床适应加工对象的变化能力，即同一机床和数控系统可以加工不同形状、不同结构的零件。为最大限度地实现数控加工的柔性化，实现多种加工用途，目前单一数控系统的柔性化应用比较广泛，而单元柔性化和系统柔性化技术开发是数控系统的发展方向。

（4）网络化：应用 FMS（柔性制造系统）和 CIMS（计算机集成制造系统）建立多种通信协议，借助 Internet 平台配备网络接口，实现远程监视与控制加工、远程技术检测与技术诊断。建立网络化加工系统可以形成"全球制造"，技术资源全球共享。

（5）智能化：CNC 系统是高智能的计算机控制系统，使整个或局部加工过程具有自适应、自诊断和自调整的能力；自动化编程形成智能加工数据库，控制加工过程；专家系统及多媒体人机接口使用户操作简单方便，降低对操作者的要求。

3）模具制造中的数控加工技术

模具作为模具成型品的母机，其制造精度远远高于其成型品的精度。组成模具的零件一般具有较高的加工精度要求，而且加工表面除简单的平面和回转面外，还有更多复杂的规则或不规则曲面，这些形状复杂的曲面采用传统的加工方法加工，不仅加工效率低，还难以达到加工的精度要求。

数控加工适用于单件、小批量、高精度、复杂表面的零件加工，是模具零件加工的主要方法。模具制造的数控加工主要有数控车削加工、数控铣削加工、数控线切割加工、数控电火花加工和精密测量等。本书根据模具行业的岗位技能要求，选取数控车削加工技术、数控铣削加工技术、CAD/CAM 技术及三坐标测量机等技术和方法作为核心内容。

3．本课程教学方法

学习情境 1 是模具数控加工技术的基础知识，可根据前期课程开设情况有选择地组织教学。

学习情境 2～3 作为模具数控加工技术的核心内容，在教学时可结合各学校的实际情况采用教学做一体化的教学方法。

学习情境 4 作为技术拓展的内容，在学有余力或课时充足的情况下选学。

学习情境 2～4 以现场教学为核心，以模具数控加工技术应用教学为主，采用工学结合模式进行教学，重点培养学生数控工艺编程与加工能力。

学习情境 1

模具零件的数控加工基础

要点链接

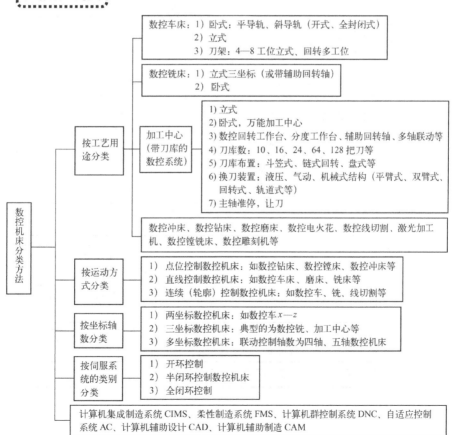

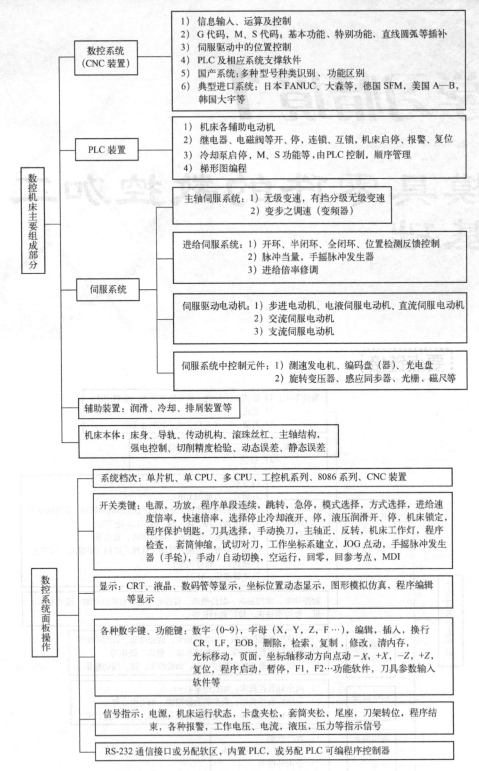

项目 1.1 数控机床的认识

职业能力 具备正确认识数控机床及数控系统的能力。

任务 1.1.1 数控机床加工原理及过程的认识

任务描述 了解数控机床加工原理及过程,并掌握数控机床坐标系的确定。

任务分析 本任务是进行数控加工及编程的最基本内容,要完成本任务,需掌握数控机床加工原理及过程、数控系统的构成,并掌握数控机床坐标系统的理论知识。技能方面需掌握数控机床坐标系的确定。

相关知识

1. 数控加工原理

数控机床(Numerical Control Machine Tool)是模具零件的主要加工设备,按照零件加工的技术要求和工艺要求,编写零件的加工程序,然后将加工程序输入到数控装置,通过数控装置控制机床的主轴运动、进给运动、更换刀具,以及工件的夹紧与松开,冷却、润滑泵的开与关,使刀具、工件和其他辅助装置严格按照加工程序规定的顺序、轨迹和参数进行工作,从而加工出符合图纸要求的零件。

数控机床是一种综合运用了计算机技术、自动控制、精密测量和机械设计等新技术的机电一体化典型产品。它的诞生标志着机械制造生产方式和制造技术发生了革命性的变革。

2. 数控系统的基本组成

数控机床一般由输入/输出设备、CNC 数控装置、主轴单元、进给伺服驱动装置、可编程控制器及电气控制装置、机床本体及位置检测装置(开环机床无)等组成,如图 1-1-1 所示。除机床本体外的部分,统称数控系统。

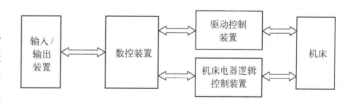

图 1-1-1 数控系统的基本组成

数控系统一般由输入/输出装置、数控装置、驱动控制装置、机床电器逻辑控制装置四部分组成,机床本体为被控对象。

(1) 采用计算机数控装置的数控系统称为 CNC。

(2) 现代数控系统的开关量控制采用 PLC。

(3) 数控系统的主要部件:数控装置(显示器、数控键盘)、操作面板、伺服放大器、伺服电动机、I/O 单元等。

3. 数控加工的过程

与传统加工比较，数控加工与普通机床加工在方法与内容上有许多相似之处，不同点主要表现在控制方式上。以机械加工为例，用普通机床加工零件时，工步的安排、机床运动的先后次序、位移量、走刀路线及有关切削参数的选择等，都是由操作者自行考虑和确定的，并且采用手工操作的方式进行控制。操作者总是根据零件和工序卡的要求，在加工过程中不断改变刀具与工件的相对运动轨迹和加工参数（位置、速度等），使刀具对工件进行切削加工，从而获得质量合格的零件。而在CNC机床上，传统加工过程中的人工操作均被数控系统的自动控制所替代。其工作过程如图1-1-2所示。

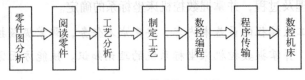

图1-1-2　数控加工过程

具体步骤为：

（1）首先阅读零件图纸，充分了解图纸的技术要求，如尺寸精度，形位公差，表面粗糙度，工件的材料、硬度、加工性能，以及工件数量等；

（2）根据零件图纸的要求进行工艺分析，其中包括零件的结构工艺性分析，材料和设计精度合理性分析，大致工艺步骤等；

（3）根据工艺分析制定出加工所需要的一切工艺信息——如加工工艺路线、工艺要求、刀具的运动轨迹、位移量、切削用量（主轴转速、进给量、吃刀深度）及辅助功能（换刀、主轴正转或反转、切削液开或关）等，并填写加工工序卡和工艺过程卡；

（4）根据零件图和制定的工艺内容，再按照所用数控系统规定的指令代码及程序格式进行数控编程；

（5）将编写好的程序通过传输接口，输入到数控机床的数控装置中，调整好机床并调用该程序后，就可以加工出符合图纸要求的零件。

4. 数控机床的坐标系统

数控机床加工时的横向、纵向等进给量都是以坐标数据来进行控制的，如数控车床、数控线切割机床等是属于两坐标控制的，数控铣床则是三坐标控制的，还有四坐标轴、五坐标轴甚至更多的坐标轴控制的加工中心机床等。

在数控编程时，为了描述机床的运动，简化程序编制的方法及保证记录数据的互换性，数控机床的坐标系和运动方向均已标准化，ISO组织和我国都拟定了相应的标准。

1）机床坐标系

（1）机床相对运动的规定。在机床上，我们始终认为工件静止，而刀具是运动的。这样编程人员在不考虑机床上工件与刀具具体运动的情况下，就可以依据零件图样，确定机床的加工过程。

（2）机床坐标系的规定。在数控机床上，机床的动作是由数控装置来控制的。为了确定数控机床上的成形运动和辅助运动，必须先确定机床上运动的位移和运动的方向，这就需要通过坐标系来实现，这个坐标系称为机床坐标系。

例如铣床上，有机床的纵向运动、横向运动及垂向运动，如图1-1-3所示。在数控加工中就应该用机床坐标系来描述。

在标准机床坐标系中，X、Y、Z坐标轴的相互关系用右手笛卡儿直角坐标系决定：伸出右手的大拇指、食指和中指，并互为90°。则大拇指代表X坐标，食指代表Y坐标，中指代表Z坐标。大拇指的指向为X坐标的正方向，食指的指向为Y坐标的正方向，中指的指向为Z坐标的正方向。围绕X、Y、Z坐标旋转的旋转坐标分别用A、B、C表示，根据右手螺旋定则，大拇指的指向为X、Y、Z坐标中任意轴的正向，则其余四指的旋转方向即为旋转坐标A、B、C的正向，如图1-1-4所示。

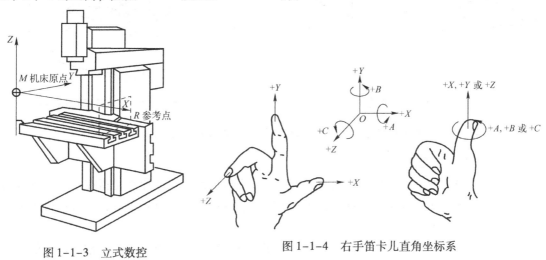

图1-1-3　立式数控铣床的坐标系

图1-1-4　右手笛卡儿直角坐标系

(3) 坐标轴正方向的规定。增大刀具与工件距离的方向，即为各坐标轴的正方向。

2) 数控机床各坐标轴方向的确定

在确定机床坐标轴时，一般先确定Z轴，然后确定X轴和Y轴，最后确定其他轴。

(1) 先确定Z轴：以平行于机床主轴的刀具运动坐标为Z轴，Z轴正方向是使刀具远离工件的方向。如立铣类，主轴箱的上、下或主轴本身的上、下即可定为Z轴，且是向上为正，若主轴不能上下动作，则工作台的上、下便为Z轴，此时工作台向下运动的方向定为正向；对于卧铣类，一般是工作台离开主轴前移为$+Z$方向；对于卧式车床，刀架拖板远离主轴朝尾座移动为$+Z$方向。

(2) 再确定X轴：X轴为水平方向且垂直于Z轴并平行于工件的装夹面。

对于立铣或立式加工中心，工作台往左（刀具相对向右）移动为X正向。

对于卧铣或卧式加工中心，工作台往右（刀具相对向左）移动为X正向。

对于数控车床，视刀架前后放置方式不同，其X正向也不相同，但都是由轴心沿径向朝外的，如图1-1-5所示。

(3) 最后确定Y轴：在确定了X、Z轴的正方向后，即可按右手定则定出Y轴正方向。对于立铣或立式加工中心，工作台往前（刀具相对向后）为Y正向，如图1-1-6所示。

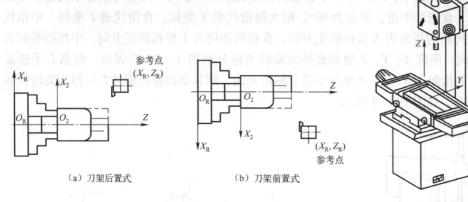

| (a) 刀架后置式 | (b) 刀架前置式 |

图 1-1-5　数控车床的坐标轴确定

图 1-1-6　立式铣床的坐标轴确定

对于卧铣或卧式加工中心，主轴箱带动刀具向上移动为 Y 正向。

3）机床原点的设置

机床坐标系的原点是由厂家确定的，用户一般不可更改，机床原点是指在机床上设置的一个固定点，即机床坐标系的原点。它在机床装配、调试时就已确定下来，是数控机床进行加工运动的基准参考点。

（1）数控车床的原点。在数控车床上，机床原点一般取在卡盘端面与主轴中心线的交点处，如图 1-1-7 所示。同时，通过设置参数的方法，也可将机床原点设定在 X、Z 坐标的正方向极限位置上。

（2）数控铣床的原点。在数控铣床上，机床原点一般取在 X、Y、Z 坐标的正方向极限位置上，如图 1-1-8 所示。

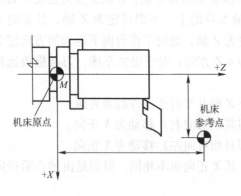

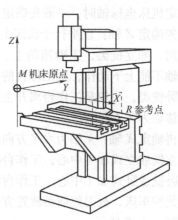

图 1-1-7　数控车床的机床原点

图 1-1-8　数控铣床的机床原点

4）机床参考点

机床参考点是用于对机床运动进行检测和控制的固定位置点。

机床参考点是机床上的一个固定点，用于对机床工作台、滑板与刀具相对运动的测量系统进行标定和控制。其位置由机械挡块或行程开关来确定。机床参考点对机床原点的坐标是一个已知定值，也就是说，可以根据机床参考点在机床坐标系中的坐标值间接确定机床原点的位置。在机床接通电源后，通常都要做回零操作，使刀具或工作台退离到机床参考点。当回零操作完成后，显示器即显示出机床参考点在机床坐标系中的坐标值，表明机床坐标系已自动建立。可以说回零操作是对基准的重新核定，可消除由于种种原因产生的基准偏差。机床参考点已由机床制造厂测定后输入数控系统，并且记录在机床说明书中，用户不得更改。

一般数控车床、数控铣床的机床原点和机床参考点位置如图 1-1-7 和图 1-1-8 所示，也有些数控机床的机床原点与机床参考点重合。

数控机床开机时，必须先确定机床原点，而确定机床原点的运动就是刀架返回参考点的操作，这样通过确认参考点，就确定了机床原点。只有机床参考点被确认后，刀具（或工作台）移动才有基准。

任务巩固 通过课后阅读，了解数控加工原理与数控系统的基本组成，掌握数控机床的基本结构组成和零件从编程到数控加工的大致过程。在数控机床上练习机床坐标系的确定。

任务 1.1.2 数控机床类型识别

任务描述 根据所加工的内容，正确选择数控加工机床的类型。

任务分析 选择合适的加工机床类型，是数控加工工艺编制的第一步，要完成该任务，需了解数控机床多轴联动加工和伺服系统控制方式。

相关知识

1. 按轮廓加工控制的坐标轴数分类

1）两轴联动数控机床

同时可以控制两个轴，但数控机床可以多于两个轴；如机床有 X、Y、Z 三个坐标，则两轴联动可以同时控制其中两个。如图 1-1-9 所示的加工直线型母线曲面轮廓，只要同时控制 X、Y 坐标即可。

2）两轴半联动数控机床

用于三轴及以上的数控机床，但控制装置只能同时控制两个坐标，而第三个坐标只能做等距周期移动，如 X、Y 坐标联动，另一个轴（Z 坐标）做周期性间歇进给。如图 1-1-10 所示的用行切法在数控铣床上加工三维曲面，数控装置在 ZOX 坐标平面内控制 X、Z 两坐标联动来加工垂直面内的轮廓表面，Y 坐标做定期等距移动，即可加工出零件的空间曲面。

3）三轴联动数控机床

三轴联动即 X、Y、Z 三个直线坐标方向的联动，或除同时控制其中两个直线坐标的联动外，还同时控制围绕某一坐标轴旋转的旋转坐标。例如，在数控铣床或加工中心上用球头铣刀加工如图 1-1-11 所示的三维曲面。

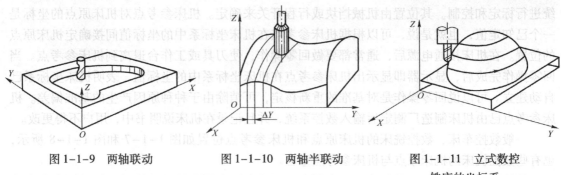

图 1-1-9　两轴联动　　　　图 1-1-10　两轴半联动　　　　图 1-1-11　立式数控铣床的坐标系

4）四轴联动数控机床

四轴联动是同时控制 X、Y、Z 三个直线坐标及某一旋转坐标的联动，用来加工叶轮或圆柱凸轮等。如图 1-1-12 所示为同时控制 X、Y、Z 坐标与工作台绕 Y 轴旋转（B 坐标）的四轴联动。

5）五轴联动数控机床

同时控制 X、Y、Z 三个直线坐标及两个旋转坐标（A、B、C 三个旋转坐标中的任意两个）的联动为五轴联动。这样，刀具可以向空间的任意方向进给加工。如加工图 1-1-13 所示的两种空间曲面，控制刀具同时绕 X 轴和 Y 轴两个方向摆动，使刀具切削方向保持与加工曲面的切平面重合，提高被加工表面的加工精度。五轴联动加工特别适合各种复杂的空间曲面。

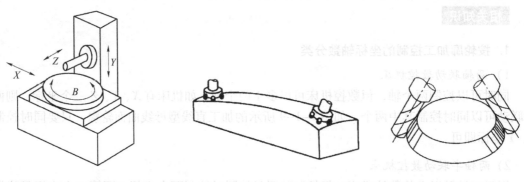

图 1-1-12　四轴联动　　　　　　　　　　图 1-1-13　五轴联动

2. 按数控机床加工原理分类

按数控机床加工原理可把数控机床分为普通数控机床和特种加工数控机床。

1）普通数控机床

如数控车床、数控铣床、加工中心、车削中心等各种普通数控机床，其加工原理是用切削刀具对零件进行切削加工。

2）特种加工数控机床

如线切割数控机床，对硬度很高的工件进行切割加工；如电火花成形加工数控机床，采用电火花原理对工件的型腔进行加工。

3. 按数控机床运动轨迹分类

数控机床运动轨迹主要有三种形式：点位控制运动、直线控制运动和连续控制运动。

1）点位控制运动

点位控制运动指刀具相对工件的点定位，一般对刀具运动轨迹无特殊要求，为提高生产效率和保证定位精度，机床设定快速进给，临近终点时自动降速，从而减小运动部件因惯性而引起的定位误差。

2）直线控制运动

直线控制运动指刀具或工作台以给定的速度按直线运动。

3）连续控制运动

连续控制运动也称为轮廓控制运动，指刀具或工作台按工件的轮廓轨迹运动，运动轨迹为任意方向的直线、圆弧、抛物线或其他函数关系的曲线。这种数控系统有一个轨迹插补器，根据运动轨迹和速度精确计算并控制各个伺服电动机沿轨迹运动。

4. 按进给伺服系统控制方式分类

由数控装置发出脉冲或电压信号，通过伺服系统控制机床各运动部件运动。数控机床按进给伺服系统控制方式分类有开环控制系统、闭环控制系统和半闭环控制系统三种形式。

1）开环控制系统

这种控制系统采用步进电动机，无位置测量元件，输入数据经过数控系统运算，输出指令脉冲控制步进电动机工作，如图 1-1-14 所示。这种控制方式对执行机构不检测，无反馈控制信号，因此称为开环控制系统。开环控制系统的设备成本低，调试方便，操作简单，但控制精度低，工作速度受到步进电动机的限制。

图 1-1-14　开环控制系统

2）闭环控制系统

这种控制系统绝大多数采用伺服电动机，有位置测量元件和位置比较电路。如图 1-1-15 所示，测量元件安装在工作台上，测出工作台的实际位移值反馈给数控装置。位置比较电路将测量元件反馈的工作台实际位移值与指令的位移值相比较，用比较的误差值控制伺服电动机工作，直至到达实际位置，误差值消除，因此称为闭环控制。闭环控制系统的控制精度高，但要求机床的刚性好，对机床的加工、装配要求高，调试较复杂，而且设备的成本高。

3）半闭环控制系统

如图 1-1-16 所示，这种控制系统的位置测量元件不是测量工作台的实际位置，而是

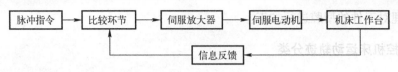

图1-1-15 闭环控制系统

测量伺服电动机的转角，经过推算得出工作台位移值，反馈至位置比较电路，与指令中的位移值相比较，用比较的误差值控制伺服电动机工作。这种用推算方法间接测量工作台位移，不能补偿数控机床传动链零件的误差，因此称为半闭环控制系统。半闭环控制系统的控制精度高于开环控制系统，调试比闭环控制系统容易，设备的成本介于开环与闭环控制系统之间。

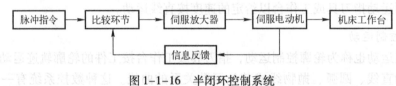

图1-1-16 半闭环控制系统

5. 典型数控系统

计算机数控（Computerized Numerical Control，简称CNC）系统是用计算机控制加工功能，实现数值控制的系统。目前世界上的数控系统种类繁多，形式各异，数控系统不同，其指令代码也有所区别，编程时应按照不同数控系统的编程规则进行程序编写。

目前数控机床行业中占主导地位的典型数控系统主要为：国外的有德国的SIEMENS、西班牙的FAGOR、日本的FANUC和MITSUBISHI，国内的有华中数控、广州数控等公司生产的数控系统及相关产品。

1) FANUC数控系统

（1）高可靠性的PowerMate 0系列：用于控制2轴的小型车床，取代步进电动机的伺服系统；可配画面清晰、操作方便、中文显示的CRT/MDI，也可配性能/价格比高的DPL/MDI。

（2）普及型CNC 0–D系列：0–TD用于车床，0–MD用于铣床及小型加工中心，0–GCD用于内、外圆磨床，0–GSD用于平面磨床，0–PD用于冲床。

（3）全功能型的0–C系列：0–TC用于通用车床、自动车床，0–MC用于铣床、钻床、加工中心，0–GGC用于内、外圆磨床，0–GSC用于平面磨床，0–TTC用于双刀架4轴车床。

（4）高性能/价格比的0i系列：整体软件功能包，高速、数控机床高精度加工，并具有网络功能。0i–MC/MD/MF用于加工中心和铣床，4轴四联动；0i–TC/TD/TF用于车床，4轴二联动，0i–mate MA/MB用于铣床，3轴三联动；0i–mate TA/TB用于车床，2轴二联动。

（5）具有网络功能的超小型、超薄型CNC：16i/18i/21i系列。控制单元与LCD集成于一体，具有网络功能，超高速串行数据通信。

2) SIEMENS数控系统

（1）SINUMERIK 802S/C：用于车床、铣床等，可控制3个数字进给轴和1个主轴。SI-

NUMERIK 802S 适用于步进电机驱动，SINUMERIK 802C 适用于伺服电机驱动，具有数字 I/O 接口。

（2）SINUMERIK 802 D：控制 4 个数字进给轴和 1 个主轴。PLC I/O 模块，具有图形式循环编程，车削、铣削、钻削工艺循环，FRAME（包括移动、旋转和缩放）等功能，为复杂加工任务提供智能控制。

（3）SINUMERIK 810D：用于数字闭环驱动控制，最多可控制 6 个坐标轴（包括 1 个主轴和 1 个辅助主轴），具有紧凑型可编程 I/O 系统。

（4）SINUMERIK 840D：全数字模块化数控设计，用于复杂机床、模块化旋转加工机床和传送机，可控制 31 个坐标轴。

3）华中数控系统系统

华中数控以"世纪星"系列数控单元为典型产品，HNC-21T 为车削系统，最多联动轴为 4 轴；HNC-21/22M 为铣削系统，最多联动轴为 4 轴，采用开放式体系结构，内置嵌入式工业 PC。

伺服系统的主要产品包括 HSV-11 系列交流伺服驱动装置、HSV-16 系列全数字交流伺服驱动装置、步进电动机驱动装置、交流伺服主轴驱动装置与电动机、永磁同步交流伺服电动机等。

任务巩固　通过对车间内不同数控机床的观察，练习对各种数控机床进行分类。

项目 1.2　数控车床的基本操作与简单程序调试

职业能力　具备严格遵守安全文明生产要求进行数控车床手动操作的能力，具备通过对刀建立工件坐标系的能力，并具备将数控车床程序输入数控系统进行调试的能力。

任务 1.2.1　数控车床的手动操作

任务描述　熟悉数控车床的操作面板，掌握数控车床的基本操作方法和步骤，严格遵守安全文明生产要求进行机床的手动操作。

任务分析　本任务用于培养学生的安全文明生产的意识和能力及数控车床基本操作能力；完成该任务，需掌握数控车床操作面板上各按钮的含义及用途，掌握数控车床开、关机的操作方法及手动回参考点的方法。

相关知识

1. 安全文明生产教育

数控加工存在一定的危险性，操作数控车床时，操作者必须严格遵守安全操作规程，以免发生人身伤害和财产损失。

（1）操作人员必须熟悉数控车床使用说明书等有用资料，如主要技术参数、传动原理、主要结构、润滑部位及保养等一般知识。

（2）开机前应对数控车床进行全面细致的检查，确认无误后方可操作。

(3) 机床开始工作前要有预热，认真检查润滑系统工作是否正常，如机床长时间未开动，可先采用手动方式向各部分供油润滑。

(4) 数控车床通电后，检查各开关、按钮和按键是否正常、灵活，机床有无异常现象。

(5) 检查电压、油压是否正常。

(6) 各坐标轴手动回零。

(7) 程序输入后，应仔细核对代码、地址、数值、正负号、小数点及语法是否正确。

(8) 正确测量和计算工件坐标系，并对所得结果进行检查。

(9) 输入工件坐标系，并对坐标、坐标系、正负号及小数点进行认真核对。

(10) 未装工件前，空运行一次程序，看程序能否顺利运行，刀具和夹具安装是否合理，有无超程现象。

(11) 工件伸出车床100 mm以外时，须在伸出位置设防护物。

(12) 检查大尺寸轴类零件的中心孔是否合适。中心孔如太小，工作中易发生危险。

(13) 无论是首次加工的零件，还是重复加工的零件，首件都要对照图纸、工艺规程、加工程序和刀具调整卡进行试切。

(14) 试切时快速进给倍率开关必须打到较低挡位。

(15) 每把刀具首次使用时，必须先验证它的实际长度与所给刀补值是否相符。

(16) 试切进刀时，在刀具运行至工件表面30～50 mm处，必须在进给保持下，验证Z轴和X轴坐标剩余值与加工程序是否一致。

(17) 试切和加工中，刃磨刀具和更换刀具后，要更新测量刀具位置并修改刀补。

(18) 程序修改后，对修改部分要仔细核对。

(19) 手动进给连续操作时，必须检查各种开关所选择的位置以及运行方向是否正确，然后再进行操作。

(20) 必须在确认工件夹紧后才能启动机床，严禁在加工中、工件转动时，测量或触摸工件。

(21) 车床运转中，操作者不得离开岗位，出现工件跳动、抖动等异常声音，夹具松动等异常情况时必须立即停车处理。

(22) 加工完毕后，依次关掉机床操作面板上的电源和总电源，并清除切屑、擦拭机床，使机床与环境保持清洁状态。

2. FANUC 0i MATE－TC 数控系统操作面板

FANUC 0i MATE－TC 数控系统操作面板主要由 CRT/MDI（LCD/MDI）单元、MDI 键盘和功能键组成，如图1-2-1所示为 FANUC 0i MATE－TC 车床数控系统操作面板。

1) 字母/数字键

如图1-2-2所示为字母/数字键，主要用于将数据输入到数控系统内。

2) 页面切换键

[RESET] 复位键。

[POS] 切换 CRT 到坐标位置显示页面，位置显示有三种方式，用 CRT 下的软键选择。

学习情境1　模具零件的数控加工基础

图1-2-1　数控系统操作面板

图1-2-2　字母/数字键

[PROG] 切换 CRT 到程序显示与编辑页面。

[OFFSET SETTING] 切换 CRT 到参数设置页面，按一次进入工具补正/磨耗页面；进入其他页面，用 CRT 下的软键选择。

[SYSTEM] 切换 CRT 到系统参数页面。

[MESSAGE] 切换 CRT 到信息页面（如报警显示等）。

[CUSTOM GRAPH] 切换 CRT 到图形参数页面。

[HELP] 系统帮助页面。

3）程序编辑键

[SHIFT] 上挡键，用于输入字母、数字相应键上的另一个字母或数字（先按 SHIFT，再按下需要输入的字母或数字键即可）。

[CAN] 修改键，用于删除输入区域内的数据。

[ALTER] 替换键，用输入的数据替换光标所在处的数据。

[INSERT] 插入键，用于将输入区域内容插入到当前光标所在处之后的位置。

[DELETE] 删除键，用于删除当前光标所在处的数据，删除一个数控程序或删除系统内所有数控程序。

[EOB] 回车换行键，用于编辑程序时输入";"，表示结束一行程序并换行。

4）输入键

[INPUT] 输入键，用于把输入区域内的数据输入参数页面或输入一个外部的数控程序。

5）翻页键

[PAGE↑] 向上翻页键。[PAGE↓] 向下翻页键。

6）光标移动键

[↑][↓][←][→] 根据箭头方向，分别表示向上、下、左、右四个方向移动光标。

3. CAK6140VA 车床操作面板

如图 1-2-3 所示为配备 FUNAC 0i MATE-TC 系统的沈阳机床厂 CAK6140VA

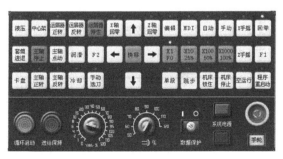

图1-2-3　CAK6140VA 车床操作面板

15

车床操作面板，各按钮的名称及用法如表1-2-1所示。

表1-2-1 数控车床面板按钮说明

按 钮	名 称		功 能 说 明
编辑	操作模式选择	编辑	按此按钮，系统可进入程序编辑状态，用于直接通过操作面板输入数控程序和编辑程序
MDI		MDI	按此按钮，系统可进入MDI模式，手动输入并执行指令
自动		自动	按此按钮，系统可进入自动加工模式
手动		手动	按此按钮，系统可进入手动模式，手动连续移动机床
X手摇		X手摇	按此按钮，系统可进入手轮/手动点动模式，并且进给轴向为X轴
Z手摇		Z手摇	按此按钮，系统可进入手轮/手动点动模式，并且进给轴向为Z轴
回零		回零	按此按钮，系统可进入回零模式
X1 X10 X100 X1000 F0 25% 50% 100%	手动点动/手轮倍率		在手动点动或手摇模式下按此按钮，可以改变步进倍率
F1			暂不支持
单段	单段		此按钮被按下后，运行程序时每次执行一条数控指令
跳步	跳步		此按钮被按下后，数控程序中的注释符号"/"有效
机床锁住	机床锁住		按此按钮后，机床锁住无法移动
机床停止	机床复位		按此按钮，机床可进行复位
空运行	空运行		系统进入空运行模式
程序重启动			暂不支持
系统电源		电源开	按此按钮，系统总电源开
		电源关	按此按钮，系统总电源关
数据保护	数据保护		按此按钮可以切换允许/禁止程序执行
急停按钮	急停按钮		按下急停按钮，使机床移动立即停止，并且所有的输出如主轴的转动等都会关闭
液压			暂不支持
中心架			暂不支持
运屑器反转			暂不支持
运屑器停止			暂不支持
套筒进退			暂不支持
主轴停止	主轴控制		控制主轴停止转动
主轴正转			控制主轴正转
主轴反转			控制主轴反转
主轴点动			暂不支持
润滑			暂不支持
F2			暂不支持
冷却	冷却		提供机床加工时的冷却液开

续表

按钮	名称	功能说明
手动选刀	手动选刀按钮	按此按钮，可以旋转刀架至所需刀具
	■循环启动	程序运行开始，系统处于"自动运行"或"MDI"位置时按下有效，其余模式下使用无效
	■进给保持	程序运行暂停，在程序运行过程中，按下此按钮运行暂停，按"循环启动"恢复运行
↑	X负方向按钮	手动方式下，单击该按钮主轴向X轴负方向移动
↓	X正方向按钮	手动方式下，单击该按钮主轴将向X正方向移动
←	Z负方向按钮	手动方式下，单击该按钮主轴向Z轴负方向移动
→	Z正方向按钮	手动方式下，单击该按钮主轴向Z正方向移动
快移	快速移动按钮	单击该按钮系统进入手动快速移动模式
	手摇脉冲发生器	配合 X轴回零、Z轴回零 两按钮，用于实现X/Z轴的微量调整，+为正方向，-为负方向
	进给倍率旋钮	调节主轴运行时的进给速度倍率
	主轴倍率旋钮	通过此旋钮可以调节主轴转速倍率

4. 数控车床开、关机

1) 开机

（1）检查机床状态是否正常。

（2）将位于数控车床侧面的电控柜主电源开关打到"ON"，应听到电控柜风扇和主轴电动机风扇开始工作的声音。

（3）按下操作面板上的系统电源绿色按钮接通数控系统电源，出现数控系统自检画面，如图1-2-4所示几秒后出现坐标位置画面。

（4）顺时针方向旋转"急停"按钮，解除急停状态。

（5）绿灯亮后，数控车床进入准备状态。

图1-2-4 系统开机后页面显示

2) 关机

（1）检查操作面板上的LED指示循环启动在停止状态。

（2）检查数控车床的所有可移动部件均处于停止状态。

（3）外部输入、输出设备均已断开。

（4）按下系统电源红色按钮，关闭数控系统电源。

（5）将位于数控车床侧面的电控柜主电源开关打到"OFF"，关闭数控车床主电源。

5. 急停和超程

在加工过程中，由于用户编程、操作及产品故障等原因，可能会出现一些意想不到的故障和事故。为安全起见，要立即停止机床运行时，可以按"紧急停止"按钮来实现。另外，为了避免出现机床超程现象，系统应具有超程检查和行程检查功能。

1）按下"急停"按钮

如果按下机床操作面板上的"急停"按钮，除润滑油泵外，机床的动作及各种功能均立即停止。同时，CRT显示器上出现数控系统未准备好的报警信号。该按钮被按下时，它是自锁的。虽然它因机床制造厂而异，但通常旋转按钮即可释放。

注意：（1）解除急停前，先确认故障原因是否排除。

（2）在通电和关机之前，应按下"急停"按钮，可减少设备电冲击。

（3）如果条件允许，急停解除后应重新执行回参考点操作，以确保坐标位置的正确性。

2）按下复位键

数控车床在自动运行过程中，按下此键则全部操作均停止，可用此键完成急停操作。

3）按下"循环保持"按钮

数控车床在自动运行状态下，按下"循环保持"按钮，则滑板停止运动，但数控车床的其他功能仍有效。当需要恢复数控车床运行时，按下"循环启动"按钮，数控车床从当前位置开始继续执行下面的程序。

4）超程

当数控车床因操作不当或机器故障而试图移到由机床限位开关设定的行程终点之外时，由于碰到限位开关，数控车床减速并停止，而且显示超程报警。

说明：（1）在自动运行期间，当数控车床沿一个轴运动碰到限位开关时，刀具沿所有轴都要减速和停止，并显示超程报警。

（2）在手动操作时，仅仅是刀具碰到限位开关的那个轴减速并停止，刀具仍沿其他轴移动。

（3）在用手动操作使刀具朝安全方向移动之后，按复位键即可解除报警。

6. 数控车床的手动操作

1）手动返回参考点

对于采用增量式脉冲编码器的数控机床，机床断电后即失去参考点的位置，需采用返回参考点的操作；另外，机床解除急停状态和超程报警时也需要重新进行返回参考点的操作。具体步骤为：

（1）检查操作面板上的回零按钮 指示灯是否亮。若指示灯已亮，则已进入回零模式；否则单击按钮使系统进入回零模式。

（2）在回零模式下，先将 X 轴回原点，单击操作面板上的 X 正方向按钮，此时 X 轴将回原点，回零指示灯变亮。同理，单击 Z 正方向按钮，单击，Z 轴将回原点，回零指示灯变亮。此时CRT界面如图1-2-5所示（因机床的设置不同，回参考点后的坐标值会有所不同）。

注意：返回参考点时，一般按照先回 X 轴后回 Z 轴的顺序，以免发生撞车。

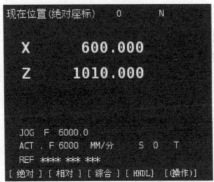

图1-2-5 返回参考点后的页面

2）手动方式进给

手动方式控制进给滑板的运动分为移动和快速

移动，具体步骤为：

(1) 单击操作面板上的手动模式按钮，机床进入手动操作模式。

(2) 分别单击↑、↓、←、→按钮，控制机床的移动方向和坐标轴，实现移动。

(3) 当机床的进给滑板的移动距离较大时，需进行快速移动，先通过倍率按钮选择快速移动的倍率，再按下按钮，最后分别单击↑、↓、←、→按钮，控制机床的移动方向和坐标轴，实现快速移动。

注意：使用刀具手动切削零件时，主轴需转动。

3) 手动脉冲发生器（手轮）方式进给

需精确调节进给位置时，可用手动脉冲发生器方式调节机床进给，具体步骤为：

(1) 单击操作面板上的手摇旋钮或，系统进入手摇方式。此外，通过倍率按钮选择不同的脉冲步长。

(2) 转动手动脉冲发生器上的手柄，则刀架按照预先选定的坐标方向和速度移动（顺时针为正向，逆时针为负向，面板上有＋、－号表示）。

4) 主轴启停

在上述的手动或手动脉冲发生器（手轮）方式，分别单击或按钮实现主轴的正、反转，单击按钮实现主轴的停止。

5) 机床停止运行的方法

机床在运行时，如发生意外情况需将机床停止，具体方法有下面三种。

(1) 按下"急停"按钮：

① 无论手动方式、自动运行，还是主轴旋转、刀架移动，只要按下"急停"按钮后，所有动作、功能全部迅速停止（润滑泵除外）。

② CRT 显示器出现"NC 未准备好（NOT READY）"的报警信号。

注意：解除急停后，机床必须重新返回机床参考点，然后才可以工作。

(2) 按下 RESET 键。

(3) 按下进给保持按钮：在自动运行状态下，按下此按钮，使程序暂停，滑板的移动停止，但主轴和其他功能则继续运转和执行。

任务拓展 自动返回参考点

数控车床参考点返回有两种方法，一种是上面提到的手动回参考点，还有一种即为自动回参考点，该功能是用于接通电源已进行手动参考点返回后，在程序中需要返回参考点进行换刀时使用的自动参考点返回功能，需要用到参考点返回指令 G28 指令：

G28 X(U)__Z(W)__；

参考点返回，其中 X(U)、Z(W) 为参考点返回时的中间点，X、Z 为绝对坐标，U、W 为相对坐标。参考点返回过程如图 1-2-6 所示，其程序为：G28 X50.0 Z-20.0；。

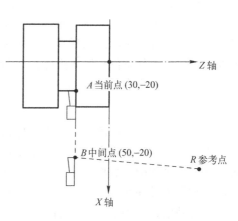

图 1-2-6 自动返回参考点动作

编程时，如果确定回参考点不会发生撞车事故，可直接写成"G28 U0 W0;"。

任务巩固 在数控车床和仿真软件上反复练习各按钮（键）的意义和作用。

任务 1.2.2 对刀及程序编辑

任务描述 使用程序进行自动加工前，需完成工件坐标系的建立（对刀）及程序的手工输入和编辑。

任务分析 本任务用于培养学生建立工件坐标系的能力及数控车床程序的手工输入和编辑的能力，要完成该任务，需掌握数控车床各坐标系的含义及用途，掌握数控车床的操作方法及程序编辑的方法。

相关知识

1. 编程坐标系与工件坐标系

1) 编程坐标系

编程人员在编程时设定的坐标系。在进行数控编程时，首先要根据被加工零件的形状特点和尺寸，在零件图纸上建立编程坐标系，使零件上的所有几何元素都有确定的位置，同时也决定了数控加工时零件在机床上的安放方向。编程坐标系的建立，包括坐标原点的选择和坐标轴的确定。

(1) 编程坐标系原点选择。编程坐标系的原点称为工件原点或编程原点。编程原点在工件上的位置虽可任意选择，但一般应遵循以下原则。

① 编程原点选在零件图样的设计基准或工艺基准上，以利于编程。

② 编程原点尽量选在尺寸精度高、粗糙度值低的工件表面上。

③ 编程原点最好选在工件的对称中心上。

④ 便于测量和检验。

数控车床上加工工件时，编程原点一般设在主轴中心线与工件右端面（或左端面）的交点处，如图 1-2-7 所示。

(2) 编程坐标系坐标轴的确定。坐标原点选定后，接着就是坐标轴的确定。编程坐标系坐标轴确定原则为：根据工件在机床上的安放方向与位置决定 Z 轴方向，即工件安放在数控机床上时，编程坐标系 Z 轴与机床坐标系 Z 轴平行，正方向一致，在工件上通常与工件主要定位支撑面垂直；然后，选择零件尺寸较长方向或切削时的主要进给方向 X 轴方向，在机床上安放工件后，其方位与机床坐标系 X 轴方位平行，正方向一致；过原点与 X、Z 轴垂直的轴为 Y 轴，并根据右手定则确定 Y 轴的正方向。

2) 工件坐标系

(1) 工件坐标系的确定。工件坐标系是指以确定的加工原点为基准所建立的坐标系。

工件原点也称为程序原点，是指工件被装夹好后，相应的编程原点在机床坐标系中的位置。在加工过程中，数控机床是按照工件装夹好后所确定的加工原点位置和程序要求进行加工的。编程人员在编制程序时，只要根据零件图样就可以选定编程原点、建立编程坐标系、计算坐标数值，而不必考虑工件毛坯装夹的实际位置。对于加工人员来说，则应在装夹工件、调试程序时，将编程原点转换为加工原点，并确定加工原点的位置，在数控系统中给予设定（给出原点设定值），设定工件坐标系后就可根据刀具当前位置，确定刀具起始点的坐标值。在加工时，工件各尺寸的坐标值都是相对于加工原点而言的，这样数控机床才能按照准确的加工坐标系位置开始加工。

（2）工件坐标系的设置方法：

① 准备工作：机床回参考点，确认机床坐标系。

② 装夹工件毛坯：通过夹具使工件定位，并使工件定位基准面与机床运动方向一致。

③ 对刀测量：使用刀具或对刀仪器进行对刀。

④ 计算设定值：将前面已测得的各项数据，按设定要求运算。

⑤ 在机床上设定：进入工件坐标系设定页面输入数据。

⑥ 校对设定值：对于初学者，在进行工件原点的设定后，应进一步校对设定值，以保证参数的正确性。如图1-2-8所示为工件坐标系设定的位置。

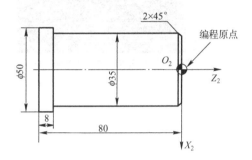
图1-2-7 数控车床编程坐标系原点设置

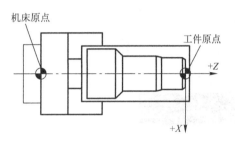
图1-2-8 数控车床的工件坐标系设置

3）绝对坐标与相对坐标

绝对坐标是指所有点的坐标值都是相对于坐标原点计量的；相对坐标又叫增量坐标，是指运动终点的坐标值是以前一个点的坐标作为起点来计量的。在数控程序中绝对坐标与相对坐标可单独使用，也可在不同程序段上交叉使用，数控车床上还可以在同一程序段中混合使用，使用原则主要是看哪种方式编程更方便。

2. 通过对刀建立工件坐标系

数控程序一般按工件坐标系编程，对刀的过程就是建立工件坐标系与机床坐标系之间关系的过程。下面具体说明车床对刀的方法。其中将工件右端面中心点设为工件坐标系原点。将工件上其他点设为工件坐标系原点的方法与对刀方法类似。

1）试切法设置G54～G59

测量工件原点，直接输入工件坐标系G54～G59。

（1）切削外径：单击机床面板上的手动按钮，指示灯亮，系统进入手动操作模式。单击控制面板上的↓或↑按钮，使机床在X轴方向移动；同样单击→或←按钮，使机床在Z轴方向移动，通过手动方式将机床移到如图1-2-9所示的大致位置。

单击操作面板上的或按钮，使其指示灯变亮，主轴转动。再单击"Z负轴方向"按钮←，用所选刀具来试切工件外圆，如图1-2-10所示。然后单击→按钮，X方向保持不动，刀具退出。

（2）测量切削位置的直径：单击操作面板上的按钮，使主轴停止转动，单击菜单"测量/剖面图测量"，如图 1-2-11 所示，单击试切外圆时所切线段，选中的线段由红色变为黄色。记下对话框中对应的 X 的值 α。

(3) 按下 MDI 面板上的█键，再按下软键［坐标系］。

(4) 将光标定位在需要设定的坐标系上（G54～G59）。

(5) 光标移到 X。

(6) 输入直径值 $X\underline{\alpha}$。

(7) 按下软键［操作］进入下一级菜单，按菜单软键［测量］即可。

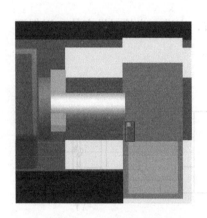

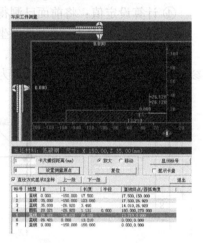

图 1-2-9　移动刀具　　　图 1-2-10　外圆切削　　　图 1-2-11　仿真软件中的外径测量

(8) 切削端面：单击操作面板上的█或█按钮，使其指示灯变亮，主轴转动。将刀具移至如图 1-2-12 所示的位置。单击控制面板上的 X 轴负方向█按钮，切削工件端面，如图 1-2-13 所示。然后单击 X 轴正方向█按钮，Z 方向保持不动，刀具退出。

(9) 单击操作面板上的主轴停止按钮█，使主轴停止转动。

(10) 把光标定位在需要设定的坐标系上。

(11) 在 MDI 键盘面板上按下需要设定的轴 Z 键。

(12) 输入工件坐标系原点的距离（注意距离有正负号）。

(13) 按菜单软键［测量］，自动计算出坐标值填入。

2）测量、输入刀具偏移量对刀

使用该方法对刀，在程序中直接使用机床坐标系原点作为工件坐标系原点。

(1) 用所选刀具试切工件外圆，单击主轴停止█按钮，使主轴停止转动；单击菜单"测量/剖面图测量"，得到试切后的工件直径，记为 α。

保持 X 轴方向不动，刀具退出。单击 MDI 键盘上的█键，进入形状补偿参数设定界面，将光标移到 X 相应的位置，输入 $X\underline{\alpha}$，按软键［操作］进入下一级菜单，按软键［测量］即可输入，如图 1-2-14 所示。

(2) 试切工件端面，读出端面在工件坐标系中 Z 的坐标值，记为 β（此处以工件端面中心点为工件坐标系原点，则 β 为 0）。

保持 Z 轴方向不动，刀具退出。进入形状补偿参数设定界面，将光标移到 Z 相应的位置，输入 $Z\underline{\beta}$，按软键［操作］进入下一级菜单，按软键［测量］即可输入，如图 1-2-14 所示。

学习情境 1　模具零件的数控加工基础

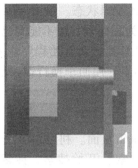

图 1-2-12　刀具移动至端面　　图 1-2-13　切削端面并沿 X 向退刀　　图 1-2-14　形状补偿参数设定页面

3）设置偏置值，完成多把刀具对刀

（1）选择一把刀为标准刀具，采用试切法或自动设置坐标系法完成对刀，把工件坐标系原点放入 G54～G59，然后通过设置偏置值完成其他刀具的对刀，下面介绍刀具偏置值的获取办法。单击 MDI 键盘上 [POS] 键和 [相对] 软键进入，如图 1-2-15 所示。

选定的标准刀具试切工件端面，将刀具当前的 Z 轴位置设为相对零点（设零前不得有 Z 轴位移）。

依次单击 MDI 键盘上的 [W]、[0]，输入"W0"，按软键 [操作] 进入下一级菜单，按软键 [预定] 则将 Z 轴当前坐标值设为相对坐标原点。

标准刀具试切零件外圆，将刀具当前 X 轴的位置设为相对零点（设零前不得有 X 轴的位移）；依次单击 MDI 键盘上的 [U]、[0]，输入"U0"，按软键 [操作] 进入下一级菜单，按软键 [预定] 则将 X 轴当前坐标值设为相对坐标原点。此时 CRT 界面如图 1-2-16 所示。

换刀后，移动刀具使刀尖分别与标准刀具切削过的表面接触。接触时显示的相对值，即为该刀相对于标准刀具的偏置值 ΔX、ΔZ（为保证刀准确移到工件的基准点上，可采用手动脉冲进给方式）。此时 CRT 界面如图 1-2-17 所示，所显示的值即为偏置值。

图 1-2-15　相对坐标显示界面　　图 1-2-16　设置相对零点　　图 1-2-17　刀具偏置值获得

将偏置值输入到磨耗参数补偿表或形状参数补偿表内。

注意：MDI 键盘上的 [OFFSET] 键用来切换字母键，如 [W] 键，直接按下时输入"W"，按 [SHIFT] 键，再按 [W]，输入"V"。

（2）分别对每一把刀具测量、输入刀具偏移量。

3. 程序编辑

1）程序创建

数控车床可直接用 FANUC 0i 系统的 MDI 键盘输入来完成程序的创建。

单击操作面板上的编辑键，编辑状态指示灯变亮，此时进入编辑状态。单击 MDI 键盘上的，CRT 界面转入编辑页面。利用 MDI 键盘输入"Ox"（x 为程序号，但不能与已有的程序号重复）按键，CRT 界面上将显示一个空程序，可以通过 MDI 键盘开始程序输入。输入一段代码后，按键则数据输入域中的内容将显示在 CRT 界面上，用回车换行键结束一行的输入后换行。

2）程序检索

数控程序导入系统后，单击 MDI 键盘上的，CRT 界面转入编辑页面。利用 MDI 键盘输入"Ox"（x 为数控程序目录中显示的程序号），按软键 [O 检索] 开始搜索，搜索到"Ox"后显示在屏幕首行程序号位置，NC 程序将显示在屏幕上。

3）程序删除

（1）删除一个程序。进入编辑状态，利用 MDI 键盘输入"Ox"（x 为要删除的数控程序在目录中显示的程序号），按键，程序即被删除。

（2）删除全部程序。进入编辑状态。单击 MDI 键盘上的，CRT 界面转入编辑页面。利用 MDI 键盘输入"0-9999"，按键，全部数控程序即被删除。

4）程序编辑

单击操作面板上的编辑键，编辑状态指示灯变亮，此时已进入编辑状态。单击 MDI 键盘上的，CRT 界面转入编辑页面。选定了一个程序后，该程序显示在 CRT 界面上，可对程序进行编辑操作。

（1）移动光标。按和用于翻页，按方位键移动光标。

（2）插入字符。先将光标移到所需位置，单击 MDI 键盘上的字母/数字键，将代码输入到输入区域中，按键，把输入区域的内容插入到光标所在代码后面。

（3）删除输入区域中的数据。按键用于删除输入区域中的数据。

（4）删除字符。先将光标移到所需删除字符的位置，按键，删除光标所在的代码。

（5）检索程序中的字。输入需要搜索的字母或代码，按开始在当前程序中光标所在位置后搜索（代码可以是一个字母或一个完整的代码，如"N0010"、"M"等）。如果此程序中有所搜索的代码，则光标停留在找到的代码处；如果此程序中光标所在位置后没有所搜索的代码，则光标停留在原处。

（6）替换。先将光标移到所需替换字符的位置，将替换成的字符通过 MDI 键盘输入到输入域中，按键，把输入区域的内容替代光标所在处的代码。

任务巩固 操作数控车床或仿真软件，练习对刀及程序编辑达到熟练的程度。

任务 1.2.3 数控车床的自动运行

任务描述 数控车床加工零件一般均在自动方式下运行，这样可实现机床的自动加工，降低劳动者的工作强度，提高生产效率和精度。

任务分析 本任务是培养学生掌握数控车床自动运行的知识和能力。完成该任务，需掌握图形模拟、空运行、单段运行、自动运行的操作方法。

相关知识

1. 图形模拟

图形模拟功能可以显示自动运行或手动运行期间刀具的移动轨迹，通过观察屏幕显示的轨迹可以检查加工过程。

单击操作面板上的■按钮，指示灯变亮，系统进入自动运行状态。单击 MDI 键盘上的■键，单击数字/字母键，输入"Ox"（x 为所需要检查运行轨迹的数控程序号），按↓开始搜索，找到后，程序显示在 CRT 界面上。单击■键，进入检查运行轨迹模式。单击操作面板上的■键，即可观察数控程序的运行轨迹，如图 1-2-18 所示。此时也可通过"视图"菜单中的动态旋转、动态放缩、动态平移等方式对三维运行轨迹进行全方位的动态观察。

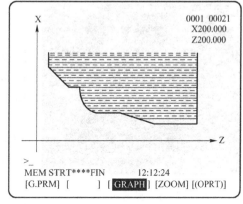

图 1-2-18　图形模拟画面

2. 单段/跳步/选择停止运行方式

首先检查机床是否回零。若未回零，先将机床回零；再输入数控程序或自行创建一段程序。

单击操作面板上的■键，指示灯变亮，系统进入自动运行状态。

1）单段运行方式

单击操作面板上的■和■键，程序开始执行。

注意：自动/单段方式执行每一行程序均需单击一次■键。

2）跳步运行方式

单击■键，则程序运行时跳过符号"/"有效，该行成为注释行，不执行。

3）选择停止运行方式

单击■键，则程序中 M01 有效。

可以通过"进给倍率"旋钮■来调节主轴移动的速度；按■键可将程序重置。

3. 空运行方式

机床的空运行是指在不装夹工件的情况下，自动运行程序，用以检验刀具走刀路线的正确与否。在空运行前，必须完成下列准备工作。

（1）各刀具装夹完毕。

（2）刀具的补偿值已输入数控系统。

（3）进给倍率一般选择为 100%。

（4）将单段运行按钮按下。

（5）将机床锁定按钮按下。

（6）将机床空运行按钮按下。

（7）将尾座体退回原位，并使套筒退回。

(8) 卡盘夹紧。

完成上面的操作之后，单击操作面板上的▣键，指示灯变亮，系统进入自动运行状态；单击操作面板上的▣键，程序开始执行。

4. 自动运行方式

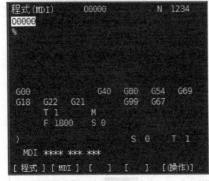

图1-2-19 显示程序界面

1）MDI方式运行

从MDI键盘输入一个或几个程序段之后，机床可以根据这些程序运行，这种操作称为MDI方式运行。在MDI方式下程序格式与通常程序一致，MDI方式适用于简单的测试操作。

单击操作面板上的▣键，指示灯变亮，系统进入MDI方式运行状态；单击MDI面板上的▣键，进入显示程序界面，如图1-2-19所示。

用程序编辑操作的方式，编写要执行的程序段。执行前，单击"RESET"将光标移至程序头。单击操作面板上的▣键，程序开始执行。

2）存储器方式运行

在数控系统的存储器内存储程序后，机床即可根据程序中的指令进行自动运行，这称为存储器方式运行。

（1）程序运行。首先检查机床是否回零，若未回零，先将机床回零。检索需要运行的程序。

单击操作面板上的▣键，指示灯变亮，系统进入自动运行状态；单击操作面板上的▣键，程序开始执行。

（2）中断运行。数控程序在运行过程中可根据需要暂停、急停和重新运行。

数控程序在运行时，按▣键，程序停止执行；再单击▣键，程序从暂停位置开始执行。

数控程序在运行时，按▣键，数控程序中断运行；继续运行时，先将急停按钮松开，再按▣键，余下的数控程序从中断行开始作为一个独立的程序执行。

任务巩固 根据教师所给的程序，输入数控车床或仿真软件，并完成本任务中要求的单段/跳步/选择停止、空运行、MDI、自动运行等方式。

项目1.3 数控铣床/加工中心的基本操作与简单程序调试

职业能力 具备严格遵守安全文明生产要求进行数控铣床/加工中心手动操作的能力，具备通过对刀建立工件坐标系的能力，并具备将数控铣床/加工中心程序输入数控系统进行调试的能力。

任务1.3.1 数控铣床/加工中心的手动操作

任务描述 熟悉数控铣床/加工中心的操作面板，掌握数控铣床/加工中心的基本操作方法和步骤，严格遵守安全文明生产要求进行机床的手动操作。

学习情境 1　模具零件的数控加工基础

任务分析　本任务是培养学生对数控铣床/加工中心的认识与基本操作能力，以及安全文明生产的意识和能力，完成该任务，需掌握数控铣床/加工中心操作面板上各按钮的含义、用途及加工特点，掌握数控铣床/加工中心开、关机的操作方法及手动回参考点的方法。

相关知识

1. 数控铣床的分类

数控铣床通常按照主轴与工作台的相对位置进行分类，可分为卧式数控铣床、立式数控铣床和万能数控铣床；按照工件和主轴的运动方式，可分为三轴数控铣床、四轴数控铣床、五轴数控铣床。

1) 三轴数控铣床

如图 1-3-1 所示为三坐标卧式数控铣床，XY 平面为工件运动平面，刀具相对工件沿 Z 轴方向前后运动，刀具相对工件能在 X、Y、Z 三个坐标轴方向上做进给运动，这样的数控铣床称为三轴数控铣床。

2) 四轴数控铣床

在如图 1-3-1 所示的 X、Z 方向工作台上还能绕 Y 轴回转，或者把工件装夹在如图 1-3-2示的 X、Y 方向工作台上还能绕 X 轴回转（绕坐标轴旋转也作为一轴），这样的数控铣床就称为四轴数控铣床。

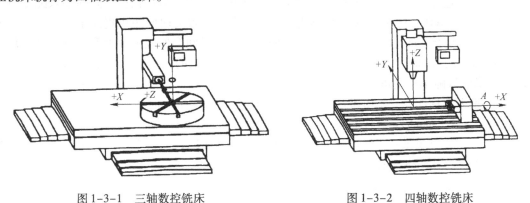

图 1-3-1　三轴数控铣床　　　　　　图 1-3-2　四轴数控铣床

3) 五轴数控铣床

如图 1-3-3 所示，铣床除具有 X、Y、Z 三根移动轴外，还有两个转动轴，这样的数控铣床就称为五轴数控铣床。轴数越多，铣床加工能力越强，加工范围越广。

数控铣床能实现多坐标轴联动，容易实现许多普通机床难以完成或无法加工的空间曲线和曲面，大大增加了机床的工艺范围。在模具行业中，上述三种形式的数控铣床都有很广泛的应用，不同的模具结构采用不同形式的数控铣床加工，可以大大提高生产率和模具的加工精度。

2. 加工中心

加工中心的明显特征是带有自动换刀装置（ATC），如图 1-3-4 所示。

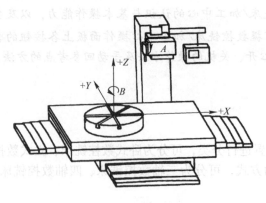
图1-3-3　五轴数控铣床

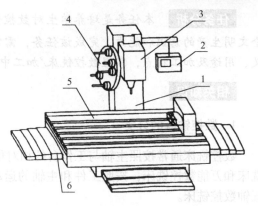
1—立柱；2—计算机数控系统；3—主传动系统；
4—加工中心刀库；5—工作台；6—滑轨
图1-3-4　加工中心

目前加工中心上大量使用的是带有刀库的自动换刀装置（ATC），主要参数如下。

（1）刀库容量：以满足一个复杂加工零件对刀具的需要为原则。应根据典型工件的工艺分析算出加工零件所需的全部刀具数，由此来选择刀库容量。

（2）刀库形式：按结构可分为圆盘式刀库、链式刀库和箱格式刀库，按设置部位可分为顶置式、侧置式、悬挂式和落地式等多种。

（3）刀具选择方式：主要有机械手换刀和无机械手换刀，可以根据不同的要求配置不同形式的机械手。ATC的选择主要考虑换刀时间与可靠性。换刀时间短可提高生产率，但一般换刀装置结构复杂、故障率高、成本高，过分强调换刀时间会使故障率上升。据统计，加工中心的故障中约有50%与ATC有关，因此在满足使用要求的前提下，尽量选择可靠性高的ATC，以降低故障率和整机成本。

（4）最大刀具直径（无相邻刀具时）：刀具直径大于240 mm时，不可使用自动换刀功能；刀具直径大于120 mm时，要注意避免自动换刀时因干涉而掉刀，从而导致刀具或机构损坏。

（5）最大刀具质量：刀具质量大于20 kg时，不可使用自动换刀功能，否则将导致刀具刀臂、工作台及其他机构的损坏。

3. 数控铣削的加工工艺范围

数控铣削加工是机械加工中最常用的加工方法之一，它主要包括平面铣削和轮廓铣削，也可以对零件进行钻、扩、铰、镗、锪加工及螺纹加工等。数控铣削主要适合于下列几类零件的加工。

1）平面类零件

平面类零件是指加工面平行或垂直于水平面，以及加工面与水平面的夹角为一定值的零件，这类加工面可展开为平面。

如图1-3-5所示的三个零件均为平面类零件。其中，曲线轮廓面 A 垂直于水平面，可采用圆柱立铣刀加工；凸台侧面 B 与水平面成一定角度，这类加工面可以采用专用的角度成形铣刀来加工；对于斜面 C，当工件尺寸不大时，可用斜板垫平后加工，当工件尺寸很大，斜面坡度又较小时，也常用行切加工法加工，这时会在加工面上留下进刀时的刀锋残留痕迹，要用钳修方法加以清除。

学习情境 1　模具零件的数控加工基础

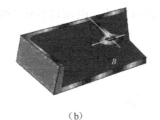

　　　　(a)　　　　　　　　　　　　(b)　　　　　　　　　　　　(c)

图 1-3-5　平面类零件

2）直纹曲面类零件

直纹曲面类零件是指由直线依某种规律移动所产生的曲面类零件。如图 1-3-6 所示零件的加工面就是一种直纹曲面，当直纹曲面从截面①至截面②变化时，其与水平面间的夹角从 3°10′均匀变化为 2°32′，从截面②到截面③时，又均匀变化为 1°20′，最后到截面④，斜角均匀变化为 0°。直纹曲面类零件的加工面不能展开为平面。

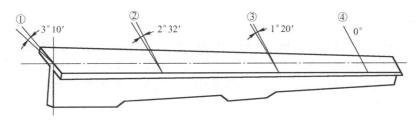

图 1-3-6　直纹曲面类零件

当采用四坐标或五坐标数控铣床加工直纹曲面类零件时，加工面与铣刀圆周接触的瞬间为一条直线。这类零件也可在三坐标数控铣床上采用行切加工法实现近似加工。

3）立体曲面类零件

加工面为空间曲面的零件称为立体曲面类零件。这类零件的加工面不能展成平面，一般使用球头铣刀切削，加工面与铣刀始终为点接触，若采用其他刀具加工，易产生干涉而铣伤邻近表面。加工立体曲面类零件一般使用三坐标数控铣床，采用以下两种加工方法。

（1）行切加工法。采用三坐标数控铣床进行二轴半坐标控制加工，即行切加工法。如图 1-3-7 所示，球头铣刀沿 XY 平面的曲线进行直线插补加工，当一段曲线加工完后，沿 X 方向进给 ΔX 再加工相邻的另一曲线，如此依次用平面曲线来逼近整个曲面。相邻两曲线间的距离 ΔX 应根据表面粗糙度的要求及球头铣刀的半径选取。球头铣刀的球半径应尽可能选得大一些，以增加刀具刚度，提高散热性，降低表面粗糙度值。加工凹圆弧时的铣刀球头半径必须小于被加工曲面的最小曲率半径。

（2）三坐标联动加工。采用三坐标数控铣床三轴联动加工，即进行空间直线插补。如半球形，可用行切加工法加工，也可用三坐标联动的方法加工。这时，数控铣床用 X、Y、Z 三坐标联动的空间直线插补，实现球面加工，如图 1-3-8 所示。

4. 数控铣削的加工特点

1）加工范围广

数控铣床进行的是轮廓控制，不仅可以完成点位及点位直线控制数控机床的加工功能，而且能够对两个或两个以上坐标轴进行插补，因而具有切削加工各种轮廓的功能。

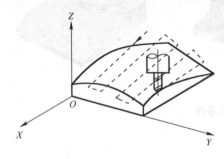

图1-3-7　行切加工法

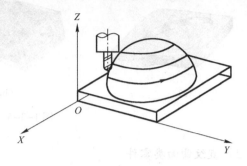

图1-3-8　三坐标联动加工

2）加工形状复杂

通过计算机编程，数控铣床能够自动立体切削加工各种复杂的曲面和型腔，尤其是多轴加工，加工对象的形状受限制更小。

3）精度高

目前一般数控铣床轴向定位精度可达 ±0.005 mm，轴向重复定位精度可达 ±0.002 5 mm，加工精度完全由机床保证，在加工过程中产生的尺寸误差能及时得到补偿，能获得较高的尺寸精度。在数控铣床上进行加工，工序高度集中，一次装夹即可加工出零件上大部分表面，人为影响因素非常小。

4）表面质量高

加工速度远高于普通机床，结构设计的刚度也远高于普通机床。主轴最高转速可达 6 000 ~ 20 000 r/min。数控高速铣床转速一般为 15 000 ~ 30 000 r/min。高速铣削技术大大缩短了制模时间，高速铣削精加工后的模具型面可以代替半精磨削。

5）生产率高

数控铣床刚度大、功率大，主轴转速和进给速度范围为无级变速，自动化程度高，可以一次定位装夹把粗加工、半精加工、精加工一次完成，还可以进行钻、镗加工，减少辅助时间，生产率较高。对复杂型面工件的加工，其生产率可提高十几倍甚至几十倍。

6）便于实现计算机辅助制造

将计算机辅助设计出来的产品造型转化为数控加工的数字信息，从而直接控制数控机床加工制造出零件。加工中心等数控设备及其加工技术正是计算机辅助制造系统的基础。

7）有利于实现管理现代化

数控铣床使用数字信息与标准代码输入，适于数字计算机联网，成为计算机辅助设计、制造及管理一体化的基础。

5. 安全文明生产教育

数控加工存在一定的危险性，操作数控铣床时，操作者必须严格遵守安全操作规程，以免发生人身伤害和财产损失。

（1）工作之前认真检查电网电压、油泵、润滑、油量是否正常，检查气压、冷却、油管、刀具、工装夹具是否完好，并做好机床的定期保养。

（2）机床启动后，先进行机床 Z 轴回零后再进行 X、Y 轴回零操作，然后试运行 5 min，确认机械、刀架、夹具、工件、数控参数等正确无误后，方能开始正常工作。

（3）手动操作时，操作者必须先设定好手动进给倍率、快速进给倍率，操作过程中时刻注意观察主轴所处位置，避免主轴及主轴上的刀具与机用平口钳、工件之间发生干涉或碰撞。

（4）认真仔细检查程序编制、参数设置、动作顺序、刀具干涉、工件装夹等环节是否正确无误，并进行程序校验。调试完程序后做好保存，不允许运行未经校验和内容不明的程序。

（5）在手动进行工件装夹时，要将机床处于锁住状态，其他无关人员禁止操作数控系统面板；工件及刀具装夹要牢固，完成装夹后要拿开调整工具，并放回指定位置，以免加工时发生意外。

（6）在主轴旋转做手动操作时，一定要使身体和衣物远离旋转及运动部件，以免将衣物卷入发生意外，禁止用手触摸刀具和工件。

（7）在 MDI 方式下禁止用 G00 指令对 Z 轴进行快速定位。

（8）在自动循环加工时，应关好安全拉门，以免将衣物卷入造成事故。

（9）铣床运转中，操作者不得离开岗位；当出现报警、发生异常声音和夹具松动等异常情况时必须立即停车保护现场，及时上报，做好记录，并进行相应处理。

（10）工作完毕后，应将机床导轨、工作台擦干净，依次关掉机床操作面板上的电源和总电源，并认真填写好工作日志。

6. FANUC 0i MD 数控系统操作面板

FANUC 0i MD 数控系统操作面板主要由 CRT/MDI（LCD/MDI）单元、MDI 键盘和功能键组成，与图 1-2-1 所示的 FANUC0i TC 车床数控系统操作面板相同。

7. 数控铣床的操作面板

如图 1-3-9 所示为配备 FUNAC 0i MD 数控系统的汉川机床厂 XK714G 数控铣床操作面板（XK714G 数控铣床的操作面板与汉川机床厂 XH714D 和 XH715D 立式加工中心操作面板基本相同，本书以 XK714G 数控铣床操作面板为例来介绍使用方法），各按钮的名称及用法如表 1-3-1 所示。

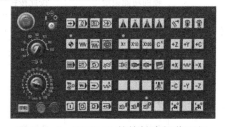

图 1-3-9　XK714G 数控铣床操作面板

表 1-3-1　XK714G 数控铣床操作面板按钮说明

按　钮		按钮名称	功　能　说　明
➡	模式选择	自动	按此按钮后，系统进入自动加工模式
✎		编辑	按此按钮后，系统进入程序编辑模式
▣		MDI	按此按钮后，系统进入 MDI 模式，手动输入并执行指令
↯		DNC	按此按钮后，系统进入 DNC 模式，可输入输出数控程序
◆		回原点模式	按此按钮后，系统进入回原点模式
ww		JOG	按此按钮后，系统进入手动模式
ww		增量	按此按钮后，系统进入增量模式
⊙		手轮	按此按钮后，系统进入手轮模式

续表

按钮	按钮名称	功能说明
	电源开	接通电源
	电源关	关闭电源
	急停按钮	按下急停按钮，使机床移动立即停止，并且所有的输出如主轴的转动等都会关闭
	主轴倍率	按此旋钮，可以调节主轴倍率
	进给倍率	按此旋钮，可以调节进给倍率
	轴向选择	选择移动轴
	手轮	顺时针旋转为正方向，逆时针旋转为负方向
	循环启动	程序运行开始；系统处于"自动运行"或"MDI"位置时按下有效，其余模式下使用无效
	循环保持	程序运行暂停，在程序运行过程中，按下此按钮运行暂停；按"循环启动"恢复运行
	单段	此按钮被按下后，运行程序时每次执行一条数控指令
	跳段	此按钮被按下后，数控程序中的注释符号"/"有效
	选择性停止	按此按钮后，"M01"代码有效
	辅助功能锁定	按此按钮后，所有辅助功能被锁定
	空运行	单击该按钮后系统进入空运行状态
	机床锁定	锁定机床，无法移动
	X镜像	X镜像
	Y镜像	Y镜像
	Z镜像	Z镜像
	增量/手轮倍率	在增量或手轮状态下，按此键可以调节步进倍率
	松开主轴	
	锁住主轴	
		照明灯开
	主轴正转	控制主轴转向为正向转动
	主轴反转	控制主轴转向为反向转动
	主轴停止	控制主轴停止转动
	超程解除	解除坐标轴超程
	刀库正转	刀库正转（数控铣床无此功能）
	Z正方向按钮	手动方式下，单击该按钮主轴向Z轴正方向移动
	Z负方向按钮	手动方式下，单击该按钮主轴向Z轴负方向移动

续表

按钮	按钮名称	功能说明
+Y	Y 正方向按钮	手动方式下，单击该按钮主轴向 Y 轴正方向移动
-Y	Y 负方向按钮	手动方式下，单击该按钮主轴向 Y 轴负方向移动
+X	X 正方向按钮	手动方式下，单击该按钮主轴向 X 正方向移动
-X	X 负方向按钮	手动方式下，单击该按钮主轴向 X 轴负方向移动
∿	快速按钮	单击该按钮系统进入手动快速按钮
		冷却液关
		冷却液开

8. 数控铣床/加工中心开、关机

1）开机

（1）检查机床状态是否正常。

（2）将位于数控铣床/加工中心后面的电控柜主电源开关打到 "ON"，应听到电控柜风扇和主轴电动机风扇开始工作的声音。

（3）按下操作面板上的系统电源绿色按钮接通数控系统电源，出现数控系统自检画面，如图 1-3-10 所示，几秒后出现坐标位置画面。

（4）顺时针方向旋转 "急停" 按钮，解除急停状态。

（5）绿灯亮后，数控铣床/加工中心进入准备状态。

2）关机

（1）检查操作面板上的 LED 指示循环启动在停止状态。

（2）检查机床的所有可移动部件均处于停止状态。

（3）外部输入、输出设备均已断开。

（4）按下系统电源红色按钮，关闭数控系统电源。

（5）将位于数控车床侧面的电控柜主电源开关打到 "OFF"，关闭数控车床主电源。

图 1-3-10　数控铣床/加工中心系统开机后页面显示

9. 急停和超程

在加工过程中，由于用户编程、操作及产品故障等原因，可能会出现一些意想不到的故障和事故。为安全起见，要立即停止机床运行时，可以按 "紧急停止" 按钮来实现。另外，为了避免出现机床超程现象，系统应具有超程检查和行程检查功能。

1）按下 "急停" 按钮

如果按下机床操作面板上的 "急停" 按钮，除润滑油泵外，机床的动作及各种功能均立即停止。同时，CRT 显示器上出现数控系统未准备好的报警信号。该按钮被按下时，它是自锁的。虽然它因机床制造厂而异，但通常旋转按钮即可释放。

注意：（1）解除急停前，先确认故障原因是否排除。

（2）在通电和关机之前，应按下 "急停" 按钮，可减少设备电冲击。

（3）如果条件允许，急停解除后应重新执行回参考点操作，以确保坐标位置的正

确性。

2）按下复位键

机床在自动运行过程中，按下此键则全部操作均停止，因此可以用此键完成急停操作。

3）按下"循环保持"按钮

机床在自动运行状态下，按下"循环保持"按钮，则滑板停止运动，但机床的其他功能仍有效。当需要恢复机床运行时，按下"循环启动"按钮，机床从当前位置开始继续执行下面的程序。

4）超程

当机床因操作不当或机器故障而试图移到由机床限位开关设定的行程终点之外时，由于碰到限位开关，机床减速并停止，而且显示超程报警"OVER TRAVEL"。

说明：（1）在自动运行期间，当数控车床沿一个轴运动碰到限位开关时，刀具沿所有轴都要减速和停止，并显示超程报警。

（2）在手动操作时，仅仅是刀具碰到限位开关的那个轴减速并停止，刀具仍沿其他轴移动。

（3）在用手动操作使刀具朝安全方向移动之后，按复位键即可解除报警。也可以按下超程解除按钮 不松开，同时将坐标轴向反方向移动，从而解除超程报警。

10. 铣床/加工中心的手动操作

1）手动返回参考点

对于采用增量式脉冲编码器的数控机床，机床断电后即失去参考点的位置，需采用返回参考点的操作；机床解除急停状态和超程报警时也需要重新进行返回参考点的操作。具体步骤为：

（1）单击操作面板上的"回原点模式"，若指示灯变亮 则已进入回参考点模式。

（2）先将 Z 轴回参考点，单击操作面板上的 Z 正方向键 ，此时 X 轴回参考点完成，CRT 上的 Z 坐标变为"0.000"。

（3）同理，再分别单击 X 轴 、Y 轴 正方向键，分别完成 X 轴、Y 轴回参考点。回参考点后，CRT 界面如图 1-3-11 所示。

注意：返回参考点时，一般按照先回 Z 轴后回 X、Y 轴的顺序以免发生撞车。

2）手动方式进给

手动方式控制进给三坐标的运动分为移动和快速移动，具体步骤为：

（1）单击操作面板中的手动按钮 ，指示灯变亮 ，系统进入手动操作方式。

（2）适当单击 、 、 及 、 、 键，可以移动机床并控制移动方向及移动距离，实现移动。

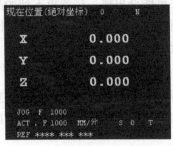

图 1-3-11 回完参考点后的坐标显示

(3) 当机床的进给滑板的移动距离较大时，需进行快速移动，需先按下快速按钮，最后分别单击、、、及、、键，控制机床的移动方向和坐标轴，实现快速移动。可以利用进给速度倍率开关旋钮，修调快速进给速度。

注意：使用刀具手动切削零件时，主轴需转动。

3) 手动脉冲发生器（手轮）方式进给

精确调节进给位置时，可用手动脉冲发生器方式调节机床进给。实际生产中，利用手轮可以使操作者更易于控制和观察机床的移动。具体操作步骤为：

(1) 单击操作面板上的手轮模式键，指示灯变亮，系统进入手轮模式状态即手动脉冲模式。

(2) 通过选择坐标轴旋钮，进行轴向选择。

(3) 调节手轮倍率按钮（选择合适的手轮倍率即脉冲当量的倍数），转动手动脉冲发生器上的手柄，则坐标轴按照预先选定的方向和速度移动（顺时针为正向，逆时针为负向，面板上有 + 、 - 号表示）。

4) 主轴启停

在手动或手动脉冲发生器（手轮）方式下，分别单击、、键，实现主轴的正、反转和主轴的停止。

任务拓展 自动返回参考点

数控车床参考点返回有两种方法，一种是上面提到的手动回参考点，还有一种即为自动回参考点，该功能是接通电源进行手动参考点返回后，在程序中需要返回参考点进行换刀时使用的自动参考点返回功能，需要用到参考点返回指令 G28 指令：

G90/G91 G28 X__ Y__ Z__ ；

参考点返回，其中 X、Y、Z 为参考点返回时的中间点，G90 为绝对坐标，G91 为相对坐标。参考点返回过程如图 1-3-12 所示。

加工中心编程时，遇到换刀指令，有的机床需将主轴移动到与刀库等高，可写成"G91 G28 Z0；"。

任务巩固 在数控铣床/加工中心机床和仿真软件上反复练习各按钮（键）的意义和作用。

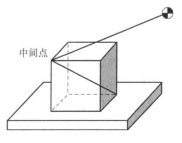

图 1-3-12 自动返回参考点动作

任务 1.3.2 数控铣床/加工中心的对刀

任务描述 使用程序进行自动加工前，需完成工件坐标系的建立，即对刀。

任务分析 本任务是培养学生在数控铣床/加工中心上建立工件坐标系的能力，要完成该任务，需掌握数控铣床/加工中心各坐标系的含义及用途，掌握数控铣床/加工中心的几种对刀方法。

相关知识

1. 编程坐标系与工件坐标系

1) 编程坐标系

在进行数控编程时，首先要根据被加工零件的形状特点和尺寸，在零件图纸上建立编程坐标系，使零件上的所有几何元素都有确定的位置，同时也决定了在数控加工时，零件在机床上的安放方向。编程坐标系的建立，包括坐标原点的选择和坐标轴的确定。

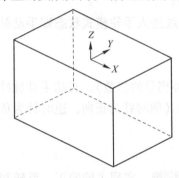

图1-3-13 对称工件的编程坐标系原点设置

（1）编程坐标系原点选择。编程坐标系的原点称为工件原点或编程原点。编程原点在工件上的位置虽可任意选择，但一般应遵循以下原则，如图1-3-13所示。

① 编程原点选在零件图样的设计基准或工艺基准上，以利于编程。

② 编程原点尽量选在尺寸精度高、粗糙度值低的工件表面上。

③ 编程原点最好选在工件的对称中心上。

④ 便于测量和检验。

（2）编程坐标系坐标轴的确定。坐标原点选定后，接着就是坐标轴的确定。编程坐标系坐标轴确定原则为：根据工件在机床上的安放方向与位置决定Z轴方向，即工件安放在数控机床上时，编程坐标系Z轴与机床坐标系Z轴平行，正方向一致，在工件上通常与工件主要定位支撑面垂直；然后，选择零件尺寸较长方向或切削时的主要进给方向X轴方向，在机床上安放工件后，其方位与机床坐标系X轴方位平行，正方向一致；过原点与X、Z轴垂直的为Y轴，并根据右手定则确定Y轴的正方向。

2) 工件坐标系

（1）工件坐标系的确定。工件坐标系是指以确定的加工原点为基准所建立的坐标系。

工件坐标系的原点位置为工件零点。理论上工件零点设置是任意的，但实际上，它是编程人员根据零件特点为了编程方便及尺寸的直观性而设定的。

注意：① 工件零点应选在零件的尺寸基准上，这样便于坐标值的计算，并减少差错。

② 工件零点尽量选在精度较高的工件表面，以提高被加工零件的加工精度。

③ 对于对称零件，工件零点设在对称中心上。

④ 对于一般零件，工件零点设在工件轮廓某一角上。

⑤ Z轴方向上零点一般设在工件表面。

⑥ 对于卧式加工中心最好把工件零点设在回转中心上，即设置在工作台回转中心与Z轴连线适当位置上。

⑦ 编程时，应将刀具起点和程序原点设在同一处，这样可以简化程序，便于计算。

（2）工件坐标系的设置方法：

① 准备工作：机床回参考点，确认机床坐标系。

② 装夹工件毛坯：通过夹具使零件定位，并使工件定位基准面与机床运动方向一致。

③ 对刀测量：使用刀具或对刀仪器进行对刀。

④ 计算设定值：将前面已测得的各项数据，按设定要求运算。

⑤ 在机床上设定：进入工件坐标系设定页面输入数据。

⑥ 校对设定值：对于初学者，在进行工件原点的设定后，应进一步校对设定值，以保证参数的正确性。如图 1-3-14 所示为工件坐标系设定的位置。

2. 通过对刀建立工件坐标系

数控铣床/加工中心通过刀具或对刀仪器确定工件坐标系与机床坐标系之间的空间位置关系，并将对刀的数据存入数控系统内相应位置。对刀的精确程度将直接影响加工精度，因此对刀操作一定要仔细，对刀方法一定要与零件加工精度要求相适应。当零件加工精度要求较高时，可以采用光学或电子装置等新方法进行对刀以减少工时并提高精度。

1）XY 方向上的对刀

（1）采用杠杆式百分表（千分表）对刀。该方法适合几何形状为回转体的零件，通过百分表（千分表）找正使得主轴轴心线与工件轴心线同轴，如图 1-3-15 所示，具体步骤为：

① 在手轮模式下，用磁性表座将杠杆式百分表吸在机床主轴端面上并利用手动转动机床主轴。

② 手动操作使旋转的表头依 X、Y、Z 的顺序逐渐靠近侧壁（或圆柱面）。

③ 移动 Z 轴，使表头压住被测表面，指针转动约 0.1 mm。

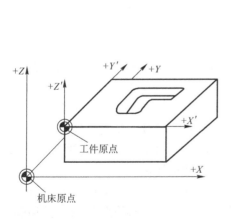

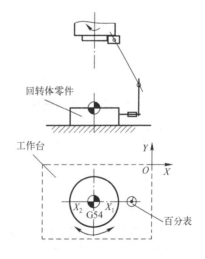

图 1-3-14　工件坐标系设定的位置　　图 1-3-15　采用杠杆式百分表（千分表）对刀

④ 逐步降低手摇脉冲发生器的 X、Y 轴移动量，使表头旋转一周时，其指针的跳动量在允许的对刀误差内，如 0.02 mm，此时可认为主轴的旋转中心与被测孔中心重合。

⑤ 记下此时机床坐标系中的 X、Y 坐标值，此 X、Y 坐标值即为 G54 指令建立工件坐标系时的偏置值。

这种操作方法比较麻烦，效率较低，但对刀精度较高，对被测孔的精度要求也较高，最好用于经过铰或镗加工的孔，仅粗加工后的孔不宜采用。

(2) 试切法对刀。若对刀精度要求不高（如粗加工毛坯上的对刀），为方便操作，可以采用加工时所使用的刀具直接进行碰刀（或试切）对刀。具体步骤为：

① 在手动或手轮模式下，将所用铣刀装到主轴上并使主轴中速旋转。

② 移动铣刀沿 X 或 Y 方向靠近被测边，直到铣刀周刃轻微接触到工件表面听到刀刃与工件的摩擦声（但没有切屑或仅有极少量的切屑）。

③ 保持 X、Y 坐标不变，将铣刀沿 Z 向退离工件。

④ 将机床相对坐标 X 置零，并向工件方向沿 X 向移动刀具半径的距离。

⑤ 将此时机床坐标系下的 X 值输入系统偏置寄存器中，该值就是被测边的 X 坐标。

改变方向重复以上操作，可得被测边的 Y 坐标。这种方法比较简单，但会在工件表面留下痕迹，且对刀精度不够高。为避免损伤工件表面，可在刀具和工件之间加入塞尺进行对刀，这时应将塞尺的厚度减去。

(3) 寻边器对刀。寻边器主要用于确定工件坐标系原点在机床坐标系中的 X、Y 的零点偏置值，也可用做测量工件的简单尺寸，是高精度的测量工具，能快速且方便地设定机械主轴与加工件基准面的精确中心位置。常用寻边器分为离心式和光电式两种，如图 1-3-16 所示。

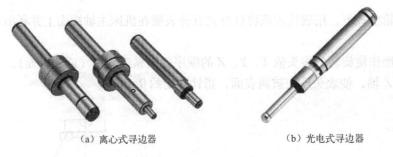

(a) 离心式寻边器　　　　　　(b) 光电式寻边器

图 1-3-16　常用寻边器

当零件的几何形状为矩形或回转体时，可采用离心式寻边器来进行程序原点的找正。

① 基准边对刀。如图 1-3-17 所示，长方体工件左下角为基准角，左边为 X 方向的基准边，下边为 Y 方向的基准边。通过正确寻边，寻边器与基准边刚好接触（误差不超过机床的最小手动进给单位，一般为 0.01 mm，精密机床可达 0.001 mm）。在左边寻边，在机床控制台显示屏上读出机床坐标值 X_1（寻边器中心的机床坐标）。工件坐标原点的机床坐标值为：$X = X_1 + a/2 = X_0 + R + a/2$（$a/2$ 为工件坐标原点离基准边的距离）。

在下侧边寻边，在机床控制台显示屏上读出机床坐标值 Y_1（寻边器中心的机床坐标）。工件坐标原点的机床坐标值为：$Y = Y_1 + b/2 = Y_0 + R + b/2$（$b/2$ 为工件坐标原点离基准边的距离）。

② 双边分中对刀。该方法适用于工件在长宽两方向的对边都经过精加工（如平面磨削），并且工件坐标原点（编程原点）在工件正中间的情况，如图 1-3-18 所示。具体步骤为：

在 MDI 模式下输入以下程序：S600 M03。

运行该程序，使寻边器旋转起来，转速为 600 r/min（注　寻边器转速一般为 400～600 r/min）。

进入手动模式，把屏幕切换到机械坐标显示状态。

找 X 轴坐标，找正方法如图 1-3-10 所示，但应注意以下几点：

- 主轴转速在 400～600 r/min；
- 寻边器接触工件时机床的手动进给倍率应由快到慢；
- 此寻边器不能找正 Z 坐标原点。

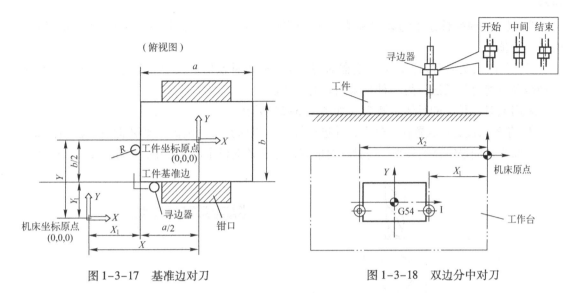

图 1-3-17 基准边对刀　　　　　　图 1-3-18 双边分中对刀

记录 X_1 和 X_2 的机械位置坐标，并求出 $X=(X_1+X_2)/2$，输入相应的工作偏置坐标系。找 Y 轴坐标，方法与 X 轴找正方法相同。

2) Z 向对刀

Z 向对刀的数据与刀具在刀柄上的装夹长度及工件坐标系中 Z 向零点的位置有关，用来确定工件坐标系 Z 向零点在机床坐标系中 Z 轴的坐标。可以采用刀具直接碰刀对刀或利用 Z 向设定器进行精确对刀，常用 Z 向设定器有指针式和光电式两种，Z 向设定器带有磁性表座可吸附于工件或夹具上，其高度一般为 (50.00±0.005) mm，如图 1-3-19 所示。

(1) 刀具直接碰刀对刀。对于 Z 轴的找正，可采用对刀块来进行刀具 Z 坐标值的测量，如图 1-3-20 所示。具体步骤为：

  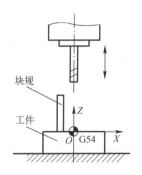

（a）指针式 Z 向设定器　　（b）光电式 Z 向设定器

图 1-3-19 常用 Z 向设定器　　　　图 1-3-20 刀具直接碰刀对刀

① 进入手动模式，把屏幕切换到机械坐标显示状态。
② 在工件上放置一个 50 mm 或 100 mm 对刀块，然后使用对刀块去与刀具端面或刀尖进

行试塞。通过主轴 Z 向的反复调整，使得对刀块与刀具端面或刀尖接触，即 Z 方向程序原点找正完毕。

注意：在主轴 Z 向移动时，应避免对刀块在刀具的正下方，以免刀具与对刀块发生碰撞。

③ 记录机械坐标系中的 Z 坐标值，把该值输入相应的工作偏置中的 Z 坐标，如 G54 中的 Z 坐标值。

(2) Z 向设定器对刀。Z 向设定器对刀，确定长度补偿值。长度补偿的方法通常有两种：一种是采用绝对刀长法，另一种是采用相对刀长法。

采用绝对刀长法的具体步骤为（如图 1-3-21 所示）：

① 将 Z 向设定器放置在工件上，并进行校正（以研磨过的圆棒压平 Z 向设定器的顶部研磨面，调整 Z 向设定器的表盘，使指针对准零，完成 Z 向设定器的校正，如图 1-3-22 所示）。

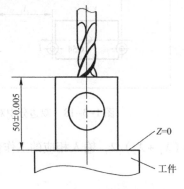

图 1-3-21　Z 向设定器对刀　　　　图 1-3-22　Z 向设定器校正

② 将第一把刀具 T01 装入主轴。

③ 快速移动主轴，让刀具端面靠近 Z 向设定器的上表面。

④ 改用微调操作，让刀具端面慢慢接触到 Z 向设定器的上表面，使其指针指向零刻度（光电式设定器会发光）。

⑤ 记下此时的机械坐标系的 Z 值，如 Z_1。

⑥ Z 向设定器高度为 50 mm，所以 T01 号刀具的长度补偿值为 $H_{01} = Z_1 - 50$ mm。

⑦ 依次换上各把刀具，重复上面步骤③～⑥，找出各自的长度补偿值 $H_{02} \sim H_{\#\#}$。

⑧ 将工件坐标系 G54 中的 Z 值设为 "0"，并输入各自的长度补偿值到数控系统中，即完成各刀具 Z 轴对刀。

采用相对刀长法的具体步骤为：

① 将 Z 向设定器放置在工件上，并进行校正。

② 将第一把刀具 T01 装入主轴，作为标准刀具。

③ 快速移动主轴，让刀具端面靠近 Z 轴设定器的上表面。

④ 改用微调操作，让刀具端面慢慢接触到 Z 向设定器的上表面，使其指针指向零刻度（光电式的设定器会发光）。

⑤ 记下此时的机械坐标系的 Z 值 Z_0。

⑥ 将工件坐标系 G54 中的 Z 值设为 Z_1（计算方法为 $Z_1 = Z_0 - 50$），因为 T01 号刀具为

标准刀,将其长度补偿值设为 $H_{01}=0$。

⑦ 换上 T02 号刀具,重复上面步骤③~⑤,确定 Z_2,其长度补偿值为 $H_{02} = \pm(Z_2 - Z_1)$,±符号由 G43/G44 决定。

⑧ 依次换上各把刀具,重复上面步骤③~⑥,找出各自的长度补偿值 $H_{02} \sim H_{\#\#}$。

⑨ 输入各自的长度补偿值到数控系统中,即完成各刀具 Z 轴对刀和长度补偿的设定。

任务拓展 上述内容均为长方体工件的对刀方法,请结合所学内容并查阅资料,确定圆柱体工件的对刀方法并画图予以说明。

3) 数控铣床/加工中心刀具补偿参数的设置

数控铣床/加工中心的刀具补偿包括刀具的半径和长度补偿。

(1) 输入半径补偿参数。FANUC 0i 的刀具半径补偿包括形状补偿和磨耗补偿。

① 在 MDI 键盘上按▤键,进入参数补偿设定页面,如图 1-3-23 所示。

② 用方向按钮▤、▤选择所需的番号,并用▤、▤将光标移到相应的区域来设定半径补偿(形状补偿或磨耗补偿)。

③ 按 MDI 键盘上的字母/数字键,输入刀具半径补偿或磨耗补偿参数。

④ 按软键[输入]或按▤键,参数输入到指定区域。按▤键逐字删除输入域中的字符。

输入数据时需加小数点输入如 "5.",如果只输入 "4",则系统默认为 "0.004"。

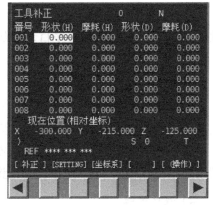

图 1-3-23 参数补偿设定页面

(2) 输入长度补偿参数。长度补偿参数在刀具表中按需要输入。FANUC 0i 的刀具长度补偿包括形状长度补偿和磨耗长度补偿。

① 在 MDI 键盘上按▤键,进入参数补偿设定页面,如图 1-3-23 所示。

② 用方向按钮▤、▤选择所需的番号,并用▤、▤将光标移到相应的区域来设定长度补偿(形状补偿或磨耗补偿)。

③ 按 MDI 键盘上的字母/数字键,输入刀具半径补偿或磨耗补偿参数。

④ 按软键[输入]或按▤键,参数输入到指定区域。按▤键逐字删除输入域中的字符。

任务巩固 操作数控铣床/加工中心或仿真软件,练习各种对刀方法及参数输入,并达到熟练的程度。

任务1.3.3 程序编辑及自动运行

任务描述 数控铣床/加工中心加工零件一般需先输入程序并在自动方式下运行,这样可实现机床的自动加工,降低劳动者的工作强度,提高生产效率和精度。

任务分析 本任务是培养学生掌握数控铣床/加工中心的程序输入、编辑的能力及自动运行的知识和能力。完成该任务,需掌握程序编辑、图形模拟、空运行、单段运行和自动运行等的操作方法。

相关知识

1. 程序编辑

1)程序创建

数控铣床/加工中心可以直接用 FANUC 0i 系统的 MDI 键盘输入,完成程序的创建。

单击操作面板上的编辑键 ▣,编辑状态指示灯变亮 ▣,此时已进入编辑状态。单击 MDI 键盘上的 ▣ 键,CRT 界面转入编辑页面。利用 MDI 键盘输入"Ox"(x 为程序号,但不能与已有程序号的重复)按 ▣ 键,CRT 界面上将显示一个空程序,可以通过 MDI 键盘开始程序输入。输入一段代码后,按 ▣ 键则数据输入域中的内容将显示在 CRT 界面上,用回车换行键 ▣ 结束一行的输入后换行。

2)程序检索

数控程序导入系统后,单击 MDI 键盘上的 ▣ 键,CRT 界面转入编辑页面。利用 MDI 键盘输入"Ox"(x 为数控程序目录中显示的程序号),按软键[O 检索]开始搜索,搜索到"Ox"后显示在屏幕首行程序号位置,NC 程序将显示在屏幕上。

3)程序删除

(1)删除一个程序。进入编辑状态,利用 MDI 键盘输入"Ox"(x 为要删除的数控程序在目录中显示的程序号),按 ▣ 键,程序即被删除。

(2)删除全部程序。进入编辑状态。单击 MDI 键盘上的 ▣ 键,CRT 界面转入编辑页面。利用 MDI 键盘输入"0 - 9999",按 ▣ 键,全部数控程序即被删除。

4)程序编辑

单击操作面板上的编辑键 ▣,编辑状态指示灯变亮 ▣,进入编辑状态。单击 MDI 键盘上的 ▣ 键,CRT 界面转入编辑页面。选定一个程序后,该程序显示在 CRT 界面上,可对程序进行编辑操作。

(1)移动光标。按 ▣ 和 ▣ 键用于翻页,按方位键 ↑、↓、←、→ 移动光标。

(2)插入字符。先将光标移到所需位置,单击 MDI 键盘上的字母/数字键,将代码输入到输入区域中,按 ▣ 键,把输入区域的内容插入到光标所在代码后面。

(3)删除输入区域中的数据。按 ▣ 键,删除输入区域中的数据。

(4)删除字符。先将光标移到所需删除字符的位置,按 ▣ 键,删除光标所在的代码。

(5)检索程序中的字。输入需要搜索的字母或代码,按 ↓ 开始在当前程序中光标所在位置后搜索。(代码可以是一个字母或一个完整的代码,如"N0010"、"M"等。)如果此程序中有所搜索的代码,则光标停留在找到的代码处;如果此程序中光标所在位置后没有所搜索的代码,则光标停留在原处。

(6)替换。先将光标移到所需替换字符的位置,将替换成的字符通过 MDI 键盘输入到输入域中,按 ▣ 键,把输入区域的内容替代光标所在处的代码。

2. 自动运行

1)图形模拟

图形模拟功能可以显示自动运行或手动运行期间刀具的移动轨迹,通过观察屏幕显示的轨迹可以检查加工过程。

单击操作面板上的▣键，指示灯变亮▣，系统进入自动运行状态。单击MDI键盘上的▣键，单击数字/字母键，输入"Ox"（x为所需要检查运行轨迹的数控程序号），按▣开始搜索，找到后，程序显示在CRT界面上。单击▣键，进入检查运行轨迹模式。单击操作面板上的循环启动键▣，即可观察数控程序的运行轨迹。此时也可通过"视图"菜单中的动态旋转、动态放缩、动态平移等方式对三维运行轨迹进行全方位的动态观察。

2）单段/程序段跳/选择停止运行方式

首先检查机床是否回零。若未回零，先将机床回零。再输入数控程序或自行创建一段程序。

再单击操作面板上的▣键，指示灯变亮▣，系统进入自动运行状态。

（1）单段运行方式。单击操作面板上的单段键▣，单击操作面板上的循环启动键▣，程序开始执行。

注意：自动/单段方式执行每一行程序，均需点击一次循环启动按钮▣。

（2）程序段跳运行方式。单击程序段跳键▣，则程序运行时跳过符号"/"有效，该行成为注释行，不执行。

（3）选择停止运行方式。单击选择停止键▣，则程序中M01有效。

可以通过主轴倍率旋钮▣和进给倍率旋钮▣，调节主轴旋转的速度和移动的速度；按▣键可将程序重置。

3）空运行方式

机床的空运行是指在不装夹工件的情况下，自动运行程序，用以检验刀具走刀路线的正确与否。在空运行前，必须完成下列准备工作：

（1）各刀具装夹完毕。
（2）各刀具的补偿值已输入数控系统。
（3）进给倍率一般选择为100%。
（4）将单段运行按钮按下。
（5）将机床锁定按钮按下。
（6）将机床空运行按钮按下。

完成上面的操作之后，单击操作面板上的▣键，指示灯变亮，系统进入自动运行状态。单击操作面板上的循环启动键▣，程序开始执行。空运行完成后程序无误，回参考点后，即可进行工件的加工。

3. 自动运行方式

1）MDI方式运行

从MDI键盘输入一个或几个程序段之后，机床可以根据这些程序运行，这种操作称为MDI方式运行。在MDI方式下程序格式与通常程序一致，MDI方式适用于简单的测试操作。

单击操作面板上的▣键，指示灯变亮，系统进入MDI方式运行状态。单击MDI面板上的▣键，进入显示程序界面，如图1-3-24所示。

图1-3-24 显示程序界面

用程序编辑操作的方式编写要执行的程序段。执行前,单击"RESET"将光标移至程序头。按下操作面板上的循环启动按钮⬛,程序开始执行。

2) 存储器方式运行

在数控系统的存储器内存储程序后,机床即可根据程序中的指令进行自动运行,这称为存储器方式运行。

(1) 程序运行。首先检查机床是否回零,若未回零,先将机床回零。

检索需要运行的程序。按下操作面板上的⬛按钮,指示灯变亮⬛,系统进入自动运行状态。按下操作面板上的循环启动按钮⬛,程序开始执行。

(2) 中断运行。数控程序在运行过程中可根据需要暂停、急停和重新运行。

数控程序在运行时,按下循环保持按钮⬛,程序停止执行;再单击循环启动按钮⬛,程序从暂停位置开始执行。

数控程序在运行时,按下复位按钮⬛,程序停止运行。

数控程序在运行时,按下急停按钮⬛,数控程序中断运行;继续运行时,先将急停按钮松开,再按循环启动按钮⬛,余下的数控程序从中断行开始作为一个独立的程序执行。

任务巩固 根据教师所给的程序,输入数控铣床/加工中心或仿真软件,并完成本任务中要求的程序编辑、单段/程序段跳/选择停止、空运行、MDI、自动运行等方式。

学习情境 2

模具零件的数控车削及铣削加工技术

要点链接

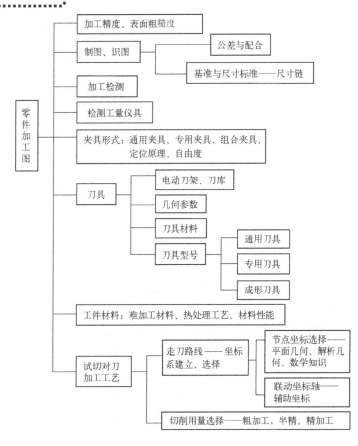

```
                    ┌─ 程序号、主程序、子程序、换刀程序、程序嵌套、宏程序、调用M98、返
                    │  回M99、顺序号N、程序段及结束符LF、CR
                    │
                    ├─ 坐标系：O、N、G、X、Y、Z、A、B、C、U、V、W、R、I、J、K、F、
                    │  S、T、M、H、D、P、L、Q、LF
                    │
                    ├─ 准备功能G代码(ISO或EIA标准)：模态指令(续效指令)和非模态指令的区别
                    │  常用的G指令：快速定位G00、直线插补G01、圆弧顺、逆插补G02、G03、
          程          │  暂停延时G04、自动返参G28、自动离参G29、取消刀补
          序          │  G40、左刀补G41、右刀补G42、刀长偏置G43、G44、
          结   ───┤  绝对、相对坐标G90、G91、平面选择G17、G18、G19、
          构          │  工作坐标系选择G54～G59、坐标系设定或变更G92、局
                    │  部坐标G52、固定循环：返回初点G98、返回R点G99、
                    │  高速钻孔G73、左旋攻螺纹G74：右旋攻螺纹G84、精镗
                    │  孔G76、钻孔G81、G82、G83、镗孔G85、G86、G87、
                    │  G89、取消G80
                    │
                    ├─ 进给功能F
                    │
                    ├─ 主轴转速功能S
                    │
                    ├─ 刀具功能T
                    │
                    └─ 辅助功能M：程序暂停M00、选择停止M01、主程序结束M02、纸带结
                       束M30、主轴正转M03、反转M04、停止M05、换刀M06、
                       切削气开M07、切削液开M08、切削液关M09、主轴定向停
                       止M19、镜像功能：X轴M21、Y轴M22、取消M23、子
                       程序调用系统M98、返回M99等

                    ┌─ 基本尺寸、最大极限尺寸、最小极限尺寸、实际尺寸、上偏差、下
          尺寸公差 ─┤  偏差、基本偏差、公差、公差带、基本偏差系列、加工精度、标准
                    └─ 公差IT01～IT18(20级)

                    ┌─ 形状公差(6个)：直线度、平面度、圆度、圆柱度、
                    │  线轮廓度、面轮廓度
          形位公差 ─┤
                    │  位置公差：定向——平行度、垂直度、倾斜度
                    └─         定位——圆轴度、对称度、位置度
                              跳动——圆跳动、全跳动

          公差与配合 ── 基孔制、基轴制时——间隙配合、过盈配合、孔、轴基本偏差
                        系列、标准偏差、最大实体、最小实体准则

          尺寸链 ── 零件尺寸链 ─→ 增环、减环、组成环、封闭环、尺寸链的特
                    装配尺寸链      点与计算

          表面粗糙度   Ra、Rz、Ry三个定义不同、偏差系列、单位μm、标注符号识别
          评定与标识   等，Ra最常用，与过去光洁度的对照

                    ┌─ 三维空间直角坐标系XYZ：G17——XOY
          笛          │                        G18——XOZ
          卡          │                        G19——YOZ
          儿   ───┤
          坐          │
          标          └─ 右手螺旋法则判定旋转及坐标轴移动方
          系              向、圆弧G02、G03顺、逆插补走向
```

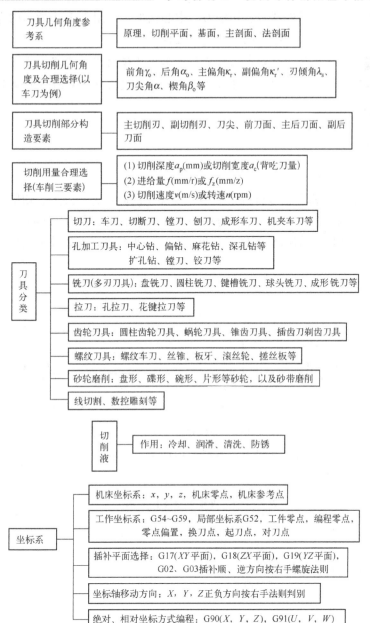

项目2.1 导柱零件的数控车削加工

职业能力 培养数控车削加工工艺制订的能力,具备利用数控车削命令编制加工程序的能力,具备加工中等复杂程度的轴类零件的技能,能对所完成零件的超差进行原因分析并进行修正。

任务2.1.1 冲模导柱零件的加工

任务描述 工件毛坯为 $\phi 35\text{ mm} \times 215\text{ mm}$ 的棒料,20钢,请在数控车床上采用三爪卡

盘对零件进行装夹定位，用外圆刀、切槽刀、中心钻加工如图2-1-1所示的零件。能熟练掌握该零件的加工工艺安排、程序编制及加工全过程。

任务分析 本任务属于数控车床编程与加工中比较简单的内容，要完成本任务，需掌握数控车床基本编程指令、编程规则及编程步骤，并掌握简单量具的使用方法。

相关知识

1. 工艺分析

1) 零件图工艺分析

如图2-1-1所示冲模导柱零件外形简单，要加工的内容为：外形、切槽、倒角、圆角并切断，属于典型的数控车削零件。本任务中的零件所给毛坯长度为215 mm，加工完成后的零件长度为210 mm，加工中需考虑零件在三爪卡盘内装夹长度，φ32外圆直径尺寸有一定的精度要求。

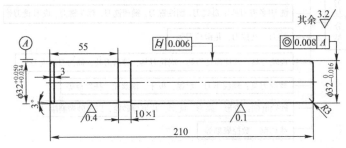

图2-1-1 冲模导柱零件的加工示例

冲模导柱零件的整体加工方案为：备料→粗加工→半精加工→热处理→精加工→光整加工。其加工工艺如表2-1-1所示。

表2-1-1 冲模导柱零件的加工工艺

工序号	工序名称	工序内容
1	下料	用热轧圆钢按尺寸 φ35 mm×215 mm 切断；
2	车端面、钻中心孔	车端面至长度212.5 mm，钻中心孔，调头车端面至210 mm，钻中心孔；
3	车外圆	车外圆至 φ32.4 mm，切 10 mm×0.5 mm 槽到尺寸，车端部调头车外圆至 φ32.4 mm，车端部；
4	检验	
5	热处理	按工艺渗碳淬火，保证渗碳深度为 1~1.4 mm，硬度为 58~62HRC；
6	研中心孔	研一端中心孔，调头研另一端中心孔；
7	磨外圆	磨 φ32 mm 外圆，φ32h6 的表面留研磨余量 0.01 mm；
8	研磨	研磨 φ32h6 表面达设计要求，抛光圆角
9	检验	

采用设计基准和工艺基准重合的两端中心孔定位，在车削和磨削之前需先加工中心孔，为后继工序提供可靠的定位基准。导柱中心孔在热处理后需修正，以消除热处理变形和其他缺陷。

从表2-1-1中看到，属于数控车削加工部分的工艺为：工艺2~4，其余为热处理及磨削工艺，本任务主要讲述数控车削加工部分。

2)数控车削加工工艺过程的拟定

(1) 工序的划分

根据数控加工的特点,常见数控车削加工工序的划分一般可按以下方法进行。

① 按所用刀具划分工序。采用这种方式可提高车削加工的生产效率。

② 按粗、精加工划分工序。采用这种方式可保持数控车削加工的精度。

(2) 确定装夹方案及定位基准

数控车床上的工件安装方法与普通车床一样,要尽量选用已有的通用夹具装夹,且应注意减少装夹次数,尽量做到在一次装夹中能把工件上所有要加工表面都加工出来。零件定位基准应尽量与设计基准重合,以减小定位误差对尺寸精度的影响。

(3) 夹具选择

数控车床多采用三爪自定心卡盘夹持工件,如图2-1-2所示为三爪自定心卡盘的形状及结构,轴类工件还可采用尾座顶尖支持工件,如图2-1-3所示。由于数控车床主轴转速较高,为便于工件夹紧,多采用液压高速动力卡盘,因它在生产厂已通过了严格的动平衡,具有高转速(极限转速可达4 000～6 000 r/min)、高夹紧力(最大推拉力为2 000～8 000 N)、高精度、调爪方便、通孔、使用寿命长等优点。

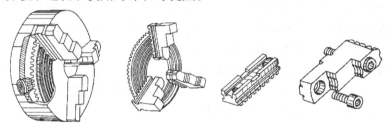

图2-1-2 三爪自定心卡盘

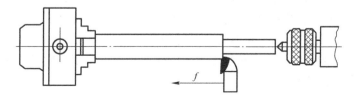

图2-1-3 一夹一顶的装夹方式

还可使用软爪夹持工件,软爪弧面由操作者随机配制,可获得理想的夹持精度。通过调整油缸压力,可改变卡盘夹紧力,以满足夹持各种薄壁和易变形工件的特殊需要。为减小细长轴加工时受力变形,提高加工精度,以及在加工带孔轴类工件内孔时,可采用液压自动定心中心架,其定心精度可达0.03 mm。

① 用于轴类零件的夹具。用于轴类工件的夹具有自动夹紧拨动卡盘、拨齿顶尖、三爪拨动卡盘和快速可调万能卡盘等。数控车床加工轴类零件时,坯件装夹在主轴顶尖和尾座顶尖之间,由主轴上的拨盘或拨齿顶尖带动旋转。这类夹具在粗车时可以传递足够大的转矩,以适应于主轴的高速旋转车削。

② 用于盘类零件的夹具。用于盘类零件的夹具主要有可调卡爪式卡盘和快速可调卡盘。这类夹具适用于无尾座的卡盘式数控车床上。

本任务中毛坯为 $\phi 35$ 的棒料，有足够的夹持长度，采用三爪自定心卡盘对零件进行装夹定位，工件伸出卡盘长度为 75～80 mm，确保 70 mm 的加工长度，同时留出切断刀加工的尺寸。

(4) 加工顺序的确定

数控车削的加工顺序一般按照以下这些原则进行。

① 先粗后精。为了提高生产效率并保证零件的精加工质量，在切削加工时，应先安排粗加工工序，在较短的时间内，将精加工前大量的加工余量去掉，同时尽量满足精加工的余量均匀性要求。

当粗加工工序安排完后，应接着安排换刀后进行的半精加工和精加工。其中，安排半精加工的目的是，当粗加工后所留余量的均匀性满足不了精加工要求时，则可安排半精加工作为过渡性工序，以便使精加工余量小而均匀。

在安排可以一刀或多刀进行的精加工工序时，其零件的最终轮廓应由最后一刀连续加工而成。这时，加工刀具的进退刀位置要考虑妥当，尽量不要在连续的轮廓中安排切入和切出或换刀及停顿，以免因切削力突然变化而造成弹性变形，致使光滑连续轮廓上产生表面划伤、形状突变或滞留刀痕等疵病。

② 先近后远加工，减少空行程时间。远与近是按加工部位相对于对刀点的距离大小而言的。在一般情况下，特别是在粗加工时，通常安排离对刀点近的部位先加工，离对刀点远的部位后加工，以便缩短刀具移动距离，减少空行程时间。对于车削加工，先近后远有利于保持毛坯件或半成品件的刚性，改善其切削条件。

③ 内外交叉。对既有内表面（内型腔），又有外表面需加工的零件，安排加工顺序时，应先进行内外表面粗加工，后进行内外表面精加工。切不可将零件上一部分表面（外表面或内表面）加工完毕后，再加工其他表面（内表面或外表面）。

④ 基面先行原则。用做精基准的表面应优先加工出来，因为定位基准的表面越精确，装夹误差就越小。例如，轴类零件加工时，总是先加工中心孔，再以中心孔为精基准加工外圆表面和端面。上述原则并不是一成不变的，对于某些特殊情况，则需要采取灵活可变的方案。如有的工件就必须先精加工后粗加工，才能保证其加工精度与质量。这些都有赖于编程者实际加工经验的不断积累与学习。

(5) 确定加工路线

加工路线的确定首先必须保持被加工零件的尺寸精度和表面质量，其次考虑数值计算简单、走刀路线尽量短、效率较高等。因精加工的进给路线基本上都是沿其零件轮廓采用仿形法进行加工的，因此确定进给路线的工作重点是确定粗加工及空行程的进给路线。

① 加工路线与加工余量的关系。在数控车床还未达到普及使用的条件下，一般应把毛坯件上过多的余量，特别是含有锻、铸硬皮层的余量安排在普通车床上加工。如必须用数控车床加工时，则要注意程序的灵活安排。可以安排一些子程序对余量过多的部位先进行一定的切削加工。

如图 2-1-4 所示为车削大余量工件的两种加工路线，图 2-1-4（a）所示是错误的阶梯切削路线，图 2-1-4（b）所示按 1→5 的顺序切削，每次切削所留余量相等，是正确的阶梯切削路线。因为在同样背吃刀量的条件下，按图 2-1-4（a）所示方式加工所剩的余量过多。

学习情境 2 模具零件的数控车削及铣削加工技术

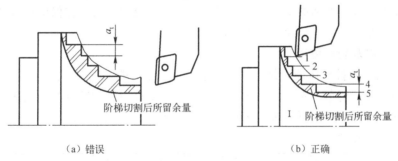

（a）错误　　　　　　　　　　　　　　（b）正确

图 2-1-4　大余量工件的阶梯切削路线

根据数控加工的特点，也可以放弃常用的阶梯车削法，改用依次从轴向和径向进刀、顺工件毛坯轮廓走刀的路线。

② 刀具的切入、切出。在数控机床上进行加工时，要安排好刀具的切入、切出路线，尽量使刀具沿轮廓的切线方向切入、切出。

③ 确定最短的空行程路线。确定最短的走刀路线，除了依靠大量的实践经验外，还应善于分析，必要时辅以一些简单计算。

如在手工编制较复杂轮廓的加工程序时，为使其计算过程尽量简化，既不易出错，又便于校核，编程者（特别是初学者）有时将每一刀加工完后的刀具终点通过执行"回零"（返回对刀点）指令，使其全都返回到对刀点位置，然后再进行后续程序。这样会增加走刀路线的距离，从而大大降低生产效率。因此，在合理安排"回零"路线时，应使其前一刀终点与后一刀起点间的距离尽量减短，或者为零，即可满足走刀路线为最短的要求。

④ 确定最短的切削进给路线。切削进给路线短，可有效地提高生产效率，降低刀具损耗等。在安排粗加工或半精加工的切削进给路线时，应同时兼顾到被加工零件的刚性及加工的工艺性等要求，不要顾此失彼。图 2-1-5 所示为粗车工件时几种不同切削进给路线的安排示例。其中，图 2-1-5（a）表示利用数控系统具有的封闭式复合循环功能而控制车刀沿着工件轮廓进行走刀的路线；图 2-1-5（b）所示为利用其程序循环功能安排的"三角形"走刀路线；图 2-1-5（c）所示为利用其矩形循环功能而安排的"矩形"走刀路线。

 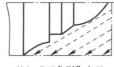 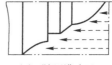

（a）沿工件轮廓走刀　　　　（b）"三角形"走刀　　　　（c）"矩形"走刀

图 2-1-5　三种切削进给路线

针对以上三种切削进给路线，经分析和判断后可知矩形循环进给路线的走刀长度总和为最短。因此，在同等条件下，其切削所需时间（不含空行程）为最短，刀具的损耗小。另外，矩形循环加工的程序段格式较简单，所以这种进给路线的安排，在制定加工方案时应用较多。

本任务中的零件为单件生产，端面为设计基准，也是长度方向上的测量基准，选用外圆车刀进行粗、精加工外圆，工件坐标系原点设置在右端面中心。加工时应该分层粗加工外圆,直至精加工余量。外圆加工完毕后,刀架回换刀点换切断刀,在保证长度的情况下进行切断。调头装夹保证总长,从而完成零件加工。

(6) 选择刀具及切削用量

① 选择刀具。数控车床能兼做粗、精车削。为使粗车能大吃刀、大走刀,要求粗车刀具强度高、耐用度好;精车首先是保证加工精度,所以要求刀具的精度高、耐用度好。为减少换刀时间和方便对刀,应尽可能多地采用机夹刀。数控车床还要求刀片耐用度的一致性好,以便于使用刀具寿命管理功能。

选择刀具时主要根据零件结构特征来确定刀具类型,图2-1-1所示零件只需要加工外圆及倒角,先选择左偏外圆车刀;加工完毕后需要利用切断刀将零件切下,因此还应选择切断刀。

刀(刃)具很少直接装在数控车床的刀架上,它们之间一般用刀座(也称刀夹)作为过渡。刀座的结构主要取决于刀体的形状、刀架的外形和刀架对主轴的配置方式这三个因素。现今刀座的种类繁多,标准化程度很低。机夹刀体的标准化程度比较高,所以种类和规格并不太多,刀架对机床主轴的配置方式总共只有几种,唯有刀架的外形(主要是指与刀座连接的部分)形式太多。用户在选型时,应尽量减少种类、形式,以利于管理。

② 确定切削用量。切削用量(a_p、n、v_f)选择是否合理,对于能否充分发挥机床潜力与刀具切削性能,实现优质、高产、低成本和安全操作具有很重要的作用。粗车时,首先考虑选择一个尽可能大的背吃刀量a_p,其次选择一个较大的进给速度v_f,最后确定一个合适的主轴转速n。增大背吃刀量a_p可使走刀次数减少,增大进给速度v_f有利于断屑,因此根据以上原则选择粗车切削用量对于提高生产效率,减少刀具消耗,降低加工成本是有利的。

精车时,加工精度和表面粗糙度要求较高,加工余量不大且较均匀,因此选择精车切削用量时,应着重考虑如何保证加工质量,并在此基础上尽量提高生产率。因此精车时应选用较小(但不太小)的背吃刀量a_p和进给速度v_f,并选用切削性能高的刀具材料和合理的几何参数,以尽可能地提高切削速度v_f。

背吃刀量a_p根据机床、工件和刀具的刚度来确定。在刚度允许的条件下,应尽可能使背吃刀量等于工件的加工余量,这样可以减少进给次数,提高生产效率。为了保证加工表面质量,可留少许精加工余量,一般为0.2~0.5 mm。

车削加工主轴转速n应根据允许的切削速度v_c和刀具直径d来选择,按公式$v_c = \pi d n / 1\,000$来计算。切削速度v_c的单位为m/min,由刀具的耐用度决定,计算时可参考表2-1-2或切削用量手册选取。

表2-1-2 车削加工时切削用量选择的参考数据

工件材料	加工方式	背吃刀量(mm)	切削速度(m/min)	进给量(mm/r)	刀具材料
碳素钢 $\sigma_b > 600$ MPa	粗加工	5~7	60~80	0.2~0.4	YT类
	粗加工	2~3	80~120	0.2~0.4	
	精加工	0.2~0.3	120~150	0.1~0.2	
	车螺纹		70~100	导程	
	钻中心孔		500~800 r/min		W18Cr4V
	钻孔		~30	0.1~0.2	
	切断(宽度<5 mm)		70~110	0.1~0.2	YT类

续表

工件材料	加工方式	背吃刀量（mm）	切削速度（m/min）	进给量（mm/r）	刀具材料
合金钢 $\sigma_b = 1\,470$ MPa	粗加工	2～3	50～80	0.2～0.4	YT 类
	精加工	0.1～0.15	60～100	0.1～0.2	
	切断（宽度<5 mm）		40～70	0.1～0.2	
铸铁 200 HBS 以下	粗加工	2～3	50～70	0.2～0.4	YG 类
	精加工	0.1～0.15	70～100	0.1～0.2	
	切断（宽度<5 mm）		50～70	0.1～0.2	
铝	粗加工	2～3	600～1 000	0.2～0.4	YG 类
	精加工	0.2～0.3	800～1 200	0.1～0.2	
	切断（宽度<5 mm）		600～1 000	0.1～0.2	
黄铜	粗加工	2～4	400～500	0.2～0.4	YG 类
	精加工	0.1～0.15	450～600	0.1～0.2	
	切断（宽度<5 mm）		400～500	0.1～0.2	

进给速度 v_f 是数控机床切削用量中的重要参数，其大小直接影响表面粗糙度值和车削效率，主要根据零件的加工精度和表面粗糙度要求以及刀具、工件的材料性质选取。最大进给速度受机床刚度和进给系统的性能限制。

计算进给速度时，可查阅切削用量手册选取每转进给量 f，然后按公式 $v_f = nf$（mm/min）计算进给速度。确定进给速度的原则如下。

➢ 当工件的质量要求能够得到保证时，为提高生产效率，可选择较高的进给速度。一般在 100～200 mm/min 的范围内选取。

➢ 当切断、加工深孔或用高速钢刀具加工时，宜选择较低的进给速度，一般在 20～50 mm/min 的范围内选取。

➢ 当加工精度、表面粗糙度要求较高时，进给速度应选低些，一般在 20～50 mm/min 的范围内选取。

➢ 刀具空行程时，特别是远距离"回参考点"时，可以设定该机床数控系统设定的最高进给速度。

（7）切槽与切断加工工艺

切槽与切断是数控车削的基本加工工艺之一，常见的沟槽有矩形、圆弧形、梯形、T 形槽、燕尾沟槽等，如图 2-1-6 所示为常用的切槽刀、切断刀。

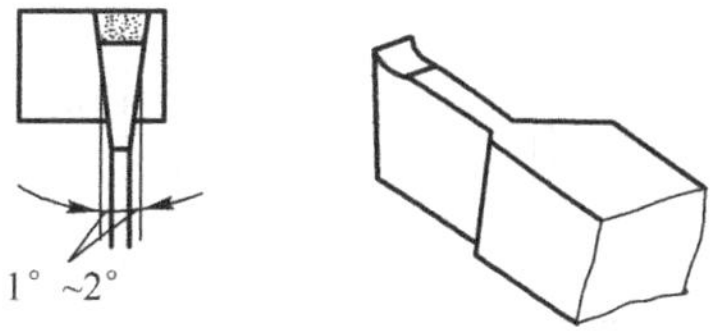

① 切槽、切断刀具几何尺寸的选择：

• 切槽刀长度和刀头宽度的确定。切槽刀的刀头宽度一般根据工件的槽宽、机床功率和刀具的强度综合考虑确定。切槽刀的长度为 $L = $ 槽深 $+ (2～3)$ mm。

（a）切槽刀

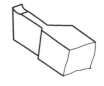
（b）切断刀

图 2-1-6　切槽刀和切断刀

• 切断刀的长度和宽度的确定。切断刀的刀头宽度经验计算公式为 $a = (0.5～0.6)\sqrt{D}$。其中，a 为主刀刃宽度，D 为被切断工件的直径。刀头部分长度 L 的确定，切断实心材料：$L = D/2 + (2～3)$ mm；切断空心材料：$L = h + (2～3)$ mm。其中，h 为被切工件的壁厚。

② 槽的加工路线：

- 加工较窄的槽时，可以正确选择刀头的宽度，横向直进切削而成。精度较高时可采用粗车、精车二次进给车成，即第一次进给车槽时两壁留有余量；第二次用等宽刀修整，使刀具在槽底部暂停几秒钟，以提高槽底的表面质量，如图 2-1-7 所示。
- 加工较宽外圆槽时则可以分几次进给，要求每次切削时要留有重叠的部分，并在槽的两侧和底面留一定的余量精车，如图 2-1-8 所示。

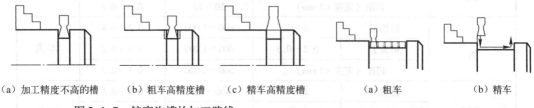

（a）加工精度不高的槽　　（b）粗车高精度槽　　（c）精车高精度槽　　　　（a）粗车　　　　　（b）精车

图 2-1-7　较窄沟槽的加工路线　　　　　　　　图 2-1-8　较宽沟槽的加工路线

- 切槽刀或切断刀退刀时要注意合理安排退刀的路线，一般应先退 X 方向，再退 Z 方向；否则很容易与工件外阶台碰撞，造成车刀的损坏，严重时影响机床的精度。
- 刀具刀位点的确定。切断刀有左右两个刀尖及切削刃中心处三个刀位点，在编程时要根据图样尺寸的标注和对刀的难易程度综合考虑，一定要避免编程操作和对刀时选用刀位点不一致的现象。一般以左刀尖为对刀点。

本任务根据零件的精度要求和工序安排选择的刀具及切削用量，如表 2-1-3 所示。

表 2-1-3　刀具及切削用量表

工步	工步内容	刀号	刀具名称	主轴转速（r/min）	进给量（mm/r）	背吃刀量（mm）
1	车端面、钻中心孔	T01	外圆车刀、中心钻	S500、S800	F0.15、F0.1	手动
2	粗车外圆	T01	外圆车刀	S700	F0.15	2
3	切断	T02	切槽刀（刀宽 4 mm）	S500	F0.06	

2. 程序编制

1）程序编制步骤

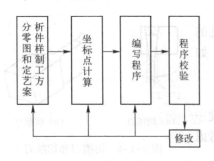

图 2-1-9　数控程序编制的内容及步骤

编制数控加工程序是使用数控机床的一项重要技术工作，数控编程是指从零件图纸到获得数控加工程序的全部工作过程，如图 2-1-9 所示。编程工作主要包括：

（1）分析零件图样和制定工艺方案。这项工作的内容包括：对零件图样进行分析，明确加工的内容和要求；确定加工方案；选择适合的数控机床；选择或设计刀具和夹具；确定合理的走刀路线及选择合理的切削用量等。这一工作要求编程人员能够对零件图样的技术特性、几何形状、尺寸及工艺要求进行分析，并结合数控机床使用的基础知识，如数控机床的规格、性能、数控系统的功能等，确定加工方法和加工路线。

(2) 坐标点计算。在确定了工艺方案后，就需要根据零件的几何尺寸、加工路线等，计算刀具中心的运动轨迹，以获得刀位数据即坐标点。坐标点计算要根据图样尺寸和设定的编程原点，按确定的加工路线，对刀尖从加工开始到结束过程中每条运动轨迹的起点或终点的坐标数值进行仔细计算。对于较简单的零件不需要做特别的数据处理，可在编程过程中确定各点坐标值。但编程时不能完全按照基本尺寸进行编程，一般取中值。当零件的几何形状与控制系统的插补功能不一致时，就需要进行较复杂的数值计算，这时需要使用计算机辅助计算，否则难以完成。

(3) 编写程序。程序编制人员使用数控系统的程序指令，按照规定的程序格式，逐段编写加工程序。

(4) 程序检验。一般在正式加工之前，必须对编写好的程序进行检验，无误后方可正式使用。通常可采用机床空运行或通过显示走刀轨迹模拟刀具对工件的切削过程，来检查机床动作和运动轨迹的正确性，以检验程序。对于形状复杂和要求高的零件，还应采用首件试切来检验加工误差，通过检查试件，不仅可确认程序是否正确，还可知道加工精度是否符合要求。当发现加工的零件不符合加工技术要求时，可采用修改程序或采取尺寸补偿等措施进行修正，最终达到零件的加工要求。

2) 数控程序编制方法

数控加工程序的编制方法主要有两种：手工编程和自动编程。

(1) 手工编程。手工编程指主要由人工来完成数控编程中各个阶段的工作，如图2-1-10所示。一般对几何形状不太复杂的零件，编写的程序较短或计算比较简单时，用手工编程比较方便。

(2) 自动编程。自动编程是指借助数控语言编程系统或图形编程系统，由计算机辅助完成编程的过程。

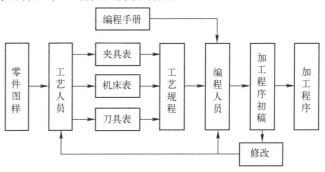

图2-1-10 手工编程步骤

采用自动编程时，数学处理、编写程序、检验程序等工作是由计算机自动完成的，因此可大幅提高编程效率，因此解决了手工编程无法解决的许多复杂零件的编程难题。因而，自动编程的特点就在于编程工作效率高，可解决复杂形状零件的编程难题。

根据输入方式的不同，可将自动编程分为图形数控自动编程、语言数控自动编程和语音数控自动编程等。目前，图形数控自动编程是使用最为广泛的自动编程方式。

3) 程序格式

(1) 程序组成

程序是用来描述零件加工过程的指令代码集合，由程序开始、程序内容和程序结束三部分组成。例如：

```
        %
        O1234；              /程序开始符
        N10 T0101；          /程序名
```

```
N20 G99 S600 M3 F0.15;
……
……                    } 程序内容
……
N50 G28 U0 W0 M05;
N60 M30;              / 程序结束
```

① 程序开始。程序开始由程序开始符和程序名组成，一般手工编写程序时，程序开始符可以省略。程序开始符在 ISO 代码中是 %，EIA 代码中是 EP，书写时要单列一段。

程序号即为程序的编号，位于程序的开始，为了区别存储器中的程序，每个程序都要有编号。如在 FANUC 系统中，一般采用英文字母 O 作为程序编号地址，而在其他数控系统中，则采用 "P" "L" "%" ":" 等不同形式，一般要求单列一段。

② 程序内容。程序主体是由若干个程序段组成的。每个程序段一般占一行，表示数控机床要完成的全部动作。

③ 程序结束指令。程序结束指令可以用 M02 或 M30，一般要求单列一段。

(2) 程序段格式

一个程序段是数控加工程序中的一条语句，一个完整的数控加工程序是由若干个程序段组成的。

程序段格式是指程序段中的字、字符和数据的安排形式。现在一般使用字地址可变程序段格式，每个字长不固定，各个程序段中的长度和功能字的个数都是可变的。地址可变程序段格式中，在上一程序段中写明的、本程序段里又不变化的那些字仍然有效，可以不再重写。这种功能字称为续效字。可变程序段格式如表 2-1-4 所示。

表 2-1-4 可变程序段格式

N	G	X±	Y±	Z±	F	S	T	M
程序段号	准备功能	X 向终点坐标	Y 向终点坐标	Z 向终点坐标	进给速度	主轴转速	刀具功能	辅助功能

程序段格式举例：

```
N30 G03 X35. W-4. R4. F0.2 S800 T0101 M03;
N40 G01 X90;(本程序段省略了续效字 "W-4.、F0.2、S800、T0101、M03"，但它们的功能仍然有效)
```

程序段号位于程序段之首，由顺序号字 N 和后续数字组成。后续数字一般为 1~4 位的正整数。数控加工中的顺序号只是程序段的名称，与程序执行的先后次序无关。数控系统不按程序段号的顺序来执行程序，而是按照程序段编写时的排列顺序逐段执行。为编程方便及减少程序段所占的存储器空间，一般在程序中不加程序段号，只在固定循环及作为跳转语句的目的语句时才添加程序段号。

坐标值用于确定机床上刀具运动终点的坐标位置。多数数控系统可以用准备功能字来选择坐标值的制式，如 FANUC 系统可用 G21/G22 来选择米制单位或英制单位。采用米制时，一般单位为 mm，如 X100 指令的坐标单位为 100 mm。

4) 子程序

程序分为主程序和子程序，在正常情况下，数控机床是按照主程序的指令进行工作的。

当编制加工程序，遇到一组程序段在一个程序中多次出现，或者在几个程序中都要使用它时，为了简化程序，编程者可将这组多次出现的程序段编写成固定程序，并单独命名，这组程序段就称为子程序。主程序在执行过程中如果需要某一子程序，通过调用指令来调用该子程序，子程序执行完后又返回到主程序，继续执行后面的程序段。

如图 2-1-11 所示为 FANUC 0i 数控系统子程序调用示例。从示例中可看出，子程序一般都不可以作为独立的加工程序使用，只有通过调用来实现加工中的局部动作。

（1）子程序的应用

① 零件上若干处具有相同的轮廓形状。在这种情况下，只要编写一个加工该轮廓形状的子程序，然后用主程序多次调用该子程序的方法完成对工件的加工。

② 加工中反复出现具有相同轨迹的走刀路线。如果相同轨迹的走刀路线出现在某个加工区域或在这个区域的各个层面上，采用子程序编写加工程序比较方便，在程序中常用增量值确定切入深度。

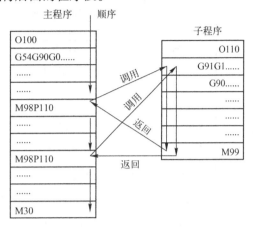

图 2-1-11 子程序调用示例

③ 在加工较复杂的零件时，往往包含许多独立的工序，有时工序之间需要做适当的调整，为了优化加工程序，把每一个独立的工序编成一个子程序，这样形成了模块式的程序结构，便于对加工顺序的调整，主程序中只有换刀和调用子程序等指令。

（2）子程序嵌套

在一个子程序中调用另一个子程序，这种编程方式称为子程序嵌套。当主程序调用子程序时，该子程序被认为是一级子程序，数控系统不同，其子程序的嵌套级数也不相同。图 2-1-12 所示为 FANUC 0i 系统四层子程序嵌套。

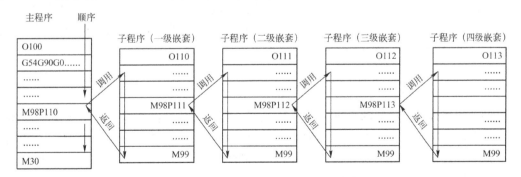

图 2-1-12 FANUC 0i 系统四层子程序嵌套示例

5）数控编程的代码标准

（1）准备功能 G 指令

准备功能 G 指令用来规定刀具和工件的相对运动轨迹、机床坐标系、坐标平面、刀具补偿、坐标偏置等多种加工操作的准备工作。根据我国标准规定：G 指令由字母 G 及其后面的两位数字组成，从 G00 到 G99 共有 100 种代码，如表 2-1-5 示。

表2-1-5 准备功能 G 指令

代码	功能	代码	功能
G00/G01	快速点定位/直线插补	G54–G59	坐标轴选择
G02	顺时针方向圆弧插补	G60	准确定位1（精）
G03	逆时针方向圆弧插补	G61	准确定位1（中）
G04	暂停	G62	快速定位（粗）
G05	不指定	G63	攻螺纹
G06	抛物线插补	G64–G67	不指定
G07	不指定	G68/G69	刀具偏置（内角、外角）
G08/G09	加速、减速	G70–G79	不指定
G10–G16	不指定	G80	固定循环注销
G17–G19	坐标平面选择	G81–G89	固定循环
G20–G32	不指定	G90	绝对编程
G33	等螺距螺纹切削	G91	增量编程
G34	增螺距螺纹切削	G92	预置寄存
G35	减螺距螺纹切削	G93	时间倒数、进给率
G36–G39	永不指定	G94	每分钟进给
G40	刀具补偿、偏置注销	G95	主轴每转进给
G41/G42	刀具补偿（左、右）	G96	恒线速度
G43/G44	刀具偏置（正、负）	G97	主轴每分钟转数
G45–G52	刀具偏置（+/－/0）	G98	不指定（每分钟进给）
G53	坐标轴注销	G99	不指定（主轴每转进给）

说明：①指定了功能的代码，不能用于其他功能。
②"不指定"代码，在将来有可能规定其功能。
③"永不指定"代码，在将来也不指定其功能。

G 指令有模态指令与非模态指令之分。模态指令（又称续效指令）是指这种指令一经在一个程序段中指定，便保持有效，直到在以后的程序段中出现同组的另一指令时才失效。在某一程序段中一经应用某一模态 G 指令，如果其后续的程序段中还有相同功能的操作，且没有出现过同组的 G 指令，则在后续的程序段中不再指定和书写这一功能指令，且同组的任意两个指令不能同时出现在同一个程序段中。

（2）辅助功能 M 指令

辅助功能指令，简称辅助功能，也叫 M 功能。根据我国标准规定：M 指令由字母 M 及其后面的两位数字组成，从 M00 到 M99 共有 100 种代码，如表 2-1-6 所示。M 指令也有续效指令与非续效指令之分。这类指令与 CNC 系统的插补运算无关，而是根据加工时机床操作的需要予以规定。例如主轴的正反转与停止、切削液的开关等。

表2-1-6 辅助功能 M 指令

代码	功能	代码	功能
M00	程序停止	M31	互锁旁路
M01	计划停止	M32–M35	不指定

续表

代 码	功 能	代 码	功 能
M02	程序结束	M36/M37	进给范围 1/2
M03	主轴顺时针方向	M38/M39	主轴速度范围 1/2
M04	主轴逆时针方向	M40－M45	齿轮换挡，或不指定
M05	主轴停止	M46、M47	不指定
M06	换刀	M48	注销 M49
M07/M08	2号、1号切削液开	M49	进给率修正旁路
M09	切削液关	M50/M51	3号、4号切削液开
M10/M11	夹紧，松开	M52－M54	不指定
M12	不指定	M55/M56	刀具直线位移，位置 1/2
M13	主轴顺时针，切削液开	M57－M59	不指定
M14	主轴逆时针，切削液开	M60	更换工件
M15/M16	正、负运动	M61/M62	工件直线位移，位置 1/2
M17/M18	不指定	M63－M70	不指定
M19	主轴定向停止	M71/M72	工件角位移，位置 1/2
M20－M29	永不指定	M73－M89	不指定
M30	纸带结束	M90－M99	不指定

因为 M 指令与插补运算无直接关系，所以一般放在程序段的后部。

(3) F、S、T 指令

进给速度 F，又称为 F 功能或 F 指令，用于指定切削的进给速度。对于车床，F 可分为每分钟进给和主轴每转进给两种，对于其他数控机床，一般只用每分钟进给。F 指令在螺纹切削程序段中常用来指定螺纹的导程。

主轴转速 S，又称为 S 功能或 S 指令，用于指定主轴转速。单位为 r/min。对于具有恒线速度功能的数控车床，程序中的 S 指令用来指定车削加工的线速度数。

刀具号 T，又称为 T 功能或 T 指令，用于指定加工时所用刀具的编号。

6）数控车床编程规则

(1) 绝对尺寸和增量尺寸

在数控编程时，刀具位置的坐标通常有两种表示方式：一种是绝对坐标，另一种是增量（相对）坐标；数控车床编程时，可采用绝对值编程、增量值编程或者二者混合编程。

① 绝对值编程：所有坐标点的坐标值都是从工件坐标系的原点计算的，称为绝对坐标，用 X、Z 表示。

② 增量值编程：坐标系中的坐标值是相对于刀具的前一位置（或起点）计算的，称为增量（相对）坐标。X 轴坐标用 U 表示，Z 轴坐标用 W 表示，正负由运动方向确定。

如图 2-1-13 所示的零件，用以上三种编程方法编写的部分程序如下。

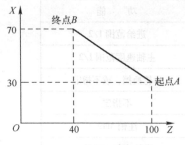

图 2-1-13 绝对值/增量值编程

用绝对值编程：G01 X70.0 Z40.0；
用增量值编程：G01 U40.0 W-60.0；
混合编程：G01 X70.0 W-60.0；
　　　或 G01 U40.0 Z40.0；

注意：当 X 和 U 或 Z 和 W 在一个程序段中同时表示指令时，后面的指令有效。

（2）直径编程和半径编程

数控车床编程时，由于所加工的回转体零件的截面为圆形，所以其径向尺寸就有直径和半径两种表示方法。采用哪种方法是由系统的参数决定的。数控车床出厂时一般设定为直径编程，即程序中的 X 轴方向的尺寸为直径值。如果需要用半径编程，则需要改变系统中的相关参数，使系统处于半径编程状态。

（3）公制尺寸与英制尺寸

G20 英制尺寸输入，G21 公制尺寸输入。

工程图纸中的尺寸标注有公制和英制两种形式，数控系统可根据所设定的状态，利用代码把所有的几何值转换为公制尺寸或英制尺寸，系统开机后，机床处在公制 G21 状态。

公制与英制单位的换算关系为：1 mm≈0.039 4 in，1 in≈25.4 mm。

（4）固定循环功能

车床上，工件的毛坯多为棒料或铸锻件，加工余量较大，为简化编程，数控系统常具备不同形式的固定循环，可进行多次重复循环以减少程序段的长度。

（5）小数点编程

数控编程时，可以使用小数点编程，也可以使用脉冲数编程。当用脉冲数表示时，与机床数控系统最小设定单位（脉冲当量）有关，当脉冲当量为 0.001 时，从 A 点直线运动到 B 点距离为 50 mm 时，应表示为 G01 X50000。

采用小数点编程输入时，要特别注意小数点的输入，例如 X50.0，也可写成 X50.，在输入时，一定不能忘记小数点的输入，否则刀具移动距离不是 50 mm，而是以机床的最小输入单位来计算的，也就是刀具移动了 50 个脉冲当量即 0.05 mm。小数点编程时，可以通过系统参数的设置来省略小数点以方便编程。

（6）G 指令简写模式

本系统支持 G 指令简写模式，如 G01 可写成 G1。

7）数控车床常用功能代码

（1）准备功能（G 代码）常用指令

① 快速定位指令 G00：G00 指令使刀具以点定位控制方式，从刀具所在点快速运动到下一个目标位置。它只是快速定位，而无运动轨迹要求，且无切削加工过程。

指令格式：
　　G00 X(U)＿Z(W)＿;

其中，X、Z 为刀具所要到达点的绝对坐标值；U、W 为刀具所要到达点距离现有位置的增量值(不产生运动的坐标可以不写)。

实例 2-1 如图 2-1-14 所示,当刀具从起点 A 快速运动到目标点 B 的程序为:

绝对编程:G00 X25. Z6.;
增量编程:G00 U-70. W-84.;

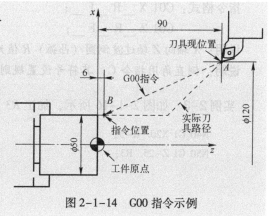

图 2-1-14 G00 指令示例

说明:
➢ G00 是模态指令,一般用于加工前的快速定位或加工后的快速退刀。
➢ 使用 G00 指令时,刀具的移动速度是由机床系统设定的。
➢ 根据机床不同,刀具的实际运动路线有时不是直线,而是折线,如图 2-1-14 所示。使用 G00 指令时要避免刀具与工件及夹具发生干涉。

提示:应用 G00 指令时,对于不适合联动的场合,在进退刀时尽量采用单轴移动。

② 直线插补指令 G01:G01 指令是直线运动命令,规定刀具在两坐标间以插补联动方式按指定的进给速度 F 做任意的直线运动。

指令格式:
  G01 X(U)_Z(W)_F_;

其中,X、Z 或 U、W 含义与 G00 相同。F 为刀具的进给速度(进给量),应根据切削要求确定。车床上一般采用主轴每分钟进给量,以 G95 指定;若使用每分钟进给量,以 G94 指定。

实例 2-2 如图 2-1-15 所示,O 点为工件原点,加工路线从 A→B→C,编写其加工程序。

绝对编程:G01 X25.0 Z35.0 F0.3;
           G01 X25.0 Z13.0;
相对编程:G01 U-25.0 W0 F0.3;
           G01 U0 W-22.0;

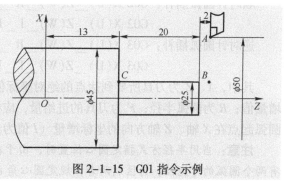

图 2-1-15 G01 指令示例

说明:
➢ G01 指令是模态指令。
➢ 在编写程序时,当第一次应用 G01 指令时,一定要规定一个 F 指令,在以后的程序段中,如果进给速度保持不变,则不必每个程序段中都指定 F。

- 圆角自动过渡：
  指令格式：G01 X＿R＿F＿；
  　　　　　G01 Z＿R＿F＿；
- 直角自动过渡：
  指令格式：G01 X＿C＿F＿；
  　　　　　G01 Z＿C＿F＿；

说明： X 轴向 Z 轴过渡倒圆（凸弧）R 值为负，Z 轴向 X 轴过渡倒圆（凹弧）R 值为正。

说明： 倒直角用指令 C，其符号设置规则同倒圆角。

实例 2-3 如图 2-1-16 所示，加工 R3 圆弧的程序为：

N40 G1 X20. R-5；
N50 G1 Z-25. R3；

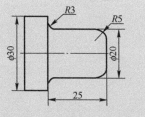

图 2-1-16　圆角自动过渡

实例 2-4 如图 2-1-17 所示，加工 C2、C3 两倒角的程序为：

N40 G1 X20. C-2.；
N50 G1 Z-25. C3.；

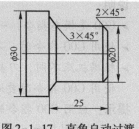

图 2-1-17　直角自动过渡

提示： 自动过渡倒直角和圆角指令在用于精加工编程时会带来方便，但要注意符号的正负要准确，否则会发生不正确的动作。

③ 圆弧插补指令 G02、G03：圆弧插补指令使刀具在指定平面内按给定的进给速度 F 作圆弧运动，切削出圆弧轮廓。

指令格式：

顺时针圆弧插补：G02 X(U)＿Z(W)＿R＿F＿；
　　　　　　　　G02 X(U)＿Z(W)＿I＿K＿F＿；
逆时针圆弧插补：G03 X(U)＿Z(W)＿R＿F＿；
　　　　　　　　G03 X(U)＿Z(W)＿I＿K＿F＿；

其中，X、Z 为刀具所要到达点的绝对坐标值；U、W 为刀具所要到达点距离现有位置的增量值；R 为圆弧半径；F 为刀具的进给量，应根据切削要求确定；I、K 为圆弧的圆心相对圆弧起点在 X 轴、Z 轴方向的坐标增量（I 值为半径量）。

注意： 当用半径方式指定圆心位置时，由于在同一半径 R 的情况下，从圆弧的起点到终点有两个圆弧的可能性，为区别两者，规定圆心角 α≤180°时，用"+R"表示，如图 2-1-18 中的圆弧 1；当 α>180°时，用"-R"表示，如图 2-1-18 中的圆弧 2。用半径 R 方式指定圆心位置时，不能描述整圆。

圆弧顺、逆方向的判别：沿着不在圆弧平面内的坐标轴，由正方向向负方向看，顺时针方向为 G02，逆时针方向为 G03，如图 2-1-19 所示。

学习情境 2　模具零件的数控车削及铣削加工技术

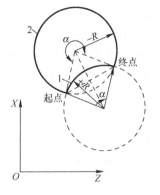

图 2-1-18　圆弧插补中 +R 与 -R 的区别

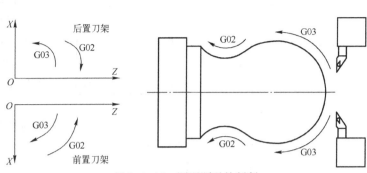

图 2-1-19　圆弧顺逆的判断

实例 2-5　如图 2-1-20 所示，写出该圆弧的插补程序。

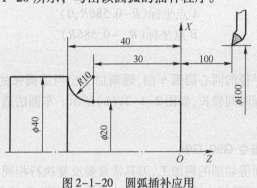

图 2-1-20　圆弧插补应用

① 用 I、K 表示圆心位置。
绝对值编程
......
N30 G00 X20.0 Z2.0;
N40 G01 Z-30.0 F80;
N50 G02 X40.0 Z-40.0 I10.0 K0 F60;
......
增量值编程
......
N30 G00 U-80.0 W-98.0;
N40 G01 U0 W-32.0 F80;
N50 G02 U20.0 W-10.0 I10.0 K0 F60;
......

② 用 R 表示圆心位置。
绝对值编程
......
N30 G00 X20.0 Z2.0;
N40 G01 Z-30.0 F80;
N50 G02 X40.0 Z-40.0 R10. F60;
......
增量值编程
......
N30 G00 U-80.0 W-98.0;
N40 G01 U0 W-32.0 F80;
N50 G02 U20.0 W-10.0 R10. F60;
......

圆弧加工时，因受吃刀量的限制，一般情况下，不可能一刀将圆弧车好，需分几刀加工。常用的加工方法有车锥法（斜线法）和车圆法（同心圆法）两种。

63

➤ 车锥法

车锥法就是加工时先将零件车成圆锥,最后再车成圆弧的方法,一般适用于圆心角小于 90°的圆弧,如图 2-1-21(a)所示。

图中 AB 为圆锥的极限位置,即车锥时加工路线不能超过 AB 线,否则因过切而无法加工圆弧。采用车锥法需

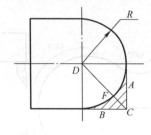
(a) 车锥法

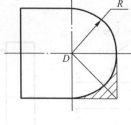
(b) 车圆法

图 2-1-21 圆弧车削方法

计算 A、B 两点的坐标值,方法如下:

$$CD = \sqrt{2}R$$
$$CF = \sqrt{2}R - R = 0.414R$$
$$AC = BC = \sqrt{2}CF = 0.586R$$

A 点坐标$(R-0.586R,0)$
B 点坐标$(R,-0.586R)$

➤ 车圆法

车圆法就是用不同半径的同心圆弧车削,逐渐加工出所需圆弧的方法。此方法数值计算简单,编程方便,但空行程时间较长,如图 2-1-21(b)所示。车圆法适用于圆心角大于 90°的圆弧粗车。

(2) 单一固定循环指令 G90、G94

进行外径、内径、端面等切削的粗加工,刀具常常要反复执行相同的动作,才能切到工件要求的尺寸,这时一个程序中要写入很多程序段。为了简化程序,数控系统可以用一个程序段指定刀具作反复切削,这就是固定循环功能。

① 外径、内径切削循环指令 G90:该指令主要用于圆柱面和圆锥面的循环切削,如图 2-1-22 所示。刀具从循环起点 A 开始,沿 X 轴快速移动到 B 点,再以 F 指令的进给速度切削到切削终点 C,以切削进给速度退到 D 点,最后快速退回到循环起点 A,完成一个切削循环。

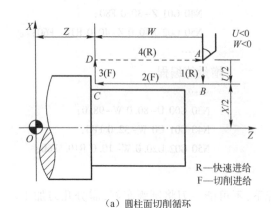

(a) 圆柱面切削循环   (b) 圆锥面切削循环

图 2-1-22 切削循环指令 G90

指令格式：

圆柱面切削循环：G90 X(U)__Z(W)__F __ ；

圆锥面切削循环：G90 X(U)__Z(W)__R __F __ ；

其中，X、Z 为切削终点的绝对坐标；U、W 为切削终点相对于循环起点的坐标增量；R 为圆锥面切削起点和切削终点的半径差；若起点坐标值大于终点坐标值时（X 轴方向），R 为正，反之为负；F 为进给量，应根据切削要求确定。

实例 2-6 圆柱面切削。如图 2-1-23 所示，加工一个 $\phi 50$ mm 的工件，固定循环的起始点为 X55.0，Z2.0，背吃刀量为 2.5 mm，参考程序：

```
N10   G40 G97 G99  M03 S600;      主轴正转，转速 600 r/min
N20   T0101;                       换 1 号外圆车刀
N30   G00  X55.0  Z2.0;            快速进刀至循环起点
N40   G90  X45.0  Z-25.0  F0.2;    外圆切削循环第一次
N50        X40.0;                  外圆切削循环第二次
N60        X35.0;                  外圆切削循环第三次
N70   G00 X200.0  Z100.0;          快速回换刀点
N80   M30;                         程序结束
```

实例 2-7 圆锥面切削。如图 2-1-24 所示，加工一个 $\phi 60$ mm 的工件，固定循环的起始点为 X65.0，Z2.0，背吃刀量为 5 mm，参考程序：

```
N10 G40 G97 G99 M03 S600;          主轴正转，转速 600 r/min
N20 T0101;                          换 1 号刀
N30 G00 X65.0 Z2.0;                 快速进刀至循环起点
N40 G90 X60.0 Z-35.0 R-5.0 F0.2;    锥面切削循环第一次
N50      X50.0;                     锥面切削循环第二次
N60 G00 X200.0  Z100.0;             快速回换刀点
N70 M30;                            程序结束
```

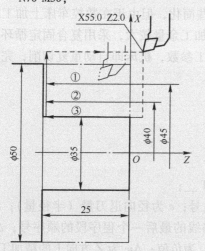

图 2-1-23 G90 的应用（圆柱面切削）

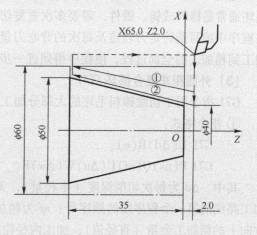

图 2-1-24 G90 的应用（圆锥面切削）

② 端面切削循环指令 G94：G94 与 G90 指令的使用方法类似，可以互相代替。G90 主要用于轴类零件的切削，G94 主要用于大小径之差较大而轴向台阶长度较短的盘类工件端面的切削。G94 的特点是选用刀具的端面切削刃作为主切削刃，以车端面的方式进行循环加工。G90 与 G94 的区别在于，G90 是在工件径向作分层粗加工，而 G94 是在工件轴向作分层粗加工，如图 2-1-25 所示。

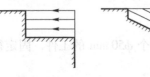 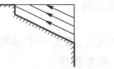

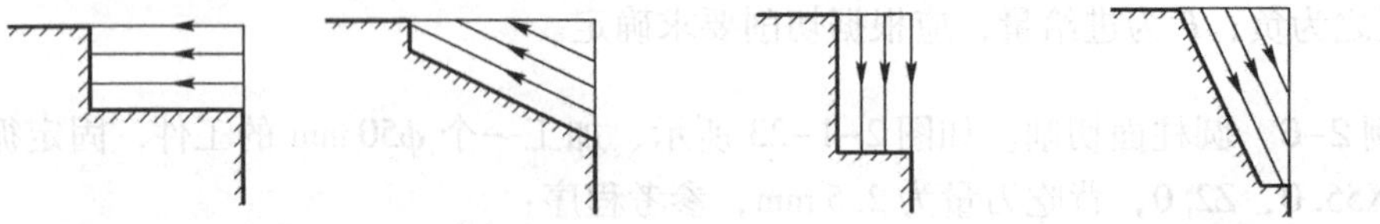

（a）圆柱面切削 G90　　（b）圆锥面切削 G90(R)　　（c）平端面切削 G94　　（d）斜端面切削 G94(R)

图 2-1-25　固定循环切削方式选择

指令格式：

　　平端面切削循环：G94 X(U)＿Z(W)＿F＿；

　　斜端面切削循环：G94 X(U)＿Z(W)＿R＿F＿；

其中，X、Z、U、W、F、R 的含义与 G90 相同。

实例 2-8　如图 2-1-26 所示，加工一个 φ30 mm 的工件，固定循环的起始点为 X85.0，Z5.0，背吃刀量为 5 mm，参考程序：

```
N10  G40 G97 G99 M03 S600;    主轴正转，转速 600 r/min
N20  T0101;                    换 1 号刀
N30  G00  X85.0  Z5.0;         快速进刀至循环起点
N40  G94  X30.0  Z-5.0  F0.2;  端面切削循环第一次
N50            Z-10.0;         端面切削循环第二次
N60            Z-15.0;         端面切削循环第三次
N70  G00  X200.0  Z100.0;      快速回换刀点
N80  M30;                      程序结束
```

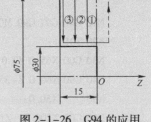

图 2-1-26　G94 的应用

应用 G90、G94 指令时，已经使程序得到了一些简化，但由于在数控车床上加工的零件毛坯通常是棒料或铸、锻件，需要多次重复切削，加工余量较大，采用复合固定循环，只需在程序中编写最终走刀轨迹及每次的背吃刀量等加工参数，机床即自动重复切削，完成从粗加工到精加工的全部过程，使程序得到进一步简化。

（3）外圆粗车复合循环 G71

G71 指令用于切除棒料毛坯的大部分加工余量。

① 指令格式：

　　G71 U(Δd) R(e)；

　　G71 P(ns) Q(nf) U(Δu) W(Δw) F＿S＿T＿；

其中，Δd 为每次切削深度（半径量），无正负号；e 为径向退刀量（半径量）；ns 为精加工路线的第一个程序段的顺序号；nf 为精加工路线的最后一个程序段的顺序号；Δu 为 X 方向上的精加工余量（直径值）；加工内径轮廓时，为负值；Δw 为 Z 方向上的精加工余量。

② G71 指令段内部参数的含义：CNC 装置首先根据用户编写的精加工轮廓，在预留出 X

和 Z 向精加工余量 Δu 和 Δw 后计算出粗加工实际轮廓的各个坐标值。刀具按层切法将余量去除（刀具向 X 向进刀 Δd；切削外圆后按 e 值 45°退刀；循环切削直至粗加工余量被切除）。此时工件斜面和圆弧部分形成台阶状表面，再按精加工轮廓光整表面，最终形成在工件 X 向留有 Δu 大小的余量，Z 向留有 Δw 大小余量的轴，如图 2-1-27 所示为外圆粗车循环 G71 指令的走刀路线。粗加工结束后可使用 G70 指令将精加工完成。

③ 注意事项：
- 当 Δd 和 Δu 两者都由地址 U 指定时，其意义由地址 P 和 Q 决定。
- 粗加工循环由带有地址 P 和 Q 的 G71 指令实现。在 A 点和 B 点间的运动指令中指定的 F、S 和 T 功能对粗加工循环无效，对精加工有效；在 G71 程序段或前面程序段中指定的 F、S 和 T 功能对粗加工有效。
- 当用恒线速切削控制时，在 A 点和 B 点间的运动指令中指定的 G96 或 G97 无效，而在 G71 程序段或以前的程序段中指定的 G96 或 G97 有效。
- X 向和 Z 向精加工余量 Δu、Δw 的符号如图 2-1-28 所示。

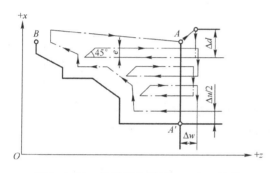

图 2-1-27 外圆粗车循环 G71 走刀路线

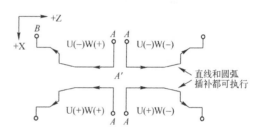

图 2-1-28 G71 指令中 Δu、Δw 符号的确定

说明：
- 有别于 0 系统其他版本，新的 0i/0iMATE 系统 G71 指令可用来加工有内凹结构的工件。
- 循环点 A 一定要在工件毛坯以外。
- G71 可用于加工内孔，Δu、Δw 符号如图 2-1-28 所示。
- A 和 A' 之间的刀具轨迹（精加工第一个程序段 ns），只允许在 G00 或 G01 下 X 轴移动，Z 轴不能移动。
- 循环起点的选择应在接近工件处以缩短刀具行程和避免空走刀。
- 粗加工循环加工结束后，刀具回到循环点 A。

（4）精加工复合循环 G70

使用 G71、G72 或 G73 指令完成粗加工后，用 G70 指令实现精车循环。精车时的加工量是粗车循环时留下的精车余量，加工轨迹是工件的轮廓线。在 G70 状态下，在指定的精车描述程序段中的 F、S、T 有效；若不指定，则维持粗车前指定的 F、S、T 状态。G70～G73 中 ns～nf 间的程序段不能调用子程序。

G70 指令与 G71、G72、G73 配合使用时，不一定紧跟在粗加工程序之后立即进行。通常可以更换刀具，另用一把精加工的刀具来执行 G70 的程序段，但中间不能用 M02 或 M30

指令来结束程序。

指令格式：

G70 P(ns)Q(nf);

其中，ns 为精加工路线的第一个程序段的顺序号；nf 为精加工路线的最后一个程序段的顺序号。

实例 2-9 如图 2-1-29 所示，毛坯为 $\phi 55$ 的棒料，试编制加工该零件的程序。

参考程序：

程序	说明
O1018;	
G00 G40 T0101 S700 M03 F0.1;	主轴正转，换 1 号刀
X60.0 Z2.0;	快速进刀至循环起点
G71 U1.0 R0.5;	设定粗车时每次的切削深度和退刀距离
G71 P10 Q11 U0.4 W0.1;	指定精车路线及精加工余量
N10 G00 G42 X30.0;	精加工外形轮廓起始程序段
G01 Z-10.0;	
X40.0 Z-20.0;	
Z-35.0;	
X45.0;	
X50.0 Z-50.0;	
N11 Z-65.0;	精加工外形轮廓结束程序段
G70 P10 Q11;	精加工循环
G28 U0 W0 T0100 M05;	回参考点，主轴停
M30;	程序结束

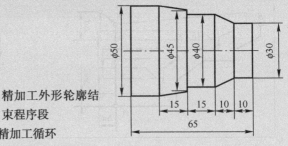

图 2-1-29 G71、G70 加工示例

(5) 端面粗车复合循环 G72

端面粗车循环指令的含义与 G71 类似，不同之处是刀具平行于 X 轴方向切削，它是从外径方向往轴心方向切削端面的粗车循环，该循环方式适于对长径比较小的盘类工件端面方向粗车，如图 2-1-30 所示。和 G94 一样，对 93°外圆车刀，其端面切削刃为主切削刃。

指令格式：

G72 W(Δd)R(e);

G72 P(ns)Q(nf)U(Δu)W(Δw)F__S__T__;

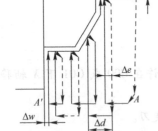

图 2-1-30 端面粗车复合循环 G72 走刀路线

其中，d 为循环每次的切削深度（正值）；e 为每次切削退刀量；ns 为精加工描述程序的开始循环程序段的行号；nf 为精加工描述程序的结束循环程序段的行号；u 为 X 向精车预留量；w 为 Z 向精车预留量。

说明：

➢ 包含在 ns ~ nf 程序段中的任何 F、S、T 功能在粗加工时都被忽略。

➢ A 和 A′之间的刀具轨迹（精加工第一个程序段 ns），只允许在 G00 或 G01 下 Z 轴移动，X 轴不能移动。
- A' 和 B 之间的刀具轨迹在 X 和 Z 方向必须逐渐增加或减少。
- 循环点 A 一定要在工件毛坯以外。
- 粗加工循环加工结束后，刀具回到循环点 A。

实例 2-10 如图 2-1-31 所示，毛坯为 φ40 的棒料，试编制加工该零件的程序。
参考程序：

程序	说明
O1019;	
G00 G40 T0101 S700 M03 F0.1;	主轴正转，换 1 号刀
X45.0 Z2.0;	快速进刀至循环起点
G72 W1.0 R0.5;	设定粗车时每次的切削深度和退刀距离
G72 P10 Q11 U0.4 W0.1;	指定精车路线及精加工余量
N10 G00 G42 Z-9.0;	精加工外形轮廓起始程序段
G01 X40.0;	
X20.0 Z-7.0;	
Z-4.0;	
X10.0 Z-2.0;	
N11 Z2.0;	精加工外形轮廓结束程序段
G70 P10 Q11;	精加工循环
G28 U0 W0 T0100 M05;	回参考点，主轴停
M30;	程序结束

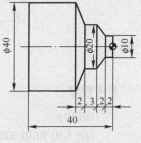

图 2-1-31 G72、G70 加工示例

(6) 固定形状粗车复合循环 G73

G73 指令主要用于加工毛坯形状与零件轮廓形状基本接近的铸造成形、锻造成形或已粗车成形的工件，如图 2-1-32 所示。如果是外圆毛坯直接加工，会走很多空刀，降低加工效率，因此应尽可能使用 G71、G72 指令切除余料。

指令格式：

G73 U(Δi) W(Δk) R(d);
G73 P(ns) Q(nf) U(Δu) W(Δw) F__ S__ T__;

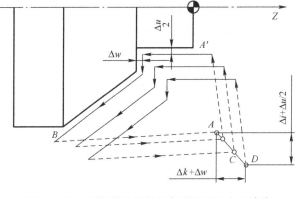

图 2-1-32 固定形状粗车复合循环 G73 走刀路线

其中，ns 为精加工程序的第一个程序段的序号；nf 为精加工程序最后一个程序段的序号；$Δi$ 为 X 方向退刀量和方向（半径值）；$Δk$ 为 Z 方向退刀量和方向；d 为粗切次数；$Δu$ 为 X 轴方向的精加工余量（直径值，带符号）；$Δw$ 为 Z 轴方向的精加工余量（带符号）。

说明：
- 包含在 ns ~ nf 程序段中的任何 F、S、T 功能在粗加工时都被忽略。
- 循环点 A 一定要在工件毛坯以外。
- 粗加工循环加工结束后，刀具回到循环点 A。

实例 2-11 如图 2-1-33 所示，毛坯为 $\phi 40$ 的棒料，试编制加工该零件的程序。

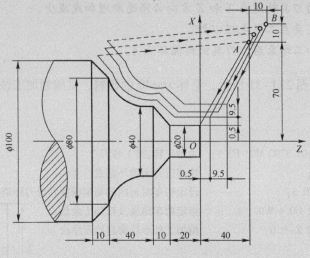

图 2-1-33 G73、G70 加工示例

参考程序：

```
O1019;
G00 G40 T0101 S700 M03 F0.1;        主轴正转,换1号刀
G00 X140.0 Z40.0;                   进刀至循环起点
G73 U9.5 W9.5 R3;                   设定粗车时每次的切削深度和退刀距离
G73 P20 Q30 U1.0 W0.5 F0.3;         指定精车路线及精加工余量
N20 G00 X20.0 Z0.0;                 精加工外形轮廓起始程序段
    G01 Z-20.0 F0.1 S1000;
    X40.0 Z-30.0;
    Z-50.0;
    G02 X80.0 Z-70.0 R20.0;
N30 G01 X100.0 Z-80.0;              精加工外形轮廓结束程序段
G70 P20 Q30;                        精加工循环
G28 U0 W0 T0100 M05;                回参考点,主轴停
M30;                                程序结束
```

(7) 刀尖圆弧半径补偿

① 刀尖圆弧半径补偿的目的：数控车床编程时，车刀的刀尖理论上是一个点，但通常情况下，为了提高刀具的寿命及降低零件表面的粗糙度，将车刀刀尖磨成圆弧状，刀尖圆弧半径一般取 0.2～1.6mm，如图 2-1-34 所示。切削时，实际起作用的是圆弧上的各点。在切削圆柱内、外表面及端面时，刀尖的圆弧不影响零件的尺寸和形状，但在切削圆弧面及圆锥面时，就会产生过切或少切等加工误差，如图 2-1-35 所示。若零件的精度要求不高或留有足够的精加工余量，可以忽略此误差，否则应考虑刀尖圆弧半径对零件的影响。

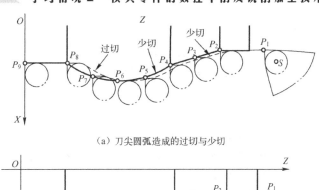

(a) 刀尖圆弧造成的过切与少切

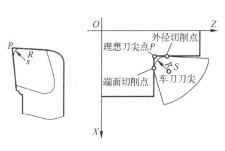

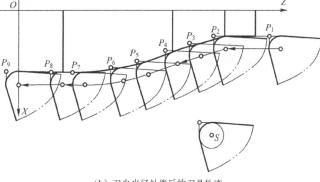

(a) 车刀刀尖　　(b) 刀尖圆角R　　　　　　　(b) 刀尖半径补偿后的刀具轨迹

图 2-1-34　假想刀与圆弧过渡刃　　　图 2-1-35　刀尖圆弧造成的影响及刀尖半径补偿的轨迹

数控车床的刀具半径补偿功能就是通过刀尖圆弧半径补偿，来消除刀尖圆弧半径对零件精度的影响。具有刀具半径补偿功能的数控车床，编程时不用计算刀尖半径的中心轨迹，只需按零件轮廓编程，并在加工前输入刀具半径数据，通过程序中的刀具半径补偿指令，数控装置可自动计算出刀具中心轨迹，并使刀具中心按此轨迹运动。也就是说，执行刀具半径补偿后，刀具中心将自动在偏离工件轮廓一个半径值的轨迹上运动，从而加工出所要求的工件轮廓。

② 刀尖圆弧半径补偿指令：

● 刀具半径左补偿指令 G41

沿刀具运动方向看，刀具在工件左侧时，称为刀具半径左补偿，如图 2-1-36 所示。

● 刀具半径右补偿指令 G42

沿刀具运动方向看，刀具在工件右侧时，称为刀具半径右补偿，如图 2-1-36 所示。

● 取消刀具半径补偿指令 G40

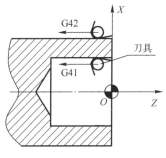 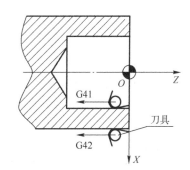

(a) 后置刀架，+Y 轴向外　　　　　　(b) 前置刀架，+Y 轴向内

图 2-1-36　刀尖圆弧半径补偿方向的判别

- 指令格式：

  刀具半径左补偿：G41 G01(G00) X(U)＿ Z(W)＿ F ＿；

  刀具半径右补偿：G42 G01(G00) X(U)＿ Z(W)＿ F ＿；

  取消刀具半径补偿：G40 G01(G00) X(U)＿ Z(W)＿；

说明：

➤ G41、G42 和 G40 是模态指令。G41 和 G42 指令不能同时使用，即前面的程序段中如果有 G41，就不能接着使用 G42，必须先用 G40 取消 G41 刀具半径补偿后，才能使用 G42，否则补偿就不正常了。

➤ 不能在圆弧指令段建立或取消刀具半径补偿，只能在 G00 或 G01 指令段建立或取消。

③ 刀具半径补偿的过程：刀具半径补偿的过程分为三步：刀补的建立，刀具中心从编程轨迹重合过渡到与编程轨迹偏离一个偏移量的过程；刀补的进行，执行 G41 或 G42 指令的程序段后，刀具中心始终与编程轨迹相距一个偏移量；刀补的取消，刀具离开工件，刀具中心轨迹过渡到与编程重合的过程。如图 2-1-37 所示为刀补建立与取消的过程。

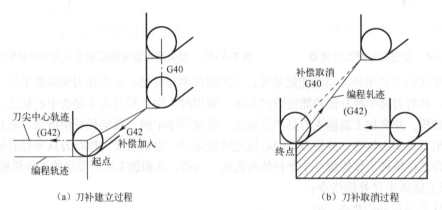

图 2-1-37　刀具半径补偿的建立与取消

④ 刀尖方位的确定：刀具刀尖半径补偿功能执行时除了和刀具刀尖半径大小有关外，还和刀尖的方位有关。不同的刀具，刀尖圆弧的位置不同，刀具自动偏离零件轮廓的方向就不同。如图 2-1-38 所示，车刀方位有 9 个，分别用参数 0～9 表示。例如车削外圆表面时，方位为 3。

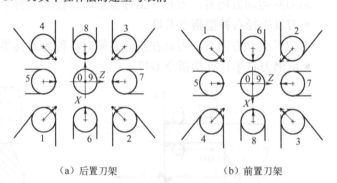

图 2-1-38　刀尖方位号

(8) 主轴功能 S

S 功能由地址码 S 和后面的若干数字组成。

① 恒线速度控制指令 G96：系统执行 G96 指令后，S 指定的数值表示切削速度。例如 G96 S150 表示切削速度为 150 m/min。

② 取消恒线速度控制指令 G97：系统执行 G97 指令后，S 指定的数值表示主轴每分钟的转速。例如 G97 S1200，表示主轴转速为 1 200 r/min。FANUC 系统开机后，一般默认为 G97 状态。

③ 最高速度限制 G50：G50 除有坐标系设定功能外，还有主轴最高转速设定功能。例如 G50 S2000，表示把主轴最高转速设定为 2 000 r/min。用恒线速度控制切削加工时，为了防止出现事故，必须限定主轴最高转速。

(9) 进给功能 F

F 功能表示进给速度，它由地址码 F 和后面若干位数字构成。

① 每分钟进给 G94：数控系统在执行 G98 指令后，便认定 F 所指的进给速度单位为 mm/min，如 F200 即进给速度是 200 mm/min。

② 每转进给 G95：数控系统在执行了 G99 指令后，便认定 F 所指的进给速度单位为 mm/r，如 F0.2 即进给速度是 0.2 mm/r。

注意：G94 与 G95 互相取代；FANUC 数控车床开机后一般默认为 G95 状态。

(10) 刀具功能 T

FANUC 系统采用 T 指令选刀，由地址码 T 和四位数字组成。前两位是刀具号，后两位是刀具补偿号。如 T0101，前面的 01 表示调用第一号刀具，后面的 01 表示使用 1 号刀具补偿；至于刀具补偿的具体数值，应通过操作面板到 1 号刀具补偿位去查找和修改。如果后面两位数是 00，如 T0300，表示调用第 3 号刀具，并取消刀具补偿。

3. 任务实施

1) 本任务工艺分析

该工件采用 ϕ35 mm 的棒料毛坯，材料为 20 钢，外轮廓均需加工，有公差及表面粗糙度要求。该零件的加工工艺可按车端面→粗车外圆→精车外圆进行。默认工件装夹时的右端面中心为工件坐标系原点。

根据毛坯形状，使用三爪自定心卡盘和尾座顶尖一夹一顶的装夹定位。刀具和切削用量的选择见表 2-1-3。

注意：安装刀具时，刀具的刀尖一定要和零件旋转中心等高，否则在车削零件的端面时将在零件端面中心产生小凸台，或损坏刀尖。

2) 编写程序

如图 2-1-1 所示的冲模导柱零件在数控车床上的加工工艺部分为：工艺 2~4，其余为热处理及磨削工艺部分，在本书中不予解释。工艺 2 中的车端面及钻中心孔采用手工进行，无需编写程序。工艺 4 的内容在任务的质量检验中进行。本任务中只需编写冲模导柱零件工艺 3 数控车削部分的程序即可。工艺 3 分成两个工步，先夹持毛坯的一端，加工零件的左半部分，再调头加工右半部分。左半部分的槽宽为 10 mm，采用 4 mm 的切槽刀加工，需加工三次，槽的精度要求不高。切槽、切断时常用的指令同外圆切削指令相似，以 G00、G01 为主，只是进给的方向主要是 X 方向。

左端的参考程序为：

典型模具零件的数控加工一体化教程（第2版）

O0010;	程序号
G40;	程序初始化
T0101;	1号刀,1号刀具补偿
S700 M3;	主轴正转
G00 X37.0 Z2.0;	快速达到起刀点
G71 U2.0 R0.5;	粗加工循环
G71 P10 Q11 U0.2 W0.1 F0.15 M08;	
N10 G42 G1 X0;	
Z0;	
X29.788;	
G03 X31.784 Z-0.948 R3.0	切削R3圆角
G01 X32.0 Z-3.0;	切削3°的斜角
X32.4;	留0.4 mm的磨削余量
Z-80.0;	切削左端长度部分80 mm
N11 G01 G40 X37.0;	退刀
G70 P10 Q11;	精加工
G00 X100.0 Z100.0 M05;	回换刀点,换2号刀
T0202;	
S500 M03;	
G00 X35.0 Z-59.0;	移动至切槽加工第一刀起点
G01 X30.0 F0.06;	切槽加工第一刀
X35.0;	退刀
Z-63.0;	移动至切槽加工第二刀起点
G01 X30.0 F0.06;	切槽加工第二刀
X35.0;	退刀
Z-65.0;	移动至切槽加工第三刀起点
G01 X30.0 F0.06;	切槽粗加工第三刀
X35.0;	退刀
G28 U0 W0 M05;	回参考点
M09;	
M30;	程序结束

右端的参考程序为：

O0011;	程序号
G40;	程序初始化
T0101;	1号刀,1号刀具补偿
S700 M3;	主轴正转
G00 X37.0 Z2.0;	快速达到起刀点
G71 U2.0 R0.5;	粗加工循环
G71 P10 Q11 U0.2 W0.1 F0.15 M08;	
N10 G42 G1 X0;	
Z0;	

```
X26.0;
G03 X32.0 Z-3.0 R3.0        切削 R3 圆角
X32.4;                       留 0.4 mm 的磨削余量
Z-135.0;                     切削右端长度部分 130 mm
N11 G01 G40 X37.0;           退刀
G70 P10 Q11;                 精加工
G28 U0 W0 M05;               回参考点
M09;
M30;                         程序结束
```

3) 数控加工

（1）打开机床和数控系统。

（2）接通电源，松开急停按钮，机床回零。

（3）装夹工件。

（4）安装刀具。

（5）程序的输入与校验。

（6）工件坐标系的建立（对刀）。在实际加工中，可以使用试切法确定每一把刀具起始点的坐标值，结合测量视图进行计算，然后将值输入系统。

（7）自动加工。在开始加工前检查倍率和主轴转速按钮，然后开启循环启动按钮，机床开始自动加工。

4. 质量检验

1) 利用游标卡尺测量

游标卡尺是车间常用的计量器具之一，是一种测量精度较高、使用方便、应用广泛的量具，可直接测量工件的外径、内径、长度、宽度、深度尺寸等，其测量范围有 125 mm、150 mm、200 mm 直至 2 000 mm。常用游标卡尺有三用游标卡尺、双面量爪游标卡尺及单面量爪游标卡尺，如图 2-1-39 所示。

为了读数方便，有的游标卡尺上装有测微表头，如图 2-1-40（a）所示是带表游标卡尺，是通过机械传动装置，将两测量爪相对移动转变为指示表的回转运动，并借助尺身刻度和指示表，对两测量爪相对移动所分隔的距离进行读数。如图 2-1-40（b）所示为电子数显卡尺，具有非接触性电容式测量系统，测量结果由液晶显示器显示。电子数显卡尺测量方便可靠。

使用游标卡尺注意事项：

（1）测量前应用软布将卡尺擦干净，卡尺的两个量爪合拢，应密不透光。如漏光严重，需进行修理。量爪合拢后，游标零线应与尺身零线对齐。如不对齐，就存在零位偏差，一般不能使用。有零位偏差时如要使用，需加修正值。游标在尺身上滑动要灵活自如，不能过松或过紧，不能晃动，以免产生测量误差。

（2）测量时，要先看清楚尺框上的分度值标记，以免读错小数值产生粗大误差。应使量爪轻轻接触零件的被测表面，保持合适的测量力，量爪位置要摆正，不能歪斜，如图 2-1-41、

图2-1-42所示。

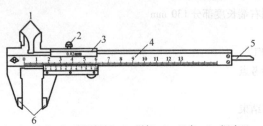
1、6—量爪；2—紧固螺钉；3—游标；4—尺身；5—深度尺
(a) 三用游标卡尺

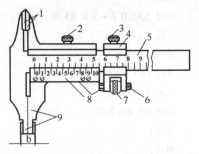
1、9—量爪；2—游标紧固螺钉；3—微动游框紧固螺钉；
4—微动游框；5—尺身；6—螺杆；7—螺母；8—游标
(b) 双面量爪游标卡尺

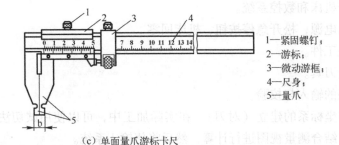
1—紧固螺钉；
2—游标；
3—微动游框；
4—尺身；
5—量爪
(c) 单面量爪游标卡尺

图2-1-39 游标卡尺

(a) 带表游标卡尺

(b) 电子数显卡尺

图2-1-40 不同显示的游标卡尺

（3）在游标上读数时，视线应与尺身表面垂直，避免产生视觉误差。

（4）利用游标卡尺测量沟槽宽度时，测量爪的位置也应摆正，要垂直于槽壁，不能倾斜，如图2-1-42所示，否则，测得的结果也不会准确。

2）利用深度游标卡尺测量

深度游标卡尺用于测量凹槽或孔的深度、梯形工件的梯层高度、长度等尺寸，平常被简称为"深度尺"。其结构简单、使用方便，也是机械制造业中常用的测量器具，如图2-1-43所示。

（1）深度游标卡尺的操作和读数方法，与游标卡尺大致相同，但需注意以下几点：

① 尺框的测量面比较大，在使用前应检查是否有毛刺、锈蚀等缺陷；要擦净测量面上的油污、灰尘和切屑等。

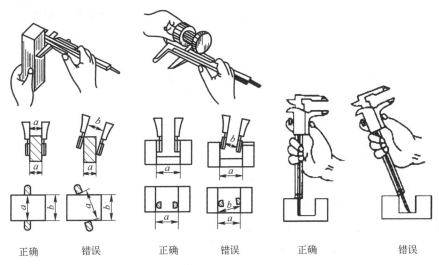

| 正确 错误 正确 错误 正确 错误 |

图 2-1-41 游标卡尺使用方法正误对比

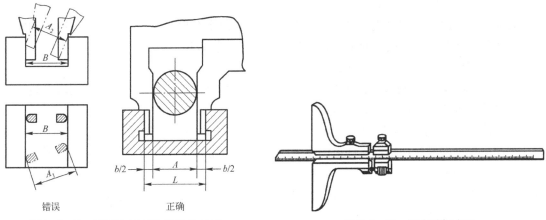

图 2-1-42 测量沟槽时测量爪的位置　　　图 2-1-43 深度游标卡尺

② 深度尺可用于绝对测量和相对测量。测量时，要松开紧固螺钉，把尺框测量面靠在被测件的顶面上，左手稍加压力，不要倾斜，右手向下轻推尺身，当尺身下端面与被测底面接触后，就可以读数（如图 2-1-44 所示）；或者用螺钉把尺身固定好，取出深度尺进行读数。

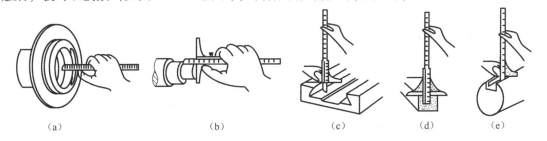

图 2-1-44 深度游标卡尺的使用方法

③ 深度尺使用完毕，要把尺身退回原位，用紧固螺钉固定住，以免脱落。

3）利用千分尺测量

千分尺类量具也是车间常用的计量器具之一，千分尺类测量器具是利用螺旋副的运动原理来进行测量和读数的一种装置。它比游标量具测量精度高，使用方便，主要用于测量中等精度的零件。常用的有外径千分尺、内径千分尺、壁厚千分尺、深度千分尺、杠杆千分尺、电子数显外径千分尺等，其中应用最普遍的是外径千分尺。

外径千分尺结构如图 2-1-45 所示，其规格按测量范围划分，测量范围在 500 mm 以内的，每 25 mm 为一挡，如 0～25 mm、25～50 mm 等。其尺架上装有测砧和锁紧装置，固定套管与尺架结合成一体，测微螺杆与微分筒和测力装置结合在一起。当旋转测力装置时，就带动微分筒和测微螺杆一起旋转，并利用螺纹传动副沿轴向移动，使测砧和测微螺杆及两个测量面之间的距离发生变化。

(1) 用外径千分尺测量尺寸时的步骤：

① 根据被测轴的尺寸选择千分尺规格。

② 对零位。测量之前必须先校对千分尺的零位，左手拿住千分尺的尺架，右手旋转微分筒，当两测量面快要接触时，改为旋转测力装置，在发出"咔咔"的响声后，如果微分筒上的零刻线与固定套筒上的中线重合，而且微分筒的锥面的左端面与固定套筒的零刻线右边边缘恰好相切，则说明零位正确。

③ 测量。用手握方法测量工件，并读取测量值。由于有形状误差存在，在被测轴轴向的不同截面及径向截面的不同方向上进行测量，并记录测量数据。

(2) 使用外径千分尺注意事项：

① 测量前，转动千分尺的测力装置，使两测量面靠合，并检查是否密合；同时看微分筒与固定套筒的零线是否对齐，如有偏差应调固定套筒对准零。

② 测量时，千分尺测微螺杆的轴线应与零件被测表面垂直。先用手转动千分尺的微分筒，待测微螺杆的测量面接近工件被测表面时，再转动测力装置上的棘轮，使测微螺杆的测量面接触工件表面，听到 2～3 声"咔咔"声后即停止转动，此时已得到合适的测量力，可读取数值。不允许用手猛力转动微分筒，以免使测量力过大而影响测量精度，严重时还会损坏螺纹传动副，如图 2-1-46 所示。

图 2-1-45 外径千分尺

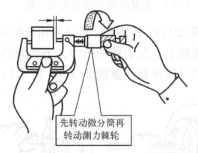

图 2-1-46 外径千分尺使用方法

③ 读数时，最好不取下千分尺，如需取下读数，应先锁紧测微螺杆，然后轻轻取下千分尺，防止尺寸变动。读数要细心，看清刻度，分清整数部分和 0.5 mm 的刻线。

其他类型千分尺如图 2-1-47 所示。

4）提高零件同轴度的方法

加工本任务零件需两次装夹，为提高零件的同轴度，需在装夹工件时进行校正。

(1) 将工件毛坯装夹在三爪自定心卡盘上，三爪自定心卡盘具有自动定心功能，对于较

学习情境 2　模具零件的数控车削及铣削加工技术

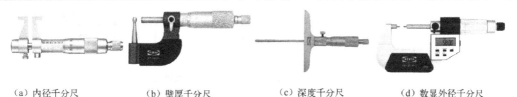

（a）内径千分尺　　　（b）壁厚千分尺　　　（c）深度千分尺　　　（d）数显外径千分尺

图 2-1-47　其他类型千分尺

短工件不需要校正，计算好伸出卡盘的长度即可。

（2）加工本任务零件右端时，将加工好左端的零件装夹在三爪自定心卡盘上，利用磁性表座、百分表对工件进行校正，如图 2-1-48 所示。将百分表固定在工作台面上，触头触压在圆柱侧母线的上方，然后轻轻用手转动卡盘，根据百分表的读数用铜棒轻敲工件进行调整，当主轴再次旋转的过程中百分表的读数不再变化或变化很小时，表示工件装夹表面的轴心线与主轴轴心线同轴。

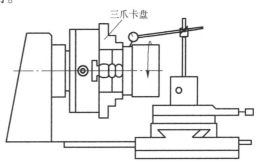

图 2-1-48　零件校正示意图

（3）零件校正时的注意事项：

① 使用前，应检查百分表测量杆活动的灵活性。即轻轻推动测量杆时，测量杆在套筒内的移动要灵活，没有任何轧卡现象，且每次放松后，指针能回复到原来的刻度位置。

② 使用百分表时，必须把它固定在可靠的夹持架上（如固定在万能表架或磁性表座上），夹持架要安放平稳，以免使测量结果不准确或摔坏百分表；用夹持百分表的套筒来固定百分表时，夹紧力不要过大，以免因套筒变形而使测量杆活动不灵活。

③ 校正时，百分表的测量杆必须垂直于被测量表面，使测量杆的轴线与被测量尺寸的方向一致，否则会造成测量杆活动不灵活或使测量结果不准确。为保持一定的起始测量力，测量头与工件表面接触时，测量杆应有 0.3～0.5 mm 的压缩量。

④ 校正时，不要使测量杆的行程超过它的测量范围；不要使测量头突然撞在零件上；不要使百分表受到剧烈的振动和撞击，免得损坏百分表的机件而失去精度；用百分表测量表面粗糙或有显著凹凸不平的零件是错误的。

⑤ 在使用百分表的过程中，要严格防止水、油和灰尘渗入表内，测量杆上也不要加油，免得粘有灰尘的油污进入表内，影响表的灵活性。

⑥ 百分表不使用时，应拆下来保存，使测量杆处于自由状态，免使表内的弹簧失效。

5）任务检查评价

加工完成后，对零件进行去毛刺和检测，本任务的评价标准如表 2-1-7 所示。

表 2-1-7　本任务的评价标准

序号	项目名称	具体内容	配分	得分
1	程序编制及工艺制订	程序格式规范	5	
		程序正确	5	
		工艺合理	10	
		切削参数选择合理	5	

续表

序号	项目名称	具体内容	配分	得分
2	机床操作	正确启动及停止机床	5	
		正确操作机床面板上各功能键	10	
		正确进行程序的编辑修改	5	
		对刀操作及设定坐标系正确	10	
		意外情况处理合理	5	
3	工件加工质量	尺寸公差	10	
		形位公差	5	
		表面粗糙度 Ra	5	
4	工具、设备的使用维护	合理使用常用工具	1	
		合理使用常用刀具	1	
		合理使用及正确保养常用量具	1	
		及时发现故障并提出处理意见	1	
		按规定维护保养机床	1	
5	安全文明生产、团队协作及解决问题的能力	安全文明生产	8	
		团队协作	4	
		解决问题	3	
		合　计	100	

任务巩固

（1）如图 2-1-49 所示模柄零件，材料为 45 钢，毛坯为：$\phi100 \times 80$ mm，制订该零件的车削加工工艺（模柄零件上的孔不需要加工），编写该零件的程序，并在数控车床上加工。

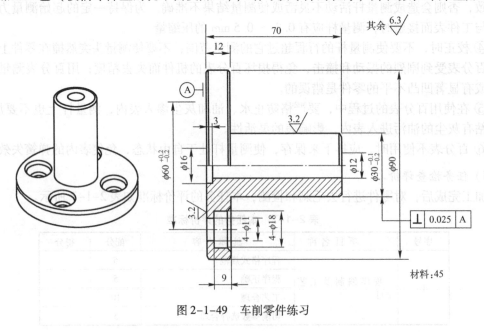

图 2-1-49　车削零件练习

(2) 练习游标卡尺、千分尺的应用，并对加工出来的零件进行检测，有超差的情况结合加工内容、教材等辅助资料找寻原因并修正。

任务2.1.2 轴类综合零件的加工

任务描述 工件毛坯为 $\phi 45$ mm×100 mm 的棒料，45 钢，请在数控车床上采用三爪卡盘对零件进行装夹定位，选择合适的刀具及切削用量，编写加工程序，加工出如图 2-1-50 所示的零件。能熟练掌握该零件的加工工艺安排、程序编制及加工全过程。

任务分析 本任务是属于数控车床编程与加工中较复杂的综合性内容，要完成本任务，需掌握数控车床外圆、端面（粗车、精车）固定循环指令、编程规则、零件加工进给路线的确定，能合理采用一定的加工技巧来保证加工精度，能合理选择所需工、量、夹具并正确使用。

相关知识

1. 工艺分析

1）零件图工艺分析

如图 2-1-50 所示零件为中等复杂程度的轴类综合零件。本任务中的零件所给毛坯长度为 100 mm，加工完成后的零件长度为 95 mm，零件需进行调头加工，技术要求中无热处理及硬度要求，单件生产。

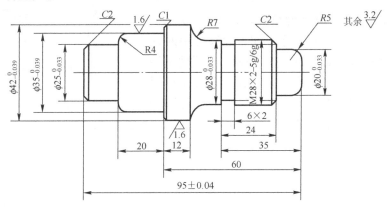

图 2-1-50 中等复杂程度轴类零件的加工示例

2）零件图精度分析

本任务零件图中精度要求较高的尺寸有：$\phi 42_{-0.039}^{0}$、$\phi 35_{-0.039}^{0}$、$\phi 25_{-0.033}^{0}$、$\phi 28_{-0.033}^{0}$、$\phi 20_{-0.033}^{0}$、95±0.04 等。对于这些尺寸精度要求，主要通过在加工过程中的准确对刀，正确设置刀补量及磨耗，以及制订合适的加工工艺来保证。无形位精度要求，除两处外圆面表面粗糙度要求为 Ra 1.6 μm 外，其余均为 Ra 3.2 μm。对于表面粗糙度的精度要求，主要通过选择合适的刀具及切削用量，正确合理的粗、精加工路线及冷却来保证。

3）选择机床及数控系统

根据零件的形状及加工精度要求，选用沈阳机床厂 CAK6140V 数控车床（前置四刀位回转刀架），配备 FANUC 0i MATE-TC 数控系统。

4）确定装夹方案及定位基准

毛坯长度为 100 mm，加工完成后的零件长度为 95 mm，根据零件形状需进行调头加工。首先使用三爪卡盘对零件进行装夹定位，毛坯伸出卡盘长度 60 mm，保证左端 35 mm 的车削长度，加工左端 $\phi25$、$\phi35$、$\phi42$ 外圆及 $C1$、$C2$ 两处倒角；调头以左端 $\phi35$ 外圆面及左端台阶面定位夹紧，加工零件右端，如图 2-1-51 所示。

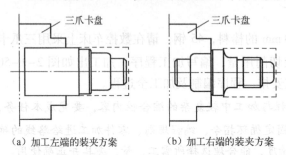

(a) 加工左端的装夹方案　　(b) 加工右端的装夹方案

图 2-1-51　装夹定位简图

工件装夹时，夹紧力要适中，既要防止工件的变形与夹伤，又要防止工件在加工过程中产生松动。调头装夹左端 $\phi35$ 外圆面时，由于该面已经加工完毕，为防止夹伤表面，装夹前应在 $\phi35$ 的外圆面上包裹铜皮。工件装夹过程中，对工件进行找正，以确保工件轴线与主轴轴线的同轴度。

5）螺纹加工工艺

螺纹的种类很多，就其断面形状来分，有三角形螺纹、方牙螺纹、梯形螺纹等。三角形螺纹也称普通螺纹，它是螺纹中加工比较简单而且应用得最为广泛的一种，如图 2-1-52 所示为加工三角形螺纹的刀具及加工方式。

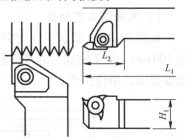

图 2-1-52　三角形螺纹的加工

（1）进刀方式。在数控车床上加工螺纹常用的方法有直进法、斜进法两种，如图 2-1-53 所示。直进法适用于加工导程较小（≤3 mm）的螺纹，斜进法适合加工导程较大的螺纹。螺纹加工中的走刀次数和背吃刀量会直接影响螺纹的加工质量，应根据螺距大小选取适当的走刀次数及背吃刀量。用直进法高速车削普通螺纹时，螺距小于 3 mm 的螺纹一般 3～6 刀完成，且大部分余量在第一、二刀时去掉。

（2）螺纹车削的切入、切出行程。在数控车床上加工螺纹时，螺距是通过伺服系统中装在主轴上的位置编码器进行检测的，实时地读取主轴速度并转换为刀具的每分钟进给量来保证。由于机床伺服系统本身具有滞后特性，会在螺纹的起始段和停止段发生螺距不规则现象，因此螺纹两端必须设置足够的升速进刀段 δ_1 和减速退刀段 δ_2，如图 2-1-54 所示。在实际生产中，一般 δ_1 值取 2～5 mm，大螺纹和高精度的螺纹取大值；δ_2 值不得大于退刀槽宽度的一半左右，取 1～3 mm。若螺纹收尾处没有退刀槽时，一般按 45°退刀收尾。

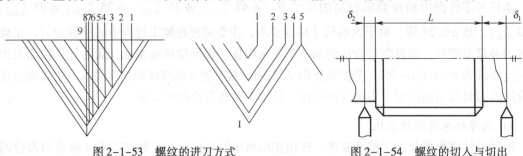

图 2-1-53　螺纹的进刀方式　　　　图 2-1-54　螺纹的切入与切出

(3) 多线螺纹的分线方法。在实际应用中经常会碰到多线螺纹的加工，多线螺纹的数控加工方法与单线螺纹加工相似，只需加工完一条螺纹后沿轴向移动一个螺距，再车另一条螺纹即可。当然，有些数控系统提供多线螺纹的加工功能，则可以利用程序指令实现分线。

6) 选择刀具及切削用量

本任务根据零件的精度要求和工序安排选择刀具及切削用量，如表2-1-8所示。

表2-1-8 刀具及切削用量表

工步	工步内容	刀号	刀具名称	主轴转速（r/min）	进给量（mm/r）	背吃刀量（mm）
1	外圆切削	T01	粗车刀	S800	F0.15	2
2	外圆切削	T02	精车刀	S1200	F0.1	0.2
3	切槽	T03	切槽刀	S400	F0.06	
4	外螺纹	T04	外螺纹刀	S500	F0.1	

7) 工、量、刃具清单

完成本任务所需的工、量、刃具清单如表2-1-9所示。

表2-1-9 工、量、刃具清单

序号	种类	名称	数量	规格
1	量具	千分尺	各1	0～25 mm，25～50 mm
2		游标卡尺	1	0～150 mm
3		螺纹环规	1	M28×2
4		半径规	1	R1～6.5 mm
5		粗糙度测量仪	1	
6	刀具	外圆车刀	各1	粗、精加工
7		螺纹车刀60°	1	
8		切槽车刀	1	宽4～5 mm，长23 mm
9	其他辅具	垫刀片若干、油石等		
10		铜皮（厚0.2 mm，宽25 mm×长60 mm）		
11		其他车工常用辅具		
12	毛坯			45钢 φ45×100 一段

8) 数控加工工艺文件的制订

数控加工工艺文件是数控加工工艺设计的内容之一，它不仅是进行数控加工和产品验收的依据，也是操作者遵守和执行的规程，同时还为产品零件重复生产积累了必要的工艺资料，完成了技术储备。数控加工工艺文件是对数控加工的具体说明，目的是让操作者更明确加工程序的内容、装夹方式、各个加工部位所选用的刀具及其他技术问题。该文件包括数控加工工序卡、数控刀具卡片、数控加工程序单等。以下提供了常用文件格式，文件格式可根据企业实际情况自行设计。

(1) 加工工序。

① 零件左端加工：夹零件毛坯，伸出卡盘长度40 mm；车端面；粗、精加工零件左端轮

廓至 $\phi42\,mm$；回换刀点，程序结束。

② 调头，加工右端：夹 $\phi35\,mm$ 外圆；车端面；粗、精加工右端轮廓至尺寸要求；切槽 $6\,mm \times 2\,mm$ 至尺寸要求；粗、精加工螺纹至尺寸要求；回换刀点，程序结束。

注意：零件调头加工时，注意装夹位置。合理选择切削用量，提高加工质量。

（2）数控编程任务书。对数控加工工序的技术要求和工序说明，以及数控加工前应保证的加工余量。它是编程人员和工艺人员协调工作和编制数控程序的重要依据之一，如表2-1-10所示的数控编程任务书供参考。

表2-1-10 数控编程任务书

单位	数控编程任务书	零件图号		任务书编号	
		零件名称			
		使用数控设备		共 页	第 页
主要工序说明及技术要求：					
		编程收到日期		经手人	
编制	审核	编程	审核	批准	

（3）数控加工工序卡片。数控加工工序卡片除了与普通加工工序卡片相同之处外，还需补充工序简图中的编程原点与对刀点，简要编程说明（如所用机床型号、程序编号、刀具半径补偿、镜向对称加工方式等）及切削参数（程序编入的主轴转速、进给速度、最大背吃刀量或宽度等）的选择等，它是操作人员进行数控加工的主要指导性工艺资料，如表2-1-11所示的数控加工工序卡片供参考。

表2-1-11 数控加工工序卡片

单位	数控加工工序卡片	产品名称或代号		零件名称		零件图号	
		车 间			使用设备		
工序简图		工艺序号			程序编号		
工步号	工步作业内容	加工面	刀具号	刀补量	主轴转速	进给速度	背吃刀量	备注
编制	审核	批准		日期		共 页	第 页

(4) 工件安装和原点设定卡片。它应表示出数控加工原点定位方法和夹紧方法,并应注明加工原点设置位置和坐标方向,使用的夹具名称和编号等,如表 2-1-12 所示的工件安装与原点设定卡片供参考。

表 2-1-12 工件安装和原点设定卡片

零件图号			工件安装和原点设定卡片		工序号			
零件名称					装夹次数			
装夹简图				夹具表	3			
					2			
					1			
编制		日期		批准(日期)	第 页			
审核		日期			共 页	序号	夹具名称	夹具图号

(5) 数控加工走刀路线图。在数控加工中,常常要注意并防止刀具在运动过程中与夹具或工件发生意外干涉。为此需要告诉操作者编程中的刀具运动路线(如从哪里下刀,在哪里抬刀,哪里是斜下刀等),即走刀路线图,一般可采用统一约定的符号来表示。不同的机床可以采用不同的图例与格式,表 2-1-13 所示的常用格式供参考。

表 2-1-13 数控加工走刀路线图

数控加工走刀路线图		零件图号		工序号		工步号		程序号	
机床型号	程序段号		加工内容					共 页	第 页
								编程	
								校对	
								审批	
符号	⊙	⊗	◐	→○	→	←↓	○—○	→︿→	⇒
含义	抬刀	下刀	编程原点	起刀点	走刀方向	走刀线相交	爬斜坡	铰孔	行切

(6) 数控刀具卡片。数控加工时,对刀具的要求十分严格,一般要在机外对刀仪上预先调整刀具直径和长度。刀具卡反映刀具编号、刀具结构、尾柄规格、组合件名称代号、刀片型号和材料等。它是组装刀具和调整刀具的依据,表 2-1-14 所示的数控刀具卡片供参考。

表 2-1-14 数控刀具卡片

零件图号					使用设备	
刀具名称			数控刀具卡片			
刀具编号		换刀方式		程序编号		
刀具组成	序号	编号	刀具名称	规格	数量	备注
	1					
	2					
	3					
	4					
刀具组装简图						
备注						
编制		审校		批准	共 页	第 页

（7）数控车削加工的注意事项。数控车床加工的工艺与普通车床的加工工艺类似，但由于数控车床是一次装夹，连续自动加工完成所有车削工序，因而应注意以下几个方面。

① 合理选择切削用量。对于高效率的金属切削加工来说，被加工材料、切削工具、切削条件是三大要素。这些决定着加工时间、刀具寿命和加工质量。经济有效的加工方式必然是合理地选择了切削条件。切削条件的三要素：切削速度、进给量和切深，切削条件不合理时可能直接引起刀具的损伤。伴随着切削速度的提高，刀尖温度会上升，会产生机械的、化学的、热的磨损。切削速度提高20%，刀具寿命会减少1/2。进给条件与刀具后面磨损关系在极小的范围内产生。但进给量大，切削温度上升，后面磨损大。它比切削速度对刀具的影响小。切深对刀具的影响虽然没有切削速度和进给量大，但在微小切深切削时，被切削材料产生硬化层，同样会影响刀具的寿命。用户要根据被加工的材料硬度、切削状态、材料种类、进给量、切深等选择使用的切削速度。然而，在实际作业中，刀具寿命的选择与刀具磨损、被加工尺寸变化、表面质量、切削噪声、加工热量等有关。在确定加工条件时，需要根据实际情况进行研究。对于不锈钢和耐热合金等难加工材料来说，可以采用冷却剂或选用刚性好的刀刃。

② 合理选择刀具。

➢ 粗车时，要选强度高、耐用度好的刀具，以便满足粗车时大背吃刀量、大进给量的要求。

➢ 精车时，要选精度高、耐用度好的刀具，以保证加工精度的要求。

➢ 为减少换刀时间和方便对刀，应尽量采用机夹刀和机夹刀片。

③ 合理选择夹具。

➢ 尽量选用通用夹具装夹工件，避免采用专用夹具。

➢ 零件定位基准重合，以减小定位误差。

④ 确定加工路线。

- 加工路线是指数控机床加工过程中,刀具相对零件的运动轨迹和方向。应能保证加工精度和表面粗糙度要求。
- 应尽量缩短加工路线,减少刀具空行程时间。

⑤ 加工路线与加工余量的联系。目前,在数控车床还未达到普及使用的条件下,一般应把毛坯上过多的余量,特别是含有锻、铸硬皮层的余量安排在普通车床上加工。如必须用数控车床加工时,则需注意程序的灵活安排。

⑥ 夹具安装要点。
- 尽可能做到设计基准、工艺基准与编程计算基准的统一。
- 避免采用占机人工调整时间长的装夹方案。
- 尽量将工序集中,减少装夹次数,尽可能在一次装夹后能加工出全部待加工表面。
- 夹紧力的作用点应落在工件刚性较好的部位。

2. 程序编制

1) 切槽、切断编程

切槽、切断时常用的指令与外圆切削指令相似,以 G00、G01 为主,只是进给的方向主要是 X 方向。除 G00、G01 外,大部分数控系统均提供了切槽循环指令。另外,切断与车端面一样,在恒切削速度情况下必须有一个限制转速的代码,以避免飞车。

(1) 外径切槽循环。外径切削循环功能适合于在外圆面上切削沟槽或切断加工。

指令格式:G75 R(e)＿;
　　　　　G75 X(U)＿ P(Δi)＿F＿;

其中,e 为退刀量;$X(U)$ 为槽深;Δi 为每次循环切削量。

实例 2-12 编写如图 2-1-55 所示零件的切断加工程序。

```
O0011;
G50 X200 Z100 T0202;
M03 S600;
G00 X35.0 Z-50.0;
G75 R1.0;
G75 X-1.0 P5.0 F0.1;
G00 X200 Z100;
M30;
```

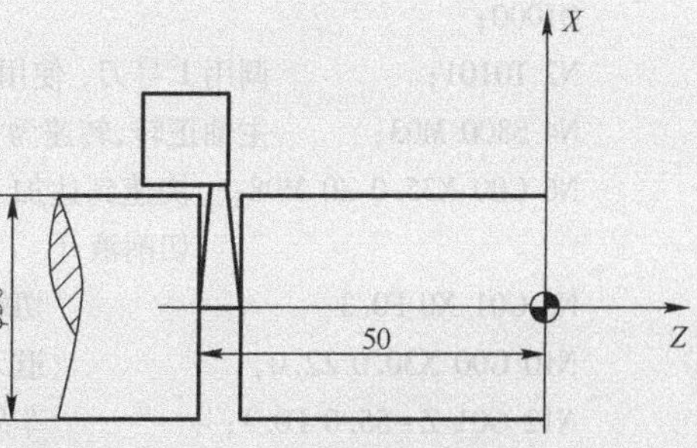

图 2-1-55 外径切槽循环程序示例

(2) 程序暂停。在加工要求较高的车削加工零件中,一般在到达轮廓终点位置处设置延时,以保证该段轮廓的车削质量,如车槽、镗平面等,以提高表面质量。

指令格式:G04 X(U)＿;或 G04 P＿;

指令中出现 X、U 或 P 均指延时,X 和 U 用法相同,在其后跟延时时间,单位是 s,其后需加小数点。P 后面的数字为整数,单位是 ms。如需延时 2 s,该指令可表述为:G04

X2.0 或 G04 U2.0 或 G04 P2000。

除上述情况外，程序暂停还用于以下情况：

① 钻孔加工到达孔底部时，设置延时时间，以保证孔底的钻孔质量。

② 钻孔加工中途退刀后设置延时，以保证孔中铁屑充分排除。

③ 镗孔加工到达孔底部时，设置延时，以保证孔底的镗孔质量。

（3）子程序。某些被加工的零件中，常常会出现几何形状完全相同的加工轨迹，在程序编制中，将有固定顺序和重复模式的程序段，作为子程序存放到存储器中，由主程序调用，可以简化程序。

① 子程序的格式。子程序的程序格式与主程序基本相同，第一行为程序名，最后一行用M99结束。M99表示子程序结束并返回到主程序或上一级子程序。

② 子程序的调用。子程序可以在自动方式下调用，其程序段格式为：M98 P△△△××××；

其中：△△△——子程序重复调用次数，取值范围为1～999，若调用一次子程序，可省略；
××××——被调用的子程序名，当调用次数大于1时，子程序名前面的0不可以省略。

例如：M98 P50020 表示调用程序名为0020的子程序5次；M98 P20 表示调用程序名为0020的子程序1次。

子程序中还可以再调用其他子程序，即可多重嵌套调用。一个子程序应以"M99"作为程序结束行，可被主程序多次调用，一次调用时最多可重复999次调用一个子程序。

注意：在MDI方式下使用子程序调用指令是无效的。

实例2-13 如图2-1-56所示，已知毛坯直径为$\phi32$mm，长度为77mm，一号刀为外圆车刀，三号刀为切断刀，宽度为2 mm，编写其加工程序。

参考程序：

```
O1000；
N2 T0101；              调用1号刀，使用1号补偿
N4 S800 M03；           主轴正转，转速为800r/min
N6 G00 X35.0 Z0 M08；   快速到达加工准备点，
                        切削液开
N8 G01 X0 F0.3；        切端面
N10 G00 X30.0 Z2.0；    退刀
N12 G01 Z-55.0 F0.3；   车外圆
N14 G00 X150.0 Z100.0； 退刀
N16 T0303；             换3号刀，使用3号补偿
N18 G00 X32.0 Z0；      快速到达加工准备点
N20 M98 P21001；        调用子程序切槽
N22 G00 W-12.0；        Z向进刀
N24 G01 X0 F0.12；      切断工件
N26 G04 X2.0；          暂停2s
N28 G00 X150.0 Z100.0 M09； 返回起始点，切削液关
```

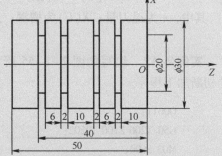

图2-1-56 子程序编程示例

```
N30 M30；
O1001；
N101 G00 W-12.0；              Z方向进刀
N102 G01 U-12.0 F0.15；         切槽
N103 G04 X1.0；                暂停1s
N104 G00 U12.0；               X方向退刀
N105 W-8.0；                   Z方向进刀
N106 G01 U-12.0 F0.15；         切槽
N107 G04 X1.0；                暂停1s
N108 G00 U12.0；               X方向退刀
N109 M99；                     返回主程序
```

2) 螺纹加工编程

(1) 螺纹加工时的几个问题

① 普通螺纹实际牙型高度。普通螺纹实际牙型高度按 $h = 0.6495P$ 计算，P 为螺纹螺距，一般近似取 $h = 0.65P$。

② 螺纹小径的计算。螺纹小径按下式计算，$d \approx D - 2 \times 0.65P$，$P$ 为螺纹螺距，D 为螺纹大径。

③ 螺纹切削进给次数与背吃刀量的确定。如果螺纹牙型较深，螺距较大，可分次进给，每次进给的背吃刀量为螺纹深度减去精加工背吃刀量所得的差按递减规律分配。常用螺纹加工的进给次数与背吃刀量见表2-1-15。

表2-1-15 常用螺纹加工的进给次数与背吃刀量

		公 制 螺 纹						
螺距		1.0	1.5	2.0	2.5	3.0	3.5	4.0
牙深		0.65	0.975	1.3	1.625	1.95	2.275	2.6
切深		1.3	1.95	2.6	3.25	3.9	4.55	5.2
走刀次数及每次进给量	第1次	0.7	0.8	0.9	1.0	1.2	1.5	1.5
	第2次	0.4	0.5	0.6	0.7	0.7	0.7	0.8
	第3次	0.2	0.5	0.6	0.6	0.6	0.6	0.6
	第4次		0.15	0.4	0.4	0.4	0.4	0.6
	第5次			0.1	0.4	0.4	0.4	0.4
	第6次				0.15	0.4	0.4	0.4
	第7次					0.2	0.2	0.4
	第8次						0.15	0.3
	第9次							0.2

(2) 基本螺纹切削指令 G32

用 G32 指令可加工固定导程的圆柱螺纹或圆锥螺纹，也可用于加工端面螺纹。但是刀具的切入、切削、切出、返回都要单独编写程序来完成，因此加工程序较长，一般多用于小螺距螺纹的加工。

指令格式：G32 X(U)__Z(W)__F__；

其中，X、Z为螺纹切削终点的绝对坐标（X为直径值）；U、W为螺纹切削终点相对切削起点的增量坐标（U为直径值）；F为螺纹的导程，单位mm。

G32加工圆柱螺纹时如图2-1-57（a）所示，每一次加工分四步：进刀（AB）→切削（BC）→退刀（CD）→返回（DA）。

G32加工圆锥螺纹时如图2-1-57（b）所示，切削斜角α在45°以下的圆锥螺纹时，螺纹导程以Z方向指定，大于45°时，螺纹导程以X方向指定。

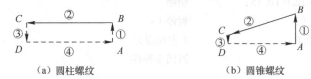

图2-1-57 G32进刀路径

实例2-14 圆柱螺纹加工。如图2-1-58所示，螺纹外径已车至φ29.8mm，4×2的退刀槽已加工。用G32编制该螺纹的加工程序。

（1）螺纹加工尺寸计算。

螺纹的实际牙型高度 $h = 0.65 \times 2 = 1.3$ mm；

螺纹实际小径：$d = D - 1.3P = (30 - 1.3 \times 2) = 27.4$ mm；

升速进刀段和减速退刀段分别取 $\delta_1 = 5$ mm，$\delta_2 = 2$ mm。

（2）确定背吃刀量。查表得双边切深为2.6mm，分五刀切削，分别为0.9mm、0.6mm、0.6mm、0.4mm和0.1mm。

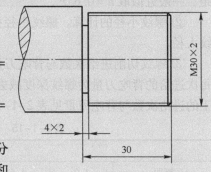

图2-1-58 圆柱螺纹加工示例

参考程序：

```
        O0012；
        N10 G40 G97 S400 M03；        主轴正转
        N20 T0404；                    选4号螺纹刀
        N30 G00 X32.0 Z5.0；           螺纹加工起点
        N40 X29.1；                    自螺纹大径30mm进第一刀,切深0.9mm
        N50 G32 Z-28.0 F2.0；          螺纹车削第一刀,螺距为2mm
        N60 G00 X32.0；                X向退刀
        N70 Z5.0；                     Z向退刀
        N80 X28.5；                    进第二刀,切深0.6mm
        N90 G32 Z-28.0 F2.0；          螺纹车削第二刀,螺距为2mm
        N100 G00 X32.0；               X向退刀
        N110 Z5.0；                    Z向退刀
        N120 X27.9；                   进第三刀,切深0.6mm
        N130 G32 Z-28.0 F2.0；         螺纹车削第三刀,螺距为2mm
```

N140 G00 X32.0;	X 向退刀	
N150 Z5.0;	Z 向退刀	
N160 X27.5;	进第四刀,切深 0.4 mm	
N170 G32 Z-28.0 F2.0;	螺纹车削第四刀,螺距为 2 mm	
N180 G00 X32.0;	X 向退刀	
N190 Z5.0;	Z 向退刀	
N200 X27.4;	进第五刀,切深 0.1 mm	
N210 G32 Z-28.0 F2.0;	螺纹车削第五刀,螺距为 2 mm	
N220 G00 X32.0;	X 向退刀	
N230 Z5.0;	Z 向退刀	
N240 X27.4;	光刀,切深为 0	
N250 G32 Z-28.0 F2.0;	光刀,螺距为 2 mm	
N260 G00 X200.0;	X 向退刀	
N270 Z100.0;	Z 向退刀,回换刀点	
N280 M30;	程序结束	

实例 2-15 圆锥螺纹加工。如图 2-1-59 所示,圆锥螺纹外径已车至小端直径 19.8 mm,大端直径 ϕ24.8 mm,4×2 的退刀槽已加工,用 G32 编制该螺纹的加工程序。

(1) 螺纹加工尺寸计算(具体过程如图 2-1-60 所示)。

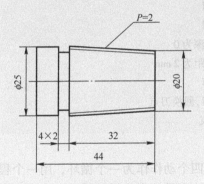

图 2-1-59 圆锥螺纹加工示例

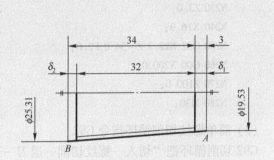

图 2-1-60 圆锥螺纹加工尺寸计算

螺纹的实际牙型高度 $h = 0.65 \times 2 = 1.3$ mm;

升速进刀段和减速退刀段分别取 $\delta_1 = 3$ mm,$\delta_2 = 2$ mm;

A 点: $X = 19.5$ mm,$Z = 3$ mm;

B 点: $X = 25.3$ mm,$Z = -34$ mm。

(2) 确定背吃刀量。查表得双边切深为 2.6 mm,分五刀切削,分别为 0.9 mm、0.6 mm、0.6 mm、0.4 mm 和 0.1 mm。

参考程序:

O0013;

N10 G40 G97 G99 S400 M03;	主轴正转
N20 T0404;	选 4 号螺纹刀

N30 G00 X27.0 Z3.0;	螺纹加工起点
N40 X18.6;	进第一刀,切深0.9 mm
N50 G32 X24.4 Z-34.0 F2.0;	螺纹车削第一刀,螺距为2 mm
N60 G00 X27.0;	X向退刀
N70 Z3.0;	Z向退刀
N80 X18.0;	进第二刀,切深0.6 mm
N90 G32 X23.8 Z-34.0 F2.0;	螺纹车削第二刀,螺距为2 mm
N100 G00 X27.0;	X向退刀
N110 Z3.0;	Z向退刀
N120 X17.4;	进第三刀,切深0.6 mm
N130 G32 X23.2 Z-34.0 F2.0;	螺纹车削第三刀,螺距为2 mm
N140 G00 X27.0;	X向退刀
N150 Z3.0;	Z向退刀
N160 X17.0;	进第四刀,切深0.4 mm
N170 G32 X22.8 Z-34.0 F2.0;	螺纹车削第四刀,螺距为2 mm
N180 G00 X27.0;	X向退刀
N190 Z3.0;	Z向退刀
N200 X16.9;	进第五刀,切深0.1 mm
N210 G32 X22.7 Z-34.0 F2.0;	螺纹车削第五刀,螺距为2 mm
N220 G00 X27.0;	X向退刀
N230 Z3.0;	Z向退刀
N240 X16.9;	光刀,切深为0
N250 G32 X22.7 Z-34.0 F2.0;	光刀,螺距为2 mm
N260 G00 X200.0;	X向退刀
N270 Z100.0;	Z向退刀,回换刀点
N280 M30;	程序结束

(3) 简单螺纹切削循环指令 G92

G92 切削循环把"切入—螺纹切削—退刀—返回"四个动作作为一个循环,用一个程序段来指令,可简化程序,但要车出一个完整的螺纹需连续安排几个这样的循环。它可以用来切削圆柱螺纹和圆锥螺纹,图2-1-61(a)所示是圆柱螺纹循环,图2-1-61(b)所示是圆锥螺纹循环。刀具从循环点开始,按 A、B、C、D 进行自动循环,最后又回到循环起点 A。

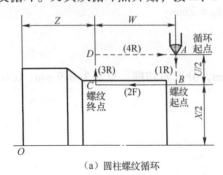
(a)圆柱螺纹循环

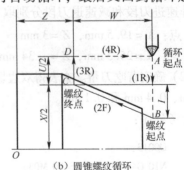
(b)圆锥螺纹循环

图 2-1-61 螺纹循环 G92

其过程是：切入—切螺纹—退刀—返回起始点，图中虚线表示快速移动，实线表示按 F 指定的进给速度移动。

说明：加工多头螺纹时的编程，应在加工完一个头后，用 G00 或 G01 指令将车刀轴向移动一个螺距，然后再按要求编写车削下一条螺纹的加工程序。

指令格式：G92 X(U)__ Z(W)__ R__ F__；

其中，X、Z 为螺纹终点的绝对坐标；U、W 为螺纹终点相对于螺纹起点的坐标增量；F 为螺纹的导程（单线螺纹时为螺距）；R 为圆锥螺纹起点和终点的半径差，当圆锥螺纹起点坐标大于终点坐标时为正，反之为负。加工圆柱螺纹时，R 为零，省略。

实例 2-16 圆柱螺纹加工。用 G92 编制如图 2-1-58 所示螺纹的加工程序。
(1) 螺纹加工尺寸计算（同上）。
(2) 确定背吃刀量（同上）。
参考程序：

O0014;	
N10 G40 G97 G99 S400 M03;	主轴正转
N20 T0404;	选 4 号螺纹刀
N30 G00 X31.0 Z5.0;	螺纹加工起点
N40 G92 X29.1 Z-28.0 F2.0;	螺纹车削循环第一刀，切深 0.9mm，螺距 2mm
N50 X28.5;	第二刀，切深 0.6mm
N60 X27.9;	第三刀，切深 0.6mm
N70 X27.5;	第四刀，切深 0.4mm
N80 X27.4;	第五刀，切深 0.1mm
N90 X27.4;	光刀，切深为 0
N100 G00 X200.0 Z100.0;	回换刀点
N110 M30;	程序结束

实例 2-17 圆锥螺纹加工。用 G92 编制如图 2-1-59 所示圆锥螺纹的加工程序。
(1) 螺纹加工尺寸计算（同上）。

起终点半径之差 $R = \dfrac{19.5}{2} - \dfrac{25.3}{2} = -2.9 \text{mm}$。

说明：对于圆锥螺纹中的 R，在编程时，除要注意有正负之分外，还要根据不同长度来确定 R 值大小，以保证螺纹锥度的正确性。

(2) 确定背吃刀量。同上，分五刀切削，分别为 0.9mm、0.6mm、0.6mm、0.4mm 和 0.1mm。

参考程序：

O0015;	
N10 G40 G97 G99 S400 M03;	主轴正转
N20 T0404;	选 4 号螺纹刀
N30 G00 X27.0 Z3.0;	螺纹加工循环起点
N40 G92 X24.4 Z-34.0 R-2.9 F2.0;	螺纹车削循环第一刀，切深 0.9mm，螺距为 2mm

N50 X23.8;	第二刀,切深 0.6 mm
N60 X23.2;	第三刀,切深 0.6 mm
N70 X22.8;	第四刀,切深 0.4 mm
N80 X22.7;	第五刀,切深 0.1 mm
N90 X22.7;	光刀,切深为 0
N100 G00 X200.0 Z100.0;	回换刀点
N110 M30;	程序结束

(4) 螺纹切削复合循环指令 G76

G76 指令用于多次自动循环切削螺纹,切深和进刀次数等设置后可自动完成螺纹的加工,如图 2-1-62 所示,经常用于不带退刀槽的圆柱螺纹和圆锥螺纹的加工。

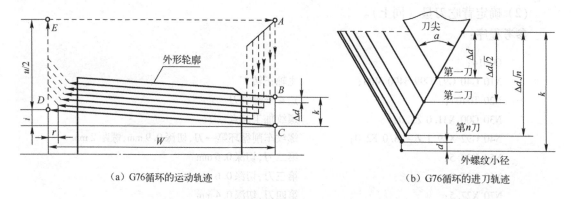

图 2-1-62 G76 循环的运动轨迹及进刀轨迹

指令格式:

$$G76\ P(m)(r)(\alpha)\ \ Q(\Delta d_{min})\ \ R(d);$$
$$G76\ X(U)\_Z(W)\_R(i)\ \ P(k)\ \ Q(\Delta d)\ \ F(f);$$

其中 m 为精车重复次数,从 1~99 次,该值为模态值。r 为螺纹尾部倒角量(斜向退刀),是螺纹导程(L)的 0.1~9.9 倍,以 0.1 为一挡逐步增加,设定时用 00~99 之间的两位整数来表示。α 为刀尖角度,可以从 80°、60°、55°、30°、29°和 0° 六个角度中选择,用两位整数表示,常用 60°、55°和 30° 三个角度。m、r 和 α 用地址 P 同时指定,如:$m=2$,$r=1.2L$,$\alpha=60°$,表示为 P021260。Δd_{min} 为切削时的最小背吃刀量,用半径编程,单位为微米(μm)。d 为精车余量,用半径编程。$X(U)$、$Z(W)$ 为螺纹终点坐标。i 为螺纹半径差,与 G92 中的 R 相同,$i=0$ 时,为直螺纹。k 为螺纹高度,用半径值指定,单位为微米(μm)。Δd 为第一次车削深度,用半径值指定。f 为螺距。

实例 2-18 如图 2-1-63 所示,螺纹外径已加工至 ϕ29.8 mm,零件材料为 45 钢。用 G76 编写该螺纹的加工程序。

(1) 螺纹加工尺寸计算。

螺纹实际牙型高度 $h_1 = 0.65P = 0.65 \times 2 = 1.3$ mm;

螺纹实际小径。$d' = d - 1.3P = (30 - 1.3 \times 2) = 27.4$ mm;

升降进刀段取 $\delta_1 = 5$ mm。

(2) 确定切削用量。

精车重复次数 $m=2$，螺纹尾倒角量 $r = 1.1L$，刀尖角度 $\alpha = 60°$，表示为 P021160；

最小车削深度 $\Delta d_{min} = 0.1$ mm，单位变成 μm，则表示为 Q100；

精车余量 $d = 0.05$ mm，表示为 R50；

螺纹终点坐标 $X = 27.4$ mm，$Z = -30.0$ mm；

螺纹部分的半径差 $i = 0$，R0 省略；

螺纹高度 $k = 0.65P = 1.3$ mm，表示为 P1300；

螺距 $f = 2$ mm，表示为 F = 2.0；

第一次车削深度 Δd 取 1.0 mm，表示为 Q1000。

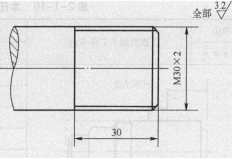

图 2-1-63 圆柱螺纹加工

参考程序：

```
O0016；
N10 G40 G97 G99 S400 M03；       主轴正转，转速 400 r/min
N20 T0404；                      螺纹刀 T04
N40 G00 X32.0 Z5.0；              螺纹加工循环起点
N50 G76 P021160 Q100 R50；        螺纹车削复合循环
N60 G76 X27.4 Z-30.0 P1300 Q1000 F2.0；  螺纹车削复合循环
N70 G00 X200.0 Z100.0；           回换刀点
N80 M30；                        程序结束
```

3. 任务实施

1) 本任务工艺分析

(1) 零件图工艺分析。本任务中的该工件所给毛坯长度为 100 mm，加工完成后的零件长度为 95 mm，零件需进行调头加工，材料为 45 钢，有公差及表面粗糙度要求。

(2) 加工方案及加工路线的确定。分别以零件装夹后的右端面中心 O 作为坐标系原点，设定工件坐标系。根据零件尺寸精度及技术要求，本任务将粗、精加工分开考虑，确定的加工工艺路线如下。

零件左端加工：夹零件毛坯，车端面→钻孔→粗车外轮廓→粗车、精车左侧内轮廓→车内沟槽→车内螺纹→回换刀点，程序结束。

调头，加工零件右端：车端面，保证总长→粗车、精车内轮廓→回换刀点，程序结束。

(3) 零件的装夹、夹具的选择及刀具和切削用量的选择。根据毛坯形状，使用三爪自定心卡盘装夹。刀具和切削用量的选择如表 2-1-8 所示。

(4) 制订加工工艺，填写数控加工工序卡片。本任务零件加工工艺的确定，如表 2-1-16、表 2-1-17 所示。

表 2-1-16　本任务的数控加工工序卡片 1

单位 ××××	数控加工工序卡片	产品名称或代号		零件名称	零件图号
		××××		一般轴类零件	×××
		车　间		使用设备	
		先进制造技术车间		CAK6140VA 数控车床	
		工艺序号		程序编号	
		001		O1234	
工步号	工步作业内容	刀具号	刀补量	主轴转速	进给速度	背吃刀量	备注
1	从右至左粗车各面	T01	0.4	S800	F0.15	2	
2	从右至左精车各面	T02	0.2	S1200	F0.1	0.2	
编制		审核		批准	日期	共　页	第　页

表 2-1-17　本任务的数控加工工序卡片 2

单位 ××××	数控加工工序卡片	产品名称或代号		零件名称	零件图号
		××××		一般轴类零件	×××
		车　间		使用设备	
		先进制造技术车间		CAK6140VA 数控车床	
		工艺序号		程序编号	
		002		O1235	
工步号	工步作业内容	刀具号	刀补量	主轴转速	进给速度	背吃刀量	备注
1	调头装夹，切端面保证总长，从右至左粗车各面	T01	0.4	S800	F0.15	2	
2	从右至左精车各面	T02	0.2	S1200	F0.1	0.2	
3	切槽	T03		S400	F0.06		
4	车 M28×2 螺纹	T04		S500	F0.1		
编制		审核		批准	日期	共　页	第　页

2）编写程序

加工零件左端的参考程序为：

```
O1234;
T0101;
S800 M3 F0.15;
G0 X47. Z2.0;
G71 U2.0 R0.5;
G71 P10 Q11 U0.2 W0.1;
N10 G1 G42 X17. Z2.;
X25. Z-2.;
Z-15.;
X27.;
G3 X35. W-4. R4.;
G1 Z-35.;
X40.;
X42. W-1.;
W-15.;
N11 G1 G40 X47.;
G0 X100. Z100. M5;
T0202;
S1200 M3 F0.1;
G0 X47. Z2.0;
G70 P10 Q11;
G28 U0 W0 M05;
M30;
```

调头装夹，切端面保证总长，加工零件右端的参考程序为：

```
O1235;
T0101;
S800 M3 F0.15;
G0 X47. Z2.;
G71 U2. R0.5;
G71 P12 Q13 U0.2 W0.1;
N12 G1 G42 X0;
Z0;
X10.;
G3 X20. W-5. R5.;
G1 Z-11.;
X24.;
X28. W-2.;
Z-41.;
G2 X42. W-7. R7.;
N13 G1 G40 X47.;
G0 X100. Z100. M5;
T0202;
S1200 M3 F0.1;
G0 X47. Z2.;
G70 P12 Q13;
G0 X100. Z100. M5;
T0303;
S400 M3 F0.06;
G0 X30. Z-32;
G1 X24.;
X30.;
Z-35.;
X24.;
X30.;
G0 X100. Z100. M5;
T0404;
S500 M3 F0.1;
G0 X30. Z-5.;
G92 X27.8 Z-30. F2.;
X27.;
X26.4;
X25.6;
X25.4;
G28 U0 W0 M5;
M30;
```

3）数控加工

(1) 打开机床和数控系统。
(2) 接通电源，松开急停按钮，机床回零。
(3) 装夹工件。
(4) 安装刀具。

（5）程序的输入与校验。

（6）工件坐标系的建立（对刀）。在实际加工中，可以使用试切法确定每一把刀具起始点的坐标值，结合测量视图进行计算，然后将值输入系统。

图 2-1-64 完成后的零件

（7）首件试切。在开始加工前检查倍率和主轴转速按钮，然后开启循环启动按钮，机床开始自动加工。加工完成后的零件如图 2-1-64 所示（仿真加工零件）。

（8）自动批量加工。首件试切完成后，经检测零件的形状、尺寸及精度均满足要求，即可进行自动批量加工。

4）填写工作日志及关闭机床电源

（1）填写工作日志。每次加工完毕后，应该填写工作日志，包括：

① 使用了哪些设备，工具、量具、辅具等；
② 加工了哪些零件；
③ 设备运行情况；
④ 加工完毕后机床保养情况。

（2）关闭机床电源操作。拆卸刀具，将工、量、刃具归类放入工具柜中，打扫机床并在机床工作台面上涂机油，完毕后关闭机床电源。

① 按下"急停"按钮；
② 关闭系统电源；
③ 关闭机床电源；
④ 关闭总电源（空气开关）。

注意：关机时不能把机床停留在零点位置，以免长时间压迫零位限位开关，造成零位限位开关失灵。

4. 质量检验

1）利用螺纹千分尺测量

对于精度要求不高的螺纹，可用螺纹千分尺检测中径，螺纹千分尺的结构及读数原理与外径千分尺基本相同，如图 2-1-65 所示。不同之处是要选用专用测头。螺纹千分尺在固定测砧和活动测量头上装有按理论牙型角做成的特殊测头，用它们可直接测量外螺纹中径。测头的角度是按理论的牙型角制造，所以测量中被测螺纹的半角误差对中径将产生较大影响。

图 2-1-65 螺纹千分尺

每对测量头只能测量一定螺距范围内的螺纹，使用时根据被测量螺纹的螺距大小来选择测头。测量范围：0～25 mm；25～50 mm；50～75 mm；75～100 mm；100～125 mm；125～150 mm；千分尺的分度值为 0.01 mm。

测量步骤如下。

① 如图 2-1-66（a）所示，用螺距规确定被测螺纹公称螺距，根据被测螺纹螺距选择

一对合适的测量头。

② 将圆锥形测量头嵌入测微螺杆的孔内，V形测量头嵌入固定测量砧的孔内，然后进行零位调整。

③ 如图2-1-66（b）所示，选取两个截面，按每截面相互垂直的两个方向进行测量，记下读数。取它们的平均值作为螺纹的实际中径。

2）利用螺纹环规测量

螺纹环规是用来检测标准外螺纹中径的一种量具，两个为一套，一个通规，一个止规，如图2-1-67所示。两个环规的内螺纹中径分别按照标准螺纹中径的最大极限尺寸和最小极限尺寸制造的，精度非常高。规格品种与常用外螺纹（螺丝）规格品种一样多。

（a）螺距规

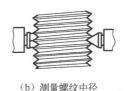
（b）测量螺纹中径

图2-1-66　螺纹千分尺测量螺纹中径步骤　　　图2-1-67　螺纹环规

（1）测量步骤。分别用两个环规往要被检测的外螺纹上拧（顺序随意）。

① 通规不过（拧不过去），说明螺纹中径大了，产品不合格。

② 止规通过，说明螺纹中径小了，产品不合格。

③ 通规可以在螺纹的任意位置转动自如，止规拧一至三圈（可能有时还能多拧一两圈），但螺纹头部没出环规端面就拧不动了，说明检测的外螺纹中径正好在"公差带"内，是合格的产品。

（2）螺纹环规是精密量具，使用时不能用力过大，更不能用扳手大力拧，以免降低环规的测量精度，甚至损坏环规。

3）测量表面粗糙度

（1）对比测量。对比测量是利用表面粗糙度比较样块与加工零件进行对比，从而检查零件表面粗糙度的一种量具，在机械工业生产中得到广泛的应用。

（2）利用表面粗糙度测量仪测量。SRT—1（F）型表面粗糙度测量仪是利用金刚石触针针尖与被测表面相接触，当针尖以一定速度沿着被测表面移动时，被测表面的微观不平将使触针在垂直于表面轮廓方向上产生上下移动，将这种上下移动转换为电信号并加以处理，并从仪器的显示装置中读出参数值。该测量仪是由电池供电、液晶数字显示的便携式仪器，其结构如图2-1-68所示，适用于实验室、计量检验站、工厂车间及需要表面粗糙度测量的地方。

① 校准。使用仪器前，必须用校准样板对仪器进行校准，如图2-1-69所示。在校准时将取样长度选择键拨到"0.8"，测量行程拨到"5"，将公、英制转换键拨到"metric"，将校准垫块（含样板）放在一稳定的平面上，然后将仪器放到小准垫块上并使仪器的V形脚陷入垫块的浅槽，确保传感器测头位于校准样板（玻璃）的中间位置。

按"测量"键，在校准样板的中间位置测得一个数据，如果结果与样板的实际数值偏差

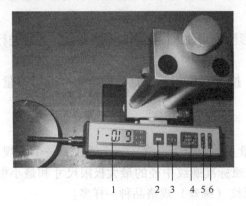

1—数字显示器;2—测量键;3—测量参数选择键;4—测量行程选择拨键组;5—公、英制选择键;
6—电源开关键;7—V形地脚;8—传感器安装块;9—传感器

图2-1-68 表面粗糙度测量仪结构图

小于5%,则仪器已经处于校准好的状态,可以正常使用。如测量结果的偏差超出了5%,则用小螺丝刀小心地调节校准电位器(顺时针调小读数,逆时针调大读数),边调边测,直到测量的结果与样板实际值的偏差小于5%为止。

② 测量步骤。测量时,传感器的导头和触针必须与被测表面始终接触,而且被测工件须放置平稳,并与仪器之间处于合适的状态(使仪器上传感器安装块的上表面与仪器的底脚平面和工件的被测平面保持平行,而传感器与底平面则保持一定的角度,如图2-1-70所示)。否则,所测的结果将是不准确的。测量时仪器可以手持,也可以放在被测工件或小型立柱工作台上。

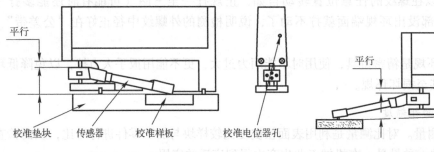

图2-1-69 测量仪校准　　　　　图2-1-70 测量放置位置

测量步骤为:
- 打开电源开关,并将公、英制开关打到公制位置。
- 根据被测表面估计粗糙度值,选取取样长度和测量行程。
- 将被测件放置在平板上,调整传感器侧头与被测件之间的位置,如图2-1-70所示。
- 按下"测量"键,观察传感器,待传感器停止不动时,读出仪器显示的 Ra 值。触按"参数选择"键可以读出 Rz 的值和其他参数值。
- 判断被测表面粗糙度的合格性。

4)尺寸精度的保证

正确地使用量具对零件进行测量,如果尺寸有误差,则只要修改刀具磨耗,把对应刀具

100

相应的补偿值输入即可。刀具磨耗补偿操作流程如下。

本项目中有外圆尺寸 $\phi 25_{-0.052}^{0}$，在第一次加工完毕后测量为 $\phi 25.02$ mm，尺寸偏大 0.02 ~ 0.072 mm，则应对其进行修正，以满足公差要求。

（1）按下 MDI 面板上的 ▓ 键，CRT 显示如图 2-1-71 所示。

（2）把光标移动到外圆车刀对应的 X 磨耗。

（3）输入"-0.046"（0.02 与 0.072 的中值），按软键 [输入]。

（4）利用指定行运行功能，把程序从 G71 下方的 T0101 开始运行加工。

（5）第二次加工完毕后再次测量，若还有偏差，重复上述（1）~（4）步骤直至零件尺寸合格为止。

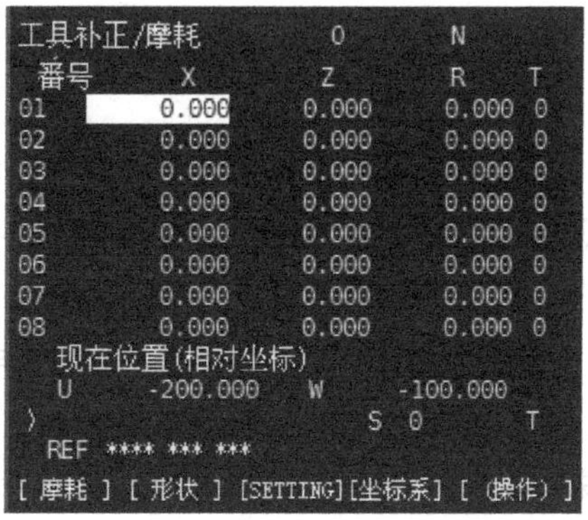

图 2-1-71 磨耗补偿界面

5）任务检查评价

加工完成后，对零件进行去毛刺和检测，本任务的评价标准与表 2-1-7 相同。

任务巩固　（1）如图 2-1-72 所示零件，材料为 45 钢，毛坯为 $\phi 60$ mm × 125 mm，制订该零件的车削加工工艺，编写该零件的程序，并在数控车床上加工。

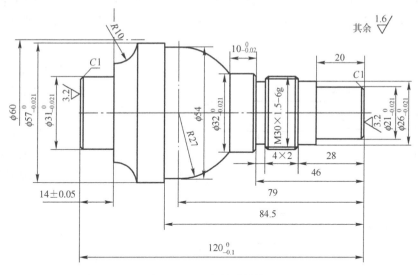

图 2-1-72 车削零件练习

（2）练习螺纹千分尺及螺纹环规的应用，练习利用磁性表座、百分表对工件进行校正及表面粗糙度仪的使用，并对加工出的零件进行检测，有超差的情况结合上述尺寸精度保证的内容、加工工艺及教材等辅助资料找寻原因并修正。

项目2.2　轴套类零件的数控车削加工

职业能力　培养数控车削加工工艺制订的能力，具备利用数控车削循环命令编制内腔加工程序的能力,具备加工中等复杂程度的轴套类零件的技能,能对所完成零件的超差进行原因分析并进行修正。

任务 2.2.1 导套的加工

任务描述 工件毛坯为 $\phi 55\ mm \times 100\ mm$ 的棒料,45 钢,请在数控车床上,采用三爪卡盘对零件进行装夹定位,加工如图 2-2-1 所示的导套零件。能熟练掌握该零件的加工工艺安排、程序编制及加工全过程。

任务分析 本任务是属于数控车床编程与加工中较为复杂的套类综合零件的加工内容,其中除项目 2.1 中的外圆加工外,主要还包括内腔的加工。要完成本任务,需掌握数控车床车削固定指令、编程规则及编程步骤,掌握套类零件孔加工的方法,并掌握内孔测量工具的使用方法。

相关知识

1. 工艺分析

1) 零件图工艺分析

如图 2-2-1 所示导套零件为简单的套类加工零件,本任务中零件所给毛坯为 $\phi 55\ mm \times 100\ mm$ 的棒料,加工完成后的零件长度为 80 mm,技术要求中无热处理及硬度要求,单件生产。

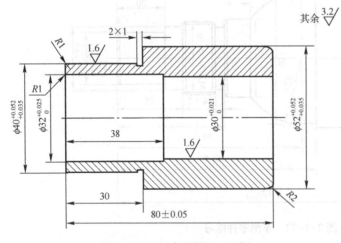

图 2-2-1 导套零件加工示例

2) 孔加工刀具

根据不同的加工情况,常用孔加工刀具有麻花钻、扩孔钻、铰刀、内孔车刀、内切槽刀、内螺纹刀等。在车床上进行孔加工时,应在工件一次装夹中与车外圆等一次完成,以保证其同轴度的要求。

(1) 钻孔刀具

对于精度要求不高的工件内孔,可以选用麻花钻直接钻出;而对于精度要求高的内孔,应留出加工余量,钻孔后还需通过车削等加工才能完成。

① 麻花钻的结构。麻花钻由工作部分、颈部、柄部构成,如图 2-2-2 所示。

工作部分包括切削部分和导向部分。切削部分起切削作用,导向部分在钻削过程能起到保持钻削方向、修光钻削表面的作用,

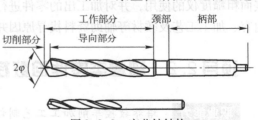

图 2-2-2 麻花钻结构

也是后备切削部分。通常在麻花钻的颈部标有麻花钻直径、材料牌号和商标。直径小的直柄麻花钻没有明显的颈部。夹持麻花钻的柄部部分，起装夹定心作用，钻削时传递转矩。麻花钻的柄部有锥柄和直柄两种。

② 麻花钻工作部分的几何形状。麻花钻的切削部分有两条对称的主切削刃、两条副切削刃和一条横刃，几何角度的要求与车刀基本相同，其工作部分结构如图 2-2-3 所示。两个螺旋槽是切屑沿着它流出的表面，为前面；与工件过渡表面（孔底）相对的端部两曲面为主后面；与工件已加工表面（孔壁）相对的两条棱边（刃带）为副后面，它能减小钻头与孔壁之间的摩擦及起引导作用。

前面和主后面的交线，为主切削刃，起主要切削作用。在麻花钻的头部，有两个方向相反的主切削刃。前面和副后面的交线，为副切削刃，起辅助切削作用。两主后面的交线为横刃，横刃处的前角为负，实际上它只起刮削作用，而且会产生很大的切削抗力，所以横刃对切削是不利的。

③ 钻头的装夹、拆卸。麻花钻的柄部有圆柱柄和圆锥柄两种，因此装夹的方式有所不同。

直柄麻花钻用钻夹头装夹，再将钻夹头的锥柄插入车床尾座锥孔内，如图 2-2-4（a）所示。

圆锥柄的麻花钻可直接装在车床尾座套筒锥孔内。锥柄的锥度一般采用莫氏锥度。莫氏锥度分 0、1、2、3、4、5、6 号 7 种，一般常用的为 2、3、4 号。如果钻头锥柄是莫氏 3 号，而车床尾座套筒锥孔是莫氏 4 号，则可以加一只莫氏 4 号钻套，这样就能装入尾座套筒锥孔内。卸钻套时，不允许用锤直接敲击，而必须用楔铁打出，以免损坏钻套。锥柄麻花钻可直接或用莫氏变径套过渡插入尾座锥孔，如图 2-2-4（b）所示。

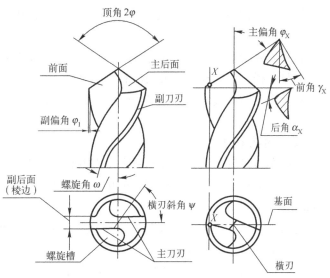

图 2-2-3 麻花钻工作部分的几何形状

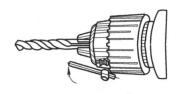 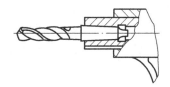

（a）直柄麻花钻的装夹　　　　　（b）锥柄麻花钻的装夹

图 2-2-4 麻花钻的装夹

④ 钻孔方法。

钻孔前先车平工件平面。

校正尾座，使钻头中心对准工件旋转中心。

根据钻头直径调整主轴转速，高速钢钻头钻钢件，取小于 25 m/min 的切削速度，手动摇动尾座手轮，匀速进给钻削，如图2-2-5（a）所示。

用细长麻花钻钻孔时，为了防止钻头产生晃动，可以在刀架上夹一挡铁，支持钻头头部，帮助钻头定中心。其办法是：先用钻头钻入工件平面（少量），然后摇动中滑板移动挡铁支顶，见钻头逐渐不晃动时，继续钻削即可。但挡铁不能把钻头支过中心，否则容易折断钻头。当钻头已正确定心时，挡铁即可退出，如图2-2-5（b）所示。

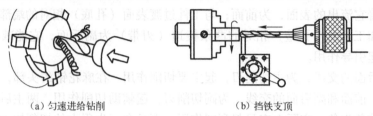

（a）匀速进给钻削　　　　　　　（b）挡铁支顶

图2-2-5　钻孔方法

用小麻花钻钻孔时，一般先用中心钻钻出中心孔，再用钻头钻孔，这样钻孔，同轴度较好。

钻孔后要铰孔的工件，由于余量较小，因此当钻头钻进1～2mm后，应把钻头退出，停车测量孔径，以防孔径扩大而没有铰削余量。

在车床上钻孔过程中，应充分浇注切削液，同时还应经常退出钻头，以利于冷却和排屑。

（2）内孔车刀

内孔车刀可分为通孔车刀和盲孔车刀两种，如图2-2-6所示。内孔车刀可作为粗加工刀具，也可作为精加工刀具，精度一般可达到IT7～IT8，Ra 1.6～6.3 μm，精车时 Ra 可达0.8 μm甚至更小。

① 通孔车刀。车削直通孔时采用的内孔车刀为通孔车刀，也称为通孔镗刀，其切削部分的几何形状基本上与外圆车刀相似，如图2-2-6（a）所示。在选用通孔车刀时应注意以下几点。

刀杆的长度不能太长，否则刀具刚性太差，易产生让刀、振动现象。刀杆一般比被加工孔深长5～10 mm。

通孔车刀的刀杆及刀具后刀面呈圆弧形状，刀杆直径根据孔径尽量大些，略小于孔的半径，以增加刚性，避免刀杆碰伤工件内表面，并使刀杆能进入孔内。

为减小径向切削抗力，防止车孔时振动，主偏角应取得大些，一般在60°～75°之间，副偏角一般为15°～30°，为了防止内孔车刀后刀面和孔壁的摩擦，后角不能太大，一般磨成两个后角。如图2-2-6（b）所示的 α_{o1} 和 α_{o2}，其中 α_{o1} 取6°～12°，α_{o2} 取30°左右。

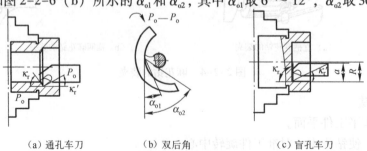

（a）通孔车刀　　　　　　（b）双后角　　　　　　（c）盲孔车刀

图2-2-6　内孔车刀

② 盲孔车刀。盲孔车刀用来车削盲孔或台阶孔，切削部分的几何形状基本上与93°外圆车刀相似，它的主偏角大于90°，一般为92°～95°，如图2-2-6（c）所示。后角的要求和通孔车刀一样，不同之处在于盲孔车刀夹在刀杆的最前端，刀尖到刀杆外端的距离小于孔半径，否则无法车平孔的底面，且刀杆外侧与工件的孔壁相碰。

③ 内孔刀的装夹。车台阶孔时，内孔刀的装夹除了刀尖应对准工件中心和刀杆尽可能伸出短些外，内偏刀的主刀刃应和工件平面成3°～5°的夹角，如图2-2-7所示，并且在车削平面时，要求横向有足够的退刀余地。

安装内孔车刀时应注意如下问题：

内孔车刀安装时其底面应清洁、无黏着物。若使用垫片调整刀尖高度，垫片应平直，最多不能超过3块。如果内侧和外侧面需要作为安装定位面，则也应擦干净；

内孔车刀的刀尖应与工件中心等高或稍高，若刀尖低于工件中心切削时，在切削抗力作用下，容易将刀柄压低而关系到扎刀现象，并可造成孔径扩大；

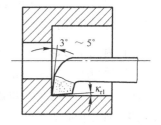

图2-2-7 内孔刀的装夹

刀头伸出刀架不宜过长，一般比被加工孔长5～10mm即可。

内孔车刀的刀柄与工件轴线应基本平行，否则在一定深度时，刀柄后半部容易碰到工件的孔口。

3）内孔加工工艺

（1）直通孔加工的工艺路线。车削直通孔时的进给路线与车削外圆相似，仅与X方向的进给方向相反。另外在退刀时，注意正确的退刀路线，如图2-2-8所示，径向移动量不能太大，以免刀杆与内孔相碰。

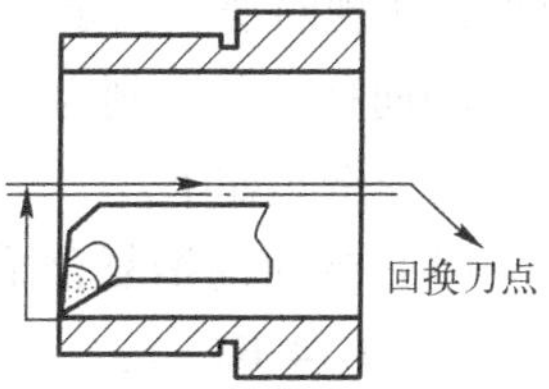

图2-2-8 退刀路线

（2）台阶孔加工的工艺路线。阶台孔加工一般也根据"先近后远""先粗后精"的原则，先粗车大孔、小孔，再精车大孔、小孔。但有时还要根据具体的零件及要求特殊处理。

4）内轮廓加工工艺特点

（1）内轮廓零件一般都要求具有较高的尺寸精度、较小的表面粗糙度值和较高的形位精度。在车削安装套类零件时关键是要保证位置精度要求。

（2）内轮廓加工工艺常采用钻→粗镗→精镗的加工方式，孔径较小时可采用手动方式或MDI方式"钻→铰"加工。

（3）工件精度较高时，按粗、精加工交替进行内、外轮廓切削，以保证形位精度。

（4）内轮廓加工刀具由于受到孔径和孔深的限制，刀杆细而长，刚性差，切削条件差。切削用量较切削外轮廓时应选取小些（小30%～50%）。但因孔径较外廓直径小，实际主轴转速可能会比切外轮廓时大。

（5）内轮廓切削时切削液不易进入切削区域，切屑不易排出，切削温度可能会较高，镗深孔时可以采用工艺性退刀，以促进切屑排出。

（6）内轮廓切削时切削区域不易观察，加工精度不易控制，大批量生产时测量次数需安排多一些。

(7) 中空工件的刚性一般较差，装夹时应选好定位基准，控制夹紧力大小，以防止工件变形，保证加工精度。

(8) 加工时刀具回旋空间小，编程时进、退刀量必要时需仔细计算，需考虑单轴移动。

(9) 确定换刀点时要考虑刀杆的方向和长度，以免换刀时刀具与工件、尾架（可能是钻头）发生干涉。

5) 孔加工的切削用量

车直通孔的切削用量选择与车削外圆相似，粗车、精车分开，但由于直通孔车刀的刀杆直径受孔径的限制，刚性较差，故其切削深度及进给量应略小于外圆加工。

6) 内孔车刀的对刀方法

对刀的方法与车外圆的方法基本相同，所不同的是毛坯若不带内孔必须先钻孔，再用内孔车刀试切对刀，为使测量准确，内径对刀时须用内径百分表测量尺寸。另外，内孔对刀也可用反钩法，即用内孔刀车外圆，测量外圆直径的方法。当然，在输入 X 向直径时应加"$-$"。

2. 程序编制

1) 端面沟槽复合循环或深孔钻循环 G74

该指令可实现端面深孔和端面槽的断屑加工，Z 向切进一定的深度，再反向退刀一定的距离，实现断屑。指定 X 轴地址和 X 轴向移动量，就能实现端面槽加工；若不指定 X 轴地址和 X 轴向移动量，则为端面深孔钻加工。

指令格式如下。

(1) 端面沟槽复合循环：

G74 R(e)；

G74 X(u)__ Z(w)__ P(Δi)Q(Δk)R(Δd)F __；

其中，e 为每次啄式退刀量；u 为 X 向终点坐标值；w 为 Z 向终点坐标值；Δi 为 X 向每次的移动量；Δk 为 Z 向每次的切入量；Δd 为切削到终点时的 X 轴退刀量（可以默认）。

注意：X 向终点坐标值为实际 X 向终点尺寸减去双边刀宽。

(2) 啄式钻孔循环（深孔钻循环）：

G74 R(e)；

G74 Z(w)__ Q(Δk)F __；

其中，e 为每次啄式退刀量；w 为 Z 向终点坐标值（孔深）；Δk 为 Z 向每次的切入量（啄钻深度）。

G74 的指令动作及参数如图 2-2-9 所示。

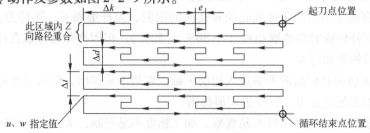

图 2-2-9　G74 的指令动作及参数

实例 2-19 使用 G74 循环编写如图 2-2-10 所示零件的端面切槽程序。

参考程序：

N10 T0606；（端面切槽刀，刃口宽 4 mm）
N20 S300 M3；
N30 G0 X30. Z2.；
N40 G74 R1.；
N50 G74 X62. Z-5. P3500 Q3000 F0.1；
N60 G0 X200. Z50. M5；
N70 M30；

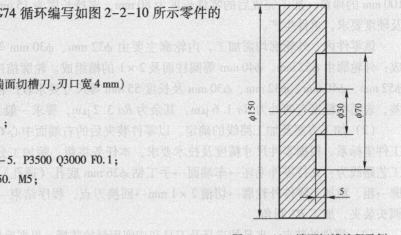

图 2-2-10 端面切槽编程示例

实例 2-20 使用 G74 循环编写如图 2-2-11 所示零件的啄式钻孔程序，在工件上加工直径为 10 mm 的孔，孔的有效深度为 60 mm。工件端面及中心孔已加工。

参考程序：

N10 T0505；（φ10 麻花钻）
N20 S200 M3；
N30 G0 X0 Z3.；
N40 G74 R1.；
N50 G74 Z-64. Q8000 F0.1；
N60 G0 Z100.；
N70 X100. M5；
N80 M30；

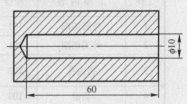

图 2-2-11 啄式钻孔编程示例

实例 2-21 使用 G74 循环编写如图 2-2-12 所示零件的端面均布槽加工。

参考程序：

N10 T0303；（端面切槽刀，刃口宽 4 mm）
N20 S300 M3；
N30 G0 X60. Z2.；
N40 G74 R1.；
N50 G74 X100. Z-3. P10000 F0.1；
N60 G0 Z100.；
N70 X100. M5；
N80 M30；

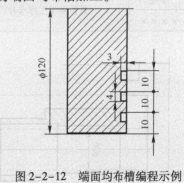

图 2-2-12 端面均布槽编程示例

3. 任务实施

1）本任务工艺分析

（1）零件图工艺分析。本任务中的零件为中等复杂程度的套类综合零件，毛坯为 φ55 mm ×

100 mm 的棒料，加工完成后的零件长度为 80 mm，夹持长度为 15 mm，技术要求中无热处理及硬度要求，单件生产。

该零件内、外轮廓均需加工，内轮廓主要由 ϕ32 mm、ϕ30 mm 等圆柱面及 R2 圆角等组成；外轮廓由 ϕ52 mm、ϕ40 mm 等圆柱面及 2×1 的槽组成。轮廓描述清晰，尺寸齐全。其中 ϕ52 mm、ϕ40 mm、ϕ32 mm、ϕ30 mm 及长度 55 mm 等尺寸要求较严格，其余尺寸均为未注公差，表面粗糙度有两处为 Ra 1.6 μm，其余为 Ra 3.2 μm，要求一般。

（2）加工方案及加工路线的确定。以零件装夹后的右端面中心 O 作为坐标系原点，设定工件坐标系。根据零件尺寸精度及技术要求，本任务将粗、精加工分开来考虑，确定的加工工艺路线为：夹持零件毛坯→车端面→手工钻 ϕ26 mm 底孔（通孔）→粗、精加工零件内轮廓→粗、精加工零件外轮廓→切槽 2×1 mm→回换刀点，程序结束→手动切断，保证总长→调头装夹，加工 R2 圆角。

（3）零件的装夹、夹具的选择及刀具和切削用量的选择。根据毛坯形状，使用三爪自定心卡盘装夹。本任务根据零件的精度要求和工序安排选择刀具及切削用量，如表 2-2-1 所示。

表 2-2-1 刀具及切削用量表

工步	工步内容	刀号	刀具名称	主轴转速（r/min）	进给量（mm/r）	背吃刀量（mm）
1	外圆切削	T01	93°菱形外圆车刀	S800	F0.15	2
2	外圆切削	T01	93°菱形外圆车刀	S1500	F0.1	0.2
3	镗内孔	T02	内孔镗刀	粗 S800 精 1200	粗 F0.1 精 F0.06	粗 1 精 0.2
4	切槽	T03	内切槽刀	S400	F0.06	
5	切断	T04	切断刀		手动	

（4）制订加工工艺，填写数控加工工序卡片。本任务零件加工工艺的确定如表 2-2-2 所示。

表 2-2-2 本任务的数控加工工序卡片

单位	数控加工工序卡片	产品名称或代号	零件名称	零件图号
××××		××××	导套	×××
		车间	使用设备	
		先进制造技术车间	CAK6140VA 数控车床	
		工艺序号	程序编号	
		001	O1236	

续表

工步号	工步作业内容	刀具号	刀补量	主轴转速	进给速度	背吃刀量	备注
1	粗车内轮廓	T02	0.4	S800	F0.1	1	
2	精车内轮廓	T02	0.2	S1200	F0.06	0.2	
3	粗车外轮廓	T01	0.4	S800	F0.15	2	
4	精车外轮廓	T01	0.2	S1500	F0.1	0.2	
5	切槽	T03		S400	F0.06		
6	切断	T04					手动
编制		审核		批准		日期		共 页		第 页

2）编写程序

加工导套零件参考程序为（不包含加工 $R2$ 圆角）：

```
O1236;
T0202;
S800 M3 F0.1;
G00 X24.0 Z1.0;
G71 U1.0 R0.2;
G71 P100 Q200 U-0.5 W0.1;
N100 G41 G00 X34.0 S1200;
G01 Z0 F0.06;
G03 X32.0 Z-1.0 R1.0;
G01 Z-38.0;
X30.0;
Z-90.0;
N200 G01 G40 X24.0;
G70 P100 Q200;
G00 X100.0 Z50.0 M05;
T0101;

S800 M03 F0.15;
G00 X57.0 Z5.0;
G71 U2.0 R0.2;
G71 P300 Q400 U0.5 W0.1;
N300 G42 G00 X30.0 S1500;
G01 Z0 F0.1;
X38.0;
G03 X40.0 Z-1.0 R1.0;
G01 Z-30.0;
X52.0;
Z-85.0;
X57.0;
N400 G01 G40 X60.0;
G70 P300 Q400;
G00 X100.0 Z50.0 M05;
M30;
```

3）数控加工

（1）打开机床和数控系统。

（2）接通电源，松开急停按钮，机床回零。

（3）装夹工件。

（4）安装刀具。

（5）程序的输入与校验。

（6）工件坐标系的建立（对刀）。对内孔车刀进行对刀操作，内孔车刀一般采用贴碰法对刀，从而设置工件坐标系，如图2-2-13所示，具体步骤如下。

① X 向对刀：

选择"手动"工作方式，选择刀具 T0101；

启动主轴,使主轴转速为 500 r/min;

在"手动"方式下移动刀具,车削一小段内孔直径,+Z 方向移动刀具离开工件;

停止主轴;

用游标卡尺测量已车削的内孔尺寸;

(a) X 向贴碰　　　　　　　(b) Z 向贴碰

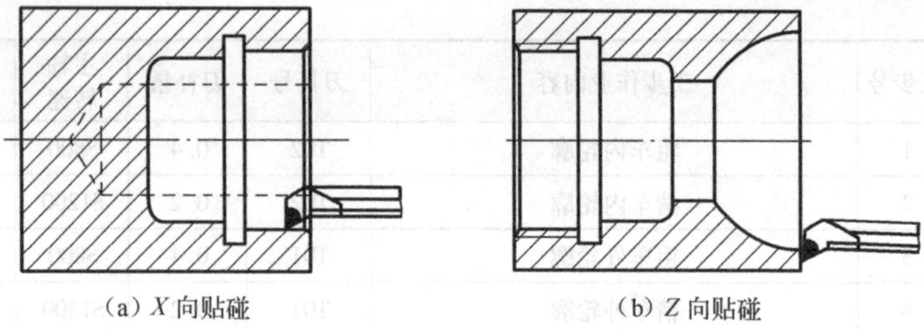

图 2-2-13　内孔对刀示意图

输入 X 轴偏移参数。

② Z 向对刀:

启动主轴,使主轴转速为 500 r/min;

在"手动"方式下移动刀具,使刀尖贴碰工件端面,+X 方向移动刀具离开工件;

停止主轴;

输入 Z 轴偏移参数。

③ 对刀过程中的注意事项:

对刀前机床必须先回零。

试切工件端面到该刀具要建立的工件坐标系零点位置的有向距离,也就是试切工件端面在要建立的工件坐标系中的 Z 轴坐标。

设置的工件坐标系 X 轴零点偏置等于当前刀尖点机床坐标系 X 坐标减去试切直径,因而试切工件外径后,不得移动 X 轴。

设置的工件坐标系 Z 轴零点偏置等于当前刀尖点机床坐标系 Z 坐标减去试切长度,因而试切工件端面后,不得移动 Z 轴。

试切时,主轴应处于转动状态,且吃刀量不能太大。

对刀时,最好用手摇方式,且手摇倍率应小于 ×100,如果在手动方式下对刀,则应将进给倍率调小至适当值,否则容易崩刀。

(7) 首件试切。在开始加工前检查倍率和主轴转速按钮,然后开启循环启动按钮,机床开始自动加工。

(8) 自动批量加工。首件试切完成后,经检测零件的形状、尺寸及精度均满足要求,即可进行自动批量加工。

(9) 加工合格后,对机床进行相应的保养。

(10) 将工、量、卡具还至原位,填写工作日志。

4. **质量检验**

1) 孔径尺寸的测量

测量孔径尺寸时,应根据工件的尺寸、数量及精度要求,采用相应的量具进行。如果孔的精度要求较低,可采用钢直尺、游标卡尺测量,精度要求较高可采用以下几种方法测量。

(1) 塞规。在成批生产中,为测量方便,常用塞规测量孔径,如图 2-2-14 所示。塞规由通端、止端和手柄组成，通端的尺寸等于孔的最小极限尺寸。止端的尺寸等于孔最大极限尺寸，为了明显区别通端与止端，塞规止端长度比通端长度要短一些。测量时，通端通过，而止端不能通过，说明尺寸合格，测量盲孔的塞规应在外圆上沿轴向开有排气槽。使用塞规时，应尽可能使塞规与被测工件的温度一致，不要在工件还未冷却到室温时就去测量。测量内孔时，不可硬塞强行通过，一般靠塞规自身重力自由通过，测量时塞规轴线应与孔轴线一致，不可歪斜。

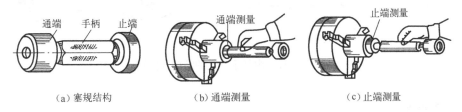

图 2-2-14　塞规的结构及使用

（2）内径百分表。内径百分表是用相对测量法测量孔径的常用量仪。测量时先根据孔的基本尺寸 L 组合成量块组，并将量块组装在量块附件中（或用精密标准环规）组成内尺寸 L，用该标准尺寸 L 来调整内径百分表的零位，然后用内径百分表测出被测孔径相对零位的偏差 ΔL，则被测孔径为 $D = L + \Delta L$。内径百分表可测量 $6 \sim 1\,000\,\text{mm}$ 范围内的内尺寸，特别适宜于测量深孔。

内径百分表由百分表和装有杠杆系统的测量装置组成，如图 2-2-15 所示。百分表是其主要部件，百分表是借助于齿轮齿条传动或杠杆齿轮传动机构将测杆的线位移转变为指针回转运动的指示量仪。

测量方法如图 2-2-16 所示，摆动百分表取最小值为孔径的实际尺寸。

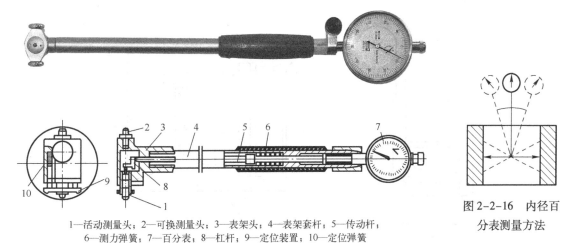

1—活动测量头；2—可换测量头；3—表架头；4—表架套杆；5—传动杆；
6—测力弹簧；7—百分表；8—杠杆；9—定位装置；10—定位弹簧

图 2-2-15　内径百分表结构

图 2-2-16　内径百分表测量方法

（3）内径千分尺。用内径千分尺可测量孔径。内径千分尺外形如图 2-2-17 所示，由测微头和各种尺寸的接长杆组成。其测量范围为 $50 \sim 1\,500\,\text{mm}$，其分度值为 $0.01\,\text{mm}$，每根接长杆上都注有公称尺寸和编号，可按需要选用。内径千分尺的读数方法和外径千分尺相同，但由于内径千分尺无测力装置，因此测量误差较大。

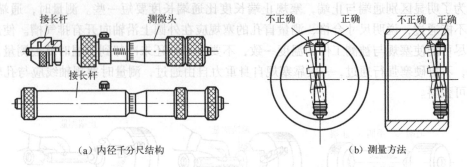

（a）内径千分尺结构　　　　　（b）测量方法

图 2-2-17　内径千分尺的结构及使用

2）任务检查评价

加工完成后，对零件进行去毛刺和检测，本任务的评价标准与表 2-1-7 相同。

任务巩固　如图 2-2-18 所示零件，材料为 45 钢，毛坯为 $\phi55\,mm \times 105\,mm$，制订该零件的车削加工工艺，编写该零件的程序，并在数控车床上加工。

任务 2.2.2　套类综合零件的加工

任务描述　工件毛坯为 $\phi50\,mm \times 60\,mm$ 的棒料，45 钢，请在数控车床上，采用三爪卡盘对零件进行装夹定位，加工如图 2-2-19 所示的零件。能熟练掌握该零件的加工工艺安排、程序编制及加工全过程。

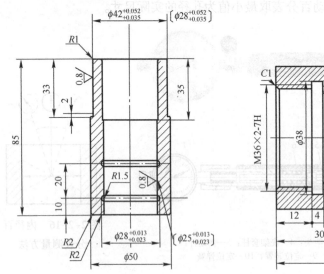

图 2-2-18　车削零件练习

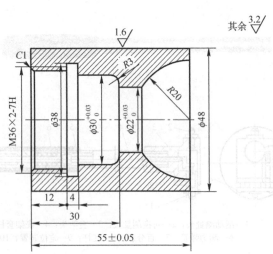

图 2-2-19　套类综合零件加工示例

任务分析　本任务是属于数控车床编程与加工中较为复杂的套类综合零件的加工内容，其中除项目 2.1 中的外圆加工外，主要还包括内腔的加工。内腔加工包含内圆、内锥、内切槽和内螺纹的加工。要完成本任务，需掌握数控车床车削固定指令、编程规则及编程步骤，掌握套类零件孔加工的方法，并掌握内孔测量工具的使用方法。

相关知识

1. 工艺分析

1）零件图工艺分析

如图 2-2-19 所示零件为中等复杂程度的套类综合零件，本任务中零件所给毛坯为 $\phi50\ mm\times60\ mm$ 的棒料，加工完成后的零件长度为 55 mm，零件需进行调头加工，技术要求中无热处理及硬度要求，单件生产。

2）孔加工刀具

（1）内沟槽刀。车削内沟槽时，需要使用内沟槽车刀。内沟槽刀的刀杆与内孔车刀一样，其切削部分又类似于外圆切槽刀。只是刀具的后面呈圆弧状，目的是在加工时避免与孔壁相碰。

内沟槽刀的主切削刃宽度不能太宽，否则易产生振动（内孔车刀本身刚性较差）。刀头长度应略大于槽的深度，并且主切削刃到刀杆侧面距离 a 应小于工件孔径 D，如图 2-2-20 所示。

（2）内螺纹刀。内螺纹孔的形状常见的有直通孔、不通孔（盲孔）和台阶孔三种，如图 2-2-21 所示。由于内螺纹孔形状不同，因此车削方法及所用的螺纹刀具也不同。

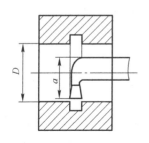

图 2-2-20　车内沟槽刀具

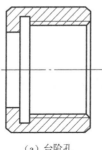

(a) 台阶孔

(b) 直通孔

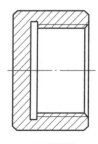

(c) 不通孔

图 2-2-21　内螺纹孔的形状

根据所加工内螺纹面的形状来选择内螺纹车刀。车削通孔内螺纹时可选用如图 2-2-22 (a) 或 (b) 所示的刀具，车削不通孔或台阶孔内螺纹时可选用如图 2-2-22 (c) 或 (d) 所示的刀具，刀尖尽可能靠近左端，其左侧切削刃短些。

(a)　　(b)　　(c)　　(d)

图 2-2-22　内螺纹刀具

3）内孔加工工艺

（1）内沟槽加工路线。内沟槽加工与车外沟槽方法类似。加工宽度较小和要求不高的内沟槽可用主切削刃宽度等于槽宽的内沟槽车刀采用直进法一次车出，如图2-2-23（a）所示。

加工要求较高或较宽的内沟槽可采用直进法分几次车出。粗车时，槽壁和槽底留精车余量，然后根据槽宽、槽深进行精车，如图2-2-23（b）所示。若内沟槽槽深较浅，宽度较大，可用内圆粗车刀先车出凹槽，再用内沟槽刀车沟槽两端垂直面，如图2-2-23（c）所示。

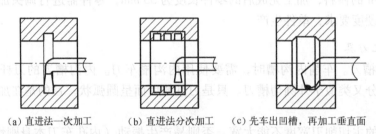

（a）直进法一次加工　　（b）直进法分次加工　　（c）先车出凹槽，再加工垂直面

图2-2-23　车内沟槽的方法

（2）车内沟槽时由于受到孔径和孔深的限制，刀杆细而长、刚性差，切削条件差。操作者不能直接观察到切削过程，故切削用量要比车外沟槽小些。

（3）车内沟槽和车内螺纹时，切削液不易进入切削区域，切屑不易排出，切削温度可能会较高和孔内积屑造成堵塞，镗深孔或略小些孔时可以采用多次工艺性退刀，以促进切屑排出。

4）内槽及内螺纹加工工艺特点

（1）较窄内槽采用等宽内槽切刀一刀或两刀切出（槽深时中间退一刀以利于断屑和排屑），宽内槽多采用内槽刀多次切削成形后精镗一刀。

（2）在车内螺纹时，由于切削时的挤压作用，内径直径会缩小（塑性金属较明显），所以车螺纹前的光孔直径应略大于小径的基本尺寸，一般可按下式计算。车削塑性金属时：$D_{孔}=D-P$；车削脆性金属时：$D_{孔}=D-1.05P$。其中，D为大径；P为螺距。

（3）编程需考虑螺纹检测时刀具的位置，以免测量时螺纹塞规与刀具相撞，损坏刀具；螺纹塞规需小幅度旋出，以免退出时螺纹塞规与刀具相撞，损坏刀具。

（4）确定换刀点时要考虑刀杆的方向和长度，以免换刀时刀具与工件、尾架（可能是钻头）发生干涉。

2. 程序编制

螺纹切削复合循环指令G76：

G76指令用于多次自动循环切削螺纹，切深和进刀次数等设置后可自动完成螺纹的加工，如图2-2-24所示。经常用于不带退刀槽的圆柱螺纹和圆锥螺纹的加工。其指令格式及各参数含义已在任务2.1.2中介绍。

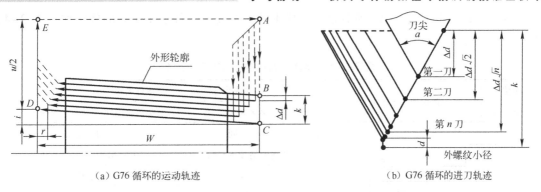

(a) G76 循环的运动轨迹 (b) G76 循环的进刀轨迹

图 2-2-24 G76 循环的运动轨迹及进刀轨迹

3. 任务实施

1) 本任务工艺分析

(1) 零件图工艺分析。本任务中的零件为中等复杂程度的套类综合零件,毛坯为 $\phi50$ mm × 60 mm 的棒料,加工完成后的零件长度为 55 mm,零件需进行调头加工,技术要求中无热处理及硬度要求,单件生产。

该零件外轮廓无需加工,内轮廓形状较复杂,主要由 $R20$ mm 内凹球面、$\phi22$ mm、$\phi30$ mm 等圆柱面及 $\phi38$ mm × 4 mm 沟槽,M36 mm × 2 mm 的内螺纹等组成。轮廓描述清晰,尺寸齐全。其中 $\phi22$ mm、$\phi30$ mm 及长度 55 mm 等尺寸要求较严格,其余尺寸均为未注公差,表面粗糙度外圆为 Ra 1.6 μm,其余为 Ra 3.2 μm,要求一般。

(2) 加工方案及加工路线的确定。分别以零件装夹后的右端面中心 O 作为坐标系原点,设定工件坐标系。根据零件尺寸精度及技术要求,本任务将粗、精加工分开来考虑,确定的加工工艺路线为:

手动加工底孔尺寸为 $\phi20$ mm。

零件左端加工:夹零件毛坯→车端面→粗、精加工零件左端轮廓尺寸→回换刀点,程序结束。

调头,加工零件右端:手动车端面,保证总长→钻 $\phi20$ mm 底孔→粗、精加工右端轮廓至尺寸要求→切槽 6 mm × 2 mm 至尺寸要求→粗、精加工螺纹至尺寸要求→回换刀点,程序结束。

注意:零件调头装夹时,需利用百分表对工件进行校正。

(3) 零件的装夹、夹具的选择及刀具和切削用量的选择。根据毛坯形状,使用三爪自定心卡盘装夹。本任务根据零件的精度要求和工序安排选择刀具及切削用量,如表 2-2-3 所示。

表 2-2-3 刀具及切削用量表

工步	工步内容	刀号	刀具名称	主轴转速 (r/min)	进给量 (mm/r)	背吃刀量 (mm)
1	粗车内轮廓	T01	内孔车刀	S600	F0.15	1
2	精车内轮廓	T01	内孔车刀	S1000	F0.05	0.2
3	切槽	T02	内切槽刀	S300	F0.1	
4	螺纹加工	T03	内螺纹刀	S400	F0.1	

(4) 制订加工工艺，填写数控加工工序卡片。本任务零件加工工艺的确定如表2-2-4、表2-2-5所示。

表2-2-4　本任务的数控加工工序卡片1

单位 ××××	数控加工工序卡片		产品名称或代号 ××××	零件名称 套类综合零件	零件图号 ×××
			车　间	使用设备	
			先进制造技术车间	CAK6140VA 数控车床	
			工艺序号	程序编号	
			001	O1237	
工步号	工步作业内容	刀具号	刀补量	主轴转速	进给速度	背吃刀量	备注
1	粗车内轮廓	T01	0.4	S600	F0.15	1	
2	精车内轮廓	T01	0.2	S1000	F0.05	0.2	
3	切槽	T02		S300	F0.1		
4	螺纹加工	T03		S400	F0.1		
编制		审核		批准		日期	共　页　　第　页

表2-2-5　本任务的数控加工工序卡片2

单位 ××××	数控加工工序卡片		产品名称或代号 ××××	零件名称 套类综合零件	零件图号 ×××
			车　间	使用设备	
			先进制造技术车间	CAK6140VA 数控车床	
			工艺序号	程序编号	
			002	O1238	
工步号	工步作业内容	刀具号	刀补量	主轴转速	进给速度	背吃刀量	备注
1	粗车内轮廓	T01	0.4	S600	F0.15	1	
2	精车内轮廓	T01	0.2	S1000	F0.05	0.2	
编制		审核		批准		日期	共　页　　第　页

2）编写程序

加工零件左端的参考程序为：

O1237;
T0101;
S800 M3 F0.15;
G00 X18.0 Z1.0;
G71 U1.0 R0.2;
G71 P100 Q200 U-0.5 W0.1;
N100 G41 G00 X38.0 S1000;
G01 X34.0 Z-1.0 F0.05;
Z-16.0;
X30.0;
Z-27.0;
G03 X24.0 Z-30.0 R3.0;
N200 G01 G40 X18.0;
G70 P100 Q200;
G00 X80.0 Z50.0 M05;
T0202;

S300 M03 F0.1;
G00 X28.0;
Z-16.0;
G75 R0.5;
G75 X38.0 P1.5;
G00 Z2.0;
X80.0 Z50.0 M05;
T0303;
S400 M03 F0.1;
G00 X28.0 Z4.0;
G76 P030060 Q50 R-0.3;
G76 X36.0 Z-14.0 P1300 Q900 F2.0;
G00 X80.0 Z50.0;
M05;
M30;

调头装夹，切端面保证总长，加工零件右端的参考程序为：

O1238;
T0101;
S800 M3 F0.15;
G00 X18.0 Z1.0;
G71 U1.0 R0.2;
G71 P110 Q210 U-0.5 W0.1;
N100 G41 G00 X40.0 S1000;
G01 Z0 F0.05;

G03 X22.0 Z-16.703 R20.0;
G01 Z-26.0;
N200 G01 G40 X18.0;
G70 P100 Q200;
G00 X80.0 Z50.0;
M05;
M30;

3）数控加工

（1）打开机床和数控系统。
（2）接通电源，松开急停按钮，机床回零。
（3）装夹工件。
（4）安装刀具。
（5）程序的输入与校验。
（6）工件坐标系的建立（对刀）。
注意：调头加工时需控制总长后，重新对两把刀进行对刀设置工件坐标系。
（7）在开始加工前检查倍率和主轴转速按钮，然后开启循环启动按钮，机床开始自动加工。
（8）自动加工完成后，再检测零件的形状、尺寸及精度要求。

(9) 加工合格后，对机床进行相应的保养。

(10) 将工、量、卡具还至原位，填写工作日志。

4. 质量检验

1) 内螺纹的测量

内螺纹通常使用螺纹塞规进行测量，如图 2-2-25 所示，螺纹塞规由通端、止端和手柄组成，为了明显区别通端与止端，螺纹塞规止端长度比通端长度要短一些。测量时，通端通过，而止端不能通过，说明尺寸合格。测量时，应先清除孔内的油污及杂质，测量时螺纹塞规轴线应与螺纹孔轴线一致，不可歪斜。

图 2-2-25 螺纹塞规

2) 任务检查评价

加工完成后，对零件进行去毛刺和检测，本任务的评价标准与表 2-1-7 相同。

任务巩固 （1）如图 2-2-26 所示零件，材料为 45 钢，毛坯为 $\phi65\text{ mm} \times 55\text{ mm}$，制订该零件的车削加工工艺，编写该零件的程序，并在数控车床上加工。

（2）练习利用磁性表座、百分表对工件进行校正，练习塞规、内径百分表、内径千分尺及螺纹塞规的使用，并对加工出来的零件进行检测，有超差的情况结合上述尺寸精度保证的内容、加工工艺及教材等辅助资料寻找原因并修正。

任务拓展 盘盖类零件的车削加工

如图 2-2-27 所示盘盖类零件，材料为 45 钢，毛坯为 $\phi100\text{ mm} \times 50\text{ mm}$，制订该零件的车削加工工艺，编写该零件的程序（使用 G94/G72 循环编写），并在数控车床上加工。

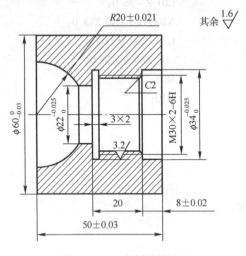

图 2-2-26 车削零件练习

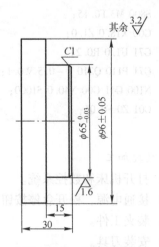

图 2-2-27 盘盖类零件的加工练习

项目 2.3 模具板类零件的数控铣削加工

职业能力 培养模具板类（平面外形轮廓）零件的数控铣削加工工艺制订的能力，具备依据平面外形轮廓零件的加工工艺编制零件的二维数控加工程序的能力，能选取合理刀具，熟练对刀，能够进行刀具参数的设置，能对所完成零件的超差进行原因分析并进行修正。在数控铣削编程和加工中能严格执行相关技术标准规范和安全操作规程，有纪律观念和团队意识，并具备环境保护和文明生产的基本素质，按照工艺文件独立完成平面外形轮廓零件的数控加工程序及加工，并能够对加工零件进行质量保证与监控。

任务2.3.1 平面的加工

任务描述 如图2-3-1所示为塑料模型腔固定板（不含孔加工），材料为45钢，表面基本平整。现需完成其上表面的平面加工，请选择合适的机床、刀具及工艺方案，完成该零件的平面加工。

任务分析 本任务属于数控铣削加工中的平面铣削加工，一般情况下零件上的平面加工多采用铣削方式进行，常在数控铣床或加工中心上完成。其加工的程序一般比较简单，主要需考虑装夹定位、刀具选用、加工工艺制订等。要完成本任务，需掌握数控铣削指令、编程规则及编程步骤，掌握零件上平面加工的方法，并掌握常用测量工具的使用方法。

相关知识

平面铣削是铣削加工中最基本的加工内容，在实际生产中应用相当广泛，汽车覆盖件模具、发动机箱体等零件凸台面、接合面，均要进行平面铣削。

按照平面与机床工作台的相对位置关系，平面铣削可分为平行面、垂直面、斜面及台阶面的加工。针对平面铣削的技术要求主要是平面度、表面粗糙度要求，对某些零件上的平面，可能还有其他物理性能等方面的要求。

1. 工艺分析

1）零件图工艺分析

如图2-3-1所示零件为某塑料模型腔固定板，需加工其上表面，技术要求中无热处理及磨削工艺，单件生产。该零件的毛坯尺寸为200 mm × 100 mm × 50 mm，需加工的深度为0.5 mm，无其他需加工部位，上表面加工后的平面度要求为0.04 mm。

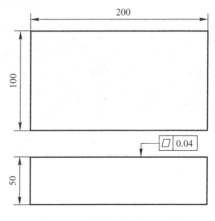

图2-3-1 模板平面加工示例

2）确定装夹方案及定位基准

零件外形为长方体，采用机用虎钳装夹，用百分表校正虎钳。铅垂面定位基准为零件的下表面，另一定位基准为零件与机用虎钳固定钳口相接触的侧面。编程原点为上表面的中心。

机用虎钳（俗称虎钳）又称平口钳，具有较大的通用性和经济性，适用于尺寸较小的方形工件的装夹。数控铣削加工常用平口钳如图2-3-2所示，常采用机械螺旋式、气动式或液压式夹紧方式。

（a）机械螺旋式通用平口钳　　　　（b）气动式精密平口钳　　　　（c）液压式精密平口钳

图 2-3-2　机用平口钳

(1) 机用平口钳的安装

① 清洁机床工作台面和机用平口钳底面，检查平口钳底部的定位键是否紧固，定位键的定位面是否同一方向安装。

② 将机用平口钳安装在工作台中间的 T 形槽内，如图 2-3-3 所示，钳口位置居中，并且用手拉动平口钳底盘，使定位键与 T 形槽直槽一侧贴合。

③ 用 T 形螺栓将机用平口钳压紧在铣床或加工中心的工作台面上。

(2) 机用平口钳的校正

当机用平口钳安装到机床上后，还需要进行校正，以保证钳口与机床工作台的纵横向进给的移动方向平行，保证铣削的加工精度，如图 2-3-4 所示。

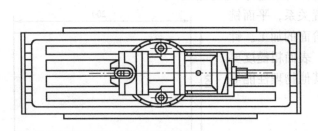 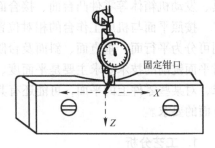

图 2-3-3　机用平口钳的安装　　　　图 2-3-4　机用平口钳的校正

校正的具体步骤为：

① 松开机用平口钳上体与转盘底座的紧固螺母，将机用平口钳水平回转 90°，并稍稍带紧紧固螺母。

② 将百分表座固定在机床主轴上，或者将磁性表座吸附在机床立柱的外壳上。

③ 将百分表测头接触机用平口钳固定钳口。

④ 手动沿 X（或 Z）方向往复移动工作台，观察百分表指针，校正钳口对 X（或 Z）轴方向的平行度，百分表指针变化范围不要超过 0.02mm。

⑤ 拧紧紧固螺母。

⑥ 将百分表座从机床主轴上卸下。

(3) 工件在平口钳上的装夹

① 一般工件在平口虎钳内的装夹。在把工件毛坯装到平口钳内时，必须注意毛坯表面的状况，若是粗糙不平或有硬皮的表面，则必须在两钳口上垫紫铜皮。对粗糙度值较小的平面在夹到钳口内时需要垫薄的铜皮。为便于加工，还要选择适当厚度的垫铁，垫在工件下面，使工件的加

工面高出钳口。高出的尺寸以能把加工余量全部切完而不致切到钳口为宜。具体步骤如下：
- 清洁平行垫铁。
- 清洁机用平口钳的钳口部位。
- 将垫铁放置在平口钳钳口内适当位置。
- 清洁工件，去除装夹部位的毛刺。
- 将工件装夹在平口钳上，并稍紧。
- 用木榔头敲击工件上表面，边夹边敲，直至垫铁抽不出来。

② 斜面工件在平口钳内的装夹。两个平面不平行的工件，若用平口钳装夹，只能夹紧大端，小端夹不牢，因此需在钳口内加一对弧形垫铁，如图 2-3-5 所示。

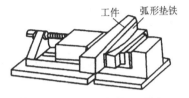

图 2-3-5　斜面工件的装夹

3）数控铣削加工平面的常用刀具

数控铣削加工平面时，常用面铣刀和端铣刀。面铣刀一般采用在盘状刀体上机夹刀片或刀头组成，常用于端铣较大的平面。端铣刀是数控铣加工中最常用的一种铣刀，广泛用于加工平面类零件，端铣刀除用其端刃铣削外，也常用其侧刃铣削，有时端刃、侧刃同时进行铣削，端铣刀也可称为圆柱铣刀或立铣刀。

(1) 面铣刀

面铣刀可以用于粗加工，也可以用于精加工。粗加工要求有较高的生产率，即要求有较大的铣削用量，为使粗加工时能取较大的切削深度，切除较大的余量，粗加工宜选择较小的铣刀直径；精加工应能够保证加工精度，要求加工表面粗糙度值低，应该避免在精加工面上出现接刀痕迹，所以精加工的铣刀直径要选大些，最好能包容加工面的整个宽度。

面铣刀齿数对铣削生产率和加工质量有直接影响，齿数越多，同时工作齿数也多，生产率高，铣削进程平稳，加工质量好。

面铣刀主要用于立式铣床加工平面和台阶面等。面铣刀的主切削刃分布在铣刀的圆柱面上或圆锥面上，副切削刃分布在铣刀的端面上。面铣刀按结构可以分为整体式面铣刀、硬质合金整体焊接式面铣刀、硬质合金机夹焊接式面铣刀、硬质合金可转位式面铣刀等形式。

① 整体式面铣刀。整体式面铣刀如图 2-3-6 所示。由于该铣刀的材料为高速钢，所以其切削速度和进给量都受到一定的限制，生产率较低，并且由于该铣刀的刀齿损坏后很难修复，所以整体式面铣刀的应用较少。

② 硬质合金整体焊接式面铣刀。硬质合金整体焊接式面铣刀如图 2-3-7 所示。该种面铣刀由硬质合金刀片与合金钢刀体焊接而成，结构紧凑，切削效率高。由于它的刀齿损坏后也很难修复，所以这种铣刀的应用也不多。

③ 硬质合金可转位式面铣刀。硬质合金可转位式面铣刀如图 2-3-8 所示。该种面铣刀将硬质合金可转位刀片直接装夹在刀体槽中，切削刃磨钝后，只需将刀片转位或更换新的刀片即可继续使用。硬质合金可转位式面铣刀具有加工质量稳定、切削效率高、刀具寿命长、刀片的调整和更换方便及刀片重复定位精度高特点，所以该铣刀是生产上应用最广的刀具之一。

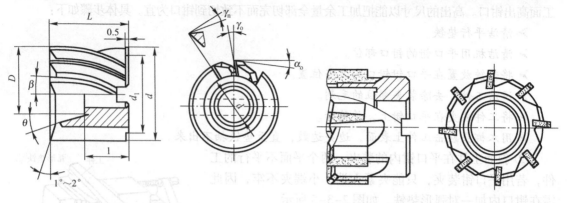

图 2-3-6 整体式面铣刀　　　　　图 2-3-7 硬质合金整体焊接式面铣刀

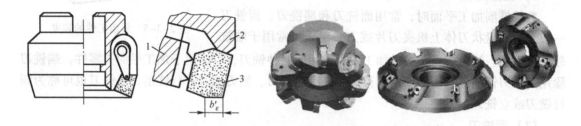

1—刀垫；2—轴向支承块；3—可转位刀片

图 2-3-8 硬质合金可转位式面铣刀

直径相同的可转位铣刀根据齿数不同可分为粗齿、细齿、密齿三种。粗齿铣刀主要用于粗加工；细齿铣刀用于平稳条件下的铣削加工；密齿铣刀铣削时的每齿进给量较小，主要用于薄壁铸铁的加工。

（2）立铣刀

立铣刀是数控铣削加工中应用最广的一种铣刀，如图 2-3-9 所示。它主要用于立式铣床上加工凹槽、台阶面和成型面等。立铣刀的主切削刃分布在铣刀的圆柱表面上，副切削刃分布在铣刀的端面上，并且端面中心有中心孔，因此铣削时一般不能沿铣刀轴向作

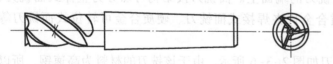

图 2-3-9 立铣刀

进给运动，而只能沿铣刀径向作进给运动。立铣刀也有粗齿和细齿之分，粗齿铣刀的刀齿为 3～6 个，一般用于粗加工；细齿铣刀的刀齿为 5～10 个，适合于精加工。立铣刀的直径范围是 $\phi 2 \sim \phi 80$，其柄部有直柄、莫氏锥柄和 7∶24 锥柄等多种形式。

4）平面铣削工艺

（1）周边铣削时的顺铣和逆铣

① 顺铣。在铣刀与工件已加工面的切点处，铣刀旋转与工件进给方向相同的铣削如图 2-3-10（a）所示；当铣刀作用在工件上的切削力 F 在进给方向的铣削分力 F_f 方向与工件的进给方向相同时的铣削方式称为顺铣，如图 2-3-10（b）所示。

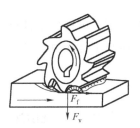
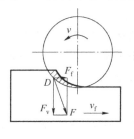

(a) 切削刃的运动方向　　　　　　　　(b) 受力方向分析

图 2-3-10　顺铣

② 逆铣。在铣刀与工件已加工面的切点处，铣刀旋转切削刃的运动方向与工件进给方向相反的铣削如图 2-3-11（a）所示；当铣刀作用在工件上的切削力 F 的分力 F_f 与工件进给方向相反时的铣削称为逆铣，如图 2-3-11（b）所示。

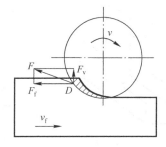

(a) 切削刃的运动方向　　　　　　　　(b) 受力方向分析

图 2-3-11　逆铣

(2) 端面铣削时的顺铣和逆铣

端面铣削时，根据铣刀与工件之间的相对位置不同而分为对称铣削和非对称铣削两种。

5) 刀具直径的确定

平面铣削时刀具直径可根据以下方法来确定。

（1）最佳铣刀直径应根据工件宽度来选择，$D \approx (1.3 \sim 1.5)WOC$（切削宽度），如图 2-3-12（a）所示。

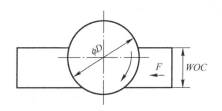
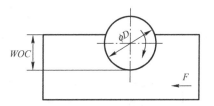

(a) 选择的刀具直径大于工件宽度　　　　　　(b) 选择的刀具直径小于工件宽度

图 2-3-12　平面铣削时铣刀直径的选择

（2）如果机床功率有限或工件太宽，应根据两次进给或依据机床功率来选择铣刀直径，当铣刀直径不够大时，选择适当的铣削加工位置也可获得良好的效果，此时，$WOC = 0.75D$，如图 2-3-12（b）所示。

一般情况下，在机床功率满足加工要求的前提下，可根据工件尺寸，主要是工件宽度来选择铣刀直径，同时也要考虑刀具加工位置和刀齿与工件接触类型等。进行大平面铣削时铣刀直径应比切削宽度大 20%～50%。

6) 切削用量的选择

平面铣削切削用量主要包含铣削深度 a_p（背吃刀量）、铣削速度 v_c 及进给速度 F，如图 2-3-13 所示。

(1) 背吃刀量 a_p 的选择。在加工平面余量不大的情况下，应尽量一次进给铣去全部的加工余量。只有当工件的加工精度较高时，才分粗、精加工平面；而当加工平面的余量较大、无法一次去除时，则要进行分层铣削，此时背吃刀量 a_p 值可参考表 2-3-1 选择。原则上尽可能选大些，但不能太大，否则会由于切削力过大而造成"闷车"或崩刃现象。

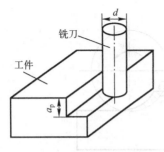

图 2-3-13 铣削用量示意图

表 2-3-1 铣削深度选择推荐表

工件材料	高速钢铣刀（mm）		硬质合金铣刀（mm）	
	粗铣	精铣	粗铣	精铣
铸铁	5～7	0.5～1	10～18	1～2
低碳钢	<5	0.5～1	<12	1～2
中碳钢	<4	0.5～1	<7	1～2
高碳钢	<3	0.5～1	<4	1～2

(2) 铣削速度 v_c 的确定。当 a_p 选定后，应在保证合理刀具寿命的前提下，确定其铣削速度 v_c。在这个基础上，尽量选取较大的铣削速度。粗铣时，确定铣削速度必须考虑到机床的许用功率。如果超过机床的许用功率，则应适当降低铣削速度。精铣时，一方面应考虑合理的铣削速度，以抑制积屑瘤的产生，保证表面质量。另一方面，由于刀尖磨损往往会影响加工精度，因此，应选用耐磨性较好的刀具材料，并尽可能使之在最佳铣削速度范围内工作。铣削速度太高或太低，都会降低生产效率。

铣削速度可在表 2-3-2 推荐的范围内选取，并根据实际情况进行试切后加以调整。

表 2-3-2 铣削速度推荐表

工件材料	铣削速度 v_c（m/min）		说　明
	高速钢铣刀	硬质合金铣刀	
低碳钢	20～45	150～190	
中碳钢	20～35	120～150	
合金钢	15～25	60～90	1. 粗铣时取小值，精铣时取大值
灰口铸铁	14～22	70～100	2. 工件材料强度和硬度较高时取小值，反之取大值
黄铜	30～60	120～200	3. 刀具材料耐热性好时取大值，反之取小值
铝合金	112～300	400～600	
不锈钢	16～25	50～100	

在完成 v_c 值的选择后,应根据下列公式计算出主轴转速 n 值。

$$n = 1000v_c/\pi d$$

式中,n 为主轴转速(r/min);d 为铣刀直径(mm)。

(3) 确定进给速度 v_f。在确定好背吃刀量 a_p 及铣削速度 v_c 后,接下来就是确定刀具的进给速度 v_f,通常根据下列公式计算而得。

$$v_f = f_z \cdot z \cdot n$$

式中,f_z 为铣刀每齿进给量(mm);z 为铣刀齿数;n 为主轴转速(r/min)。

一般来说,粗加工时,限制进给速度的主要因素是切削力,确定进给量的主要依据是机床的强度、刀杆强度、刀齿强度,以及机床、夹具、工件等工艺系统的刚度。在强度、刚度许可的条件下,进给量应尽量取得大些。半精加工和精加工时,限制进给速度的主要因素是表面粗糙度,为了减小工艺系统的振动,提高已加工表面的质量,一般应选取较小的进给量。

刀具铣削时的每齿进给量 f_z 值可参考表 2-3-3 选取。

表 2-3-3 铣刀每齿进给量 f 选择推荐值

刀具名称	高速钢铣刀(mm)		硬质合金铣刀(mm)	
	铸 铁	钢 件	铸 铁	钢 件
圆柱铣刀	0.12~0.2	0.1~0.15	0.2~0.5	0.08~0.20
立铣刀	0.08~0.15	0.03~0.06	0.2~0.5	0.08~0.20
套式面铣刀	0.15~0.2	0.06~0.10	0.2~0.5	0.08~0.20
三面刃铣刀	0.15~0.25	0.06~0.08	0.2~0.5	0.08~0.20

2. 程序编制

1)编程规则

(1) 小数点编程。数控编程时,数字单位以米制单位为例分成两种:一种是以 mm 为单位,另一种是以脉冲当量即机床的最小输入单位为单位,目前常用的数控机床的脉冲当量为 0.001 mm。

对于程序中的坐标输入,有的数控系统可以省略小数点,有的数控系统则需要通过系统参数的设定来设置省略小数点,而大部分的数控系统则不可以省略。对于不可以省略小数点的数控系统,在坐标数字后应当加上小数点,如 X50.0,若不加小数点,如 X50,则表示移动为 50 个脉冲当量即 50×0.001 = 0.05 mm。

(2) 系统单位输入设定指令 G20/G21。单位输入设定指令用来设置加工程序中坐标值单位是使用英制还是公制。

FANUC 0i – MC 系统采用 G20/G21 来进行英制、公制的切换:英制单位输入,G20;米制单位输入,G21。

(3) 坐标平面选择指令 G17/G18/G19。应用数控铣床/加工中心进行工件加工前,只有先指定一个坐标平面，即确定一个两坐标的坐标平面，才能使机床在加工过程中正常执行刀具半径补偿及刀具长度补偿功能，如图 2-3-14 所示。坐标平面选择指令的主要功能就是指定加工时所需的坐标平面。

指令格式：G17/(G18/G19)

其中，G17 表示指定 XY 坐标平面，G18 表示指定 XZ 坐标平面，G19 表示指定 YZ 坐标平面。

一般情况下，机床开机后，G17 为系统默认状态，在编程时 G17 可省略。

（4）绝对值编程与增量值编程指令 G90/G91。

指令格式：G90/(G91)

其中，G90 指令按绝对值编程方式设定坐标，即移动指令终点的坐标值 X、Y、Z 都是以当前坐标系原点为参照来计算的。

G91 指令按增量值编程方式设定坐标，即移动指令中目标点的坐标值 X、Y、Z 都以前一点为参照来计算，前一点到目标点的方向与坐标轴同向取正，反向则取负。

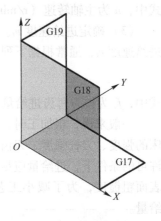

图 2-3-14　坐标平面选择指令示意图

实例 2-22　如图 2-3-15 所示的模板工件图，分别用绝对坐标和增量坐标编程描述 A→B→C→D→A。

用 G90 编程时，程序为：

A→B	G90 G01 X40.0 Y-30.0;
B→C	X40.0 Y30.0;
C→D	X-40.0 Y30.0;
D→A	X-40.0 Y-30.0;

用 G91 编程时，程序为：

A→B	G91 G01 X80.0 Y0;
B→C	X0 Y60.0;
C→D	X-80.0 Y0;
D→A	X0 Y-60.0;

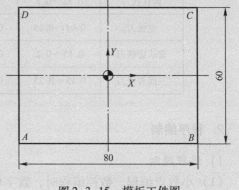

图 2-3-15　模板工件图

2) 准备功能

准备功能指令也称 G 指令，是建立机床工作方式的一种指令，用字母 G 加数字构成。

（1）快速定位指令 G00。该指令控制刀具以点定位，从当前位置快速移动到坐标系中另一指定位置，其移动速度不用程序指令 F 设定，而是由厂家预先设定的。

指令格式：G00 X__ Y__ Z__;

其中，X__ Y__ Z__ 为刀具运动的目标点坐标，当使用增量编程时，X__ Y__ Z__ 为目标点相对于刀具当前位置的增量坐标，同时不运动的坐标可以不写。

实例2-23 如图2-3-16所示,刀具从当前点 O 点快速定位至目标点 A($X45,Y30,Z20$),若按绝对坐标编程,其程序段如下:

　　G00 X45.0 Y30.0 Z20.0;

执行此程序段后,刀具的运动轨迹由标识①所示的三段折线组成。由此看出,刀具在以三轴联动方式定位时,刀具首先沿正方体(三轴中最小移动量为边长)的对角线移动,然后再以正方形(剩余两轴中最小移动量为边长)的对角线运动,最后再走剩余轴长度。

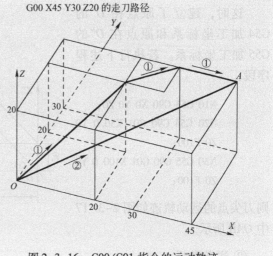

图2-3-16　G00/G01指令的运动轨迹

在执行G00时,由于移动速度较快,为避免刀具与工件或夹具相撞,通常采用以下两种方式编程。

① 刀具从上向下移动时:

编程格式:G00 X __ Y __;
　　　　　　　Z __;

② 刀具从下向上移动时:

编程格式:G00 Z __;
　　　　　　　X __ Y __;

注意:不能使用G00指令切削工件。

(2) 直线插补指令G01。该指令控制刀具从当前位置沿直线移动到目标点,其移动速度由程序指令F控制。它适合加工零件中的直线轮廓。

指令格式:G01 X __ Y __ Z __ F __;

其中,X __ Y __ Z __ 为刀具运动的目标点坐标,当使用增量编程时,X __ Y __ Z __ 为目标点相对于刀具当前位置的增量坐标,同时不运动的坐标可以不写。F为指定刀具切削时的进给速度。

(3) 工件坐标系选择指令G54~G59。G54~G59指令可以分别用来选择相应的1~6号加工坐标系。

① 指令格式:G54 G90 G00 (G01) X __ Y __ Z __ (F __);

该指令执行后,所有坐标值指定的坐标尺寸都是选定的工件加工坐标系中的位置。1~6号工件加工坐标系是通过CRT/MDI方式设置的。

实例2-24 如图2-3-17所示,用CRT/MDI在参数设置方式下设置了两个加工坐标系:

　　G54:(X-50,Y-50,Z-10)
　　G55:(X-100,Y-100,Z-20)

这时，建立了原点在 O' 的 G54 加工坐标系和原点在 O'' 的 G55 加工坐标系。若执行下述程序段：

N10 G53 G90 X0 Y0 Z0;
N20 G54 G90 G01 X50.0 Y0 Z0 F100;
N30 G55 G90 G01 X100.0 Y0 Z0 F100;

则刀尖点的运动轨迹如图 2-3-17 中 OAB 所示。

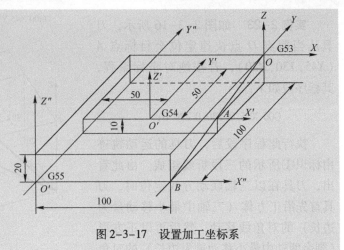

图 2-3-17 设置加工坐标系

② 注意事项：

- G54 与 G55～G59 的区别。G54～G59 设置加工坐标系的方法是一样的，但在实际情况下，机床厂家为了用户的不同需要，在使用中有以下区别：利用 G54 设置机床原点的情况下，进行回参考点操作时机床坐标值显示为 G54 的设定值，且符号均为正；利用 G55～G59 设置加工坐标系的情况下，进行回参考点操作时机床坐标值显示零值。

- G54～G59 的修改。G54～G59 指令是通过 MDI 在设置参数方式下设定工件加工坐标系的，一旦设定，加工原点在机床坐标系中的位置是不变的，它与刀具的当前位置无关，除非再通过 MDI 方式修改。

- 应用范围。本课程所列加工坐标系的设置方法，仅是 FANUC 系统中常用的方法之一，其余不一一列举。其他数控系统的设置方法应按随机说明书执行。

③ 常见问题：G54～G59 指令程序段可以和 G00、G01 指令组合，如"G54 G90 G01 X10.0 Y10.0;"时，运动部件在选定的加工坐标系中进行移动。程序段运行后，无论刀具当前点在哪里，它都会移动到加工坐标系中的（10，10）点上。

3. 任务实施

1）本任务工艺分析

本任务中零件的加工部位为模板的上表面，经现场检测，毛坯的厚度余量平均为 0.5 mm 左右，由于工件毛坯比较大，且加工精度特别是形位公差要求高，故选用配备 FANUC 0i MD 数控系统的汉川机床厂 XK714G 数控铣床加工该零件。

根据工件形状及尺寸特点，采用平口钳进行装夹，并用垫铁等附件配合装夹工件。

根据待加工平面的尺寸特点及车间刀具配备情况，决定用 $\phi 63$ mm 可转位硬质合金面铣刀铣削工件，同时为了降低因"接刀痕"而产生的平面度误差及表面粗糙度，必须选用耐磨性好的刀片材料来加工。

因加工平面较大，不可能进行一次铣削来完成平面加工，因此本次平面铣时的刀具轨迹选择平行往复铣削方式。沿 X 轴方向采用双向平行铣削的方式加工，两边在截断方向超出间距为 5 mm，在切削方向超出间距为刀具半径即 31.5 mm，两刀间距 47 mm，如图 2-3-18 所示。

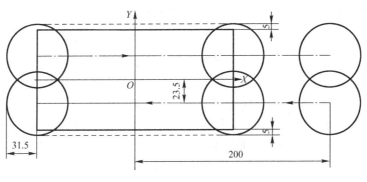

图2-3-18 刀具轨迹

2)编写程序

加工零件上表面的参考程序为:

```
O1000;
G0 G90 G54 X0 Y0 Z50.0;        建立工件坐标系G54
S800M3;                         主轴正转
G0 X200.0 Y-23.5;              定位到下刀点
G1 Z-0.5 F100;                 下刀
X-100.0;                        第一刀行切
Y23.5;                          移动到第二刀起点
X200.0;                         第二刀行切
G0 Z50.0;                       抬刀
X0 Y0 M05;
M30;
```

3)数控加工

(1)打开机床和数控系统。

(2)接通电源,松开急停按钮,机床回零。

(3)装夹工件。

(4)安装刀具。

(5)程序的输入与校验。

(6)工件坐标系的建立(对刀)。

(7)在开始加工前检查倍率和主轴转速按钮,然后开启循环启动按钮,机床开始自动加工。

(8)自动加工完成后,再检测零件的形状、尺寸及精度要求。

4. 质量检验

本任务零件检测中所需的游标卡尺、百分表、千分表等常规检测工具的使用方法已在前面的项目中介绍完毕,本任务着重讲述平面度误差的测量。模板的平面度误差可以用百分表检测,具体方法为平面加工完成后,用百分表检测被测平面的两条对角线,百分表的最大读数和最小读数之差即为平面度误差，应小于 0.04 mm。

1）平面度误差的检测

（1）测微法。如图 2-3-19 所示，将被测零件置于平板上，调整支承高度，使两对角分别等高（或三远点等高），并按网格布线或对角线布线方式进行测量。测微仪的最大读数与最小读数之差即为平面度误差。此法适用于中小型平面的测量。

上述测量中调对角等高的目的，是以过一对角线且平行于另一对角线的理想平面作为评定基准。调三远点等高的目的是以通过实际平面上三个相距最远点的理想平面作为评定基准，如图 2-3-20 所示，这两种评定基准都用于近似替代符合最小条件的理想平面。网格布线和对角线布线如图 2-3-21 所示。

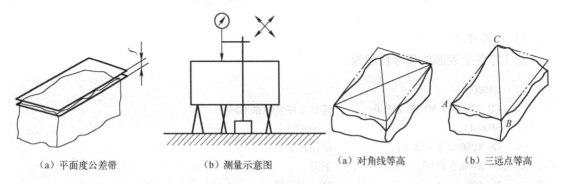

（a）平面度公差带　　（b）测量示意图　　　　　　（a）对角线等高　　　（b）三远点等高

图 2-3-19　测微法测量平面度误差　　　　图 2-3-20　实际平面上评定基准的确定

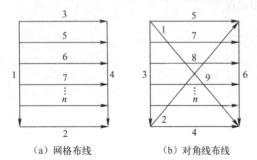

（a）网格布线　　（b）对角线布线

图 2-3-21　网格布线和对角线布线

（2）涂色法。将被测表面涂上很薄一层（约几微米厚）的红丹粉或蓝油，然后在检验平板上对研，翻件观察被测表面接触斑点的分布情况。若斑点均匀、细密，说明平面度误差小，常以 25 mm × 25 mm 面积上的研点数来评定其误差的大小。

2）任务检查评价

加工完成后，对零件进行去毛刺和检测，本任务的评价标准与表 2-1-7 相同。

任务巩固　（1）如图 2-3-22 所示凸台零件，材料为 45 钢，毛坯为 33 mm × 20 mm × 20 mm 的长方体，制订该零件的铣削加工工艺，编写该零件的程序，并在数控铣床上加工。

（2）练习平面度误差的检测方法及应用，并对加工出来的零件进行检测。

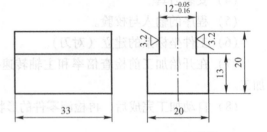

图 2-3-22　铣削零件练习

任务 2.3.2　模板工件的外形轮廓加工

任务描述　如图 2-3-23 所示的模板工件，材料为 45 钢。现需完成其四周的外形轮廓加工，请选择合适的机床、刀具及工艺方案，完成该零件的平面加工。

学习情境 2　模具零件的数控车削及铣削加工技术

任务分析　本任务是属于数控铣削加工中的外形轮廓铣削加工，一般情况下零件上的外形轮廓加工多采用立铣刀进行铣削加工，常在数控铣床或加工中心上完成。其加工的程序一般比较简单，主要需考虑装夹定位、刀具选用、加工工艺制订等。经过分析工作任务→制订工作计划→编辑加工程序→操作数控机床加工零件→检验零件尺寸→反馈信息这一套完整的工作流程完成零件的加工。要完成本任务，需掌握数控铣削指令、编程规则及编程步骤，掌握加工阶段的确定，掌握外形铣削加工的工艺和方法，并掌握常用测量工具的使用方法。

相关知识

1. 工艺分析

1）零件图工艺分析

加工如图 2-3-23 所示某冷冲模的模板工

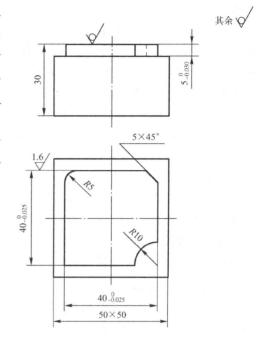

图 2-3-23　外形轮廓的加工示例

件外形轮廓，技术要求中无热处理及硬度要求，单件生产。该零件的毛坯尺寸为 50 mm × 50 mm × 30 mm，需加工的深度为 5 mm，无其他需加工部位，制订该零件的加工工艺、实施方案、检验报告，并在数控铣床或加工中心上完成零件加工。通过完成工作任务，巩固相关理论知识和获取实践技能，获得加工二维简单轮廓零件的能力要求。

针对数控铣削加工的特点，下面列举出一些经常遇到的工艺性问题作为对零件图进行工艺性分析的要点来加以分析。

(1) 构成工件轮廓图形的各种几何元素的条件要充分，各几何元素的相互关系（如相切、相交、垂直和平行等）应明确，无引起矛盾的多余尺寸或影响工序安排的封闭尺寸，图纸尺寸的标注方法要方便编程等。

(2) 零件尺寸所要求的加工精度、尺寸公差应得到保证，特别要注意过薄的腹板与缘板的厚度公差，因为加工时产生的切削拉力及薄板的弹性退让，极易产生切削面的振动，使薄板厚度尺寸公差难以保证，其表面粗糙度也将恶化或变坏。根据实践经验，当面积较大的薄板厚度小于 3 mm 时就应充分重视这一问题。

(3) 内槽及缘板之间的内转接圆弧不应过小。

(4) 零件铣削面的槽底圆角或腹板与缘板相交处的圆角半径 r 不应太大。

(5) 零件图中各加工面的凹圆弧（R 与 r）不要过于凌乱，应尽量统一。因为在数控铣床上多换一次刀要增加不少新问题，如增加铣刀规格、计划停车次数和对刀次数等，不但给编程带来许多麻烦，增加生产准备时间而降低生产效率，而且也会因频繁换刀增加了工件加工面上的接刀阶差而降低了表面质量。所以，在一个零件上的这种凹圆弧半径在数值上的一致性问题对数控铣削的工艺性显得相当重要。一般来说，即使不能寻求完全统一，也要力求将数值相近的圆弧半径分组靠拢，达到局部统一，以尽量减少铣刀规格与换

刀次数。

(6) 零件上有无统一基准,以保证两次装夹加工后其相对位置的正确性。有些工件需要在铣完一面后再重新安装铣削另一面。由于数控铣削时不能使用通用铣床加工时常用的试削方法来接刀,往往会因为工件的重新安装而接不好刀(与上道工序加工的面接不齐或造成本来要求一致的两对应面上的轮廓错位)。为了避免上述问题的产生,减小两次装夹误差,最好采用统一基准定位,因此零件上最好有合适的孔作为定位基准孔。如果零件上没有基准孔,也可以专门设置工艺孔作为定位基准(如在毛坯上增加工艺凸耳或在后续工序要铣去的余量上设基准孔)。如实在无法制出基准孔,起码也要用经过精加工的面作为统一基准。如果连这也办不到,则最好只加工其中一个最复杂的面,另一面放弃数控铣削而改由通用铣床加工。

(7) 分析零件的形状及原材料的热处理状态,哪些部位最容易变形,应当考虑采取一些必要的工艺措施进行预防变形,如对钢件进行调质处理,对铸铝件进行退火处理,对不能用热处理方法解决的,也可考虑粗、精加工及对称去余量等常规方法。此外,还要分析加工后的变形问题,采取什么工艺措施来解决加工后的变形。

2) 数控铣床/加工中心加工流程

根据工作任务的信息,分析零件图样,确定加工方案。明确加工内容、技术要求,选择合适的加工方案及数控加工机床。数控铣床/加工中心的加工流程如图 2-3-24 所示。

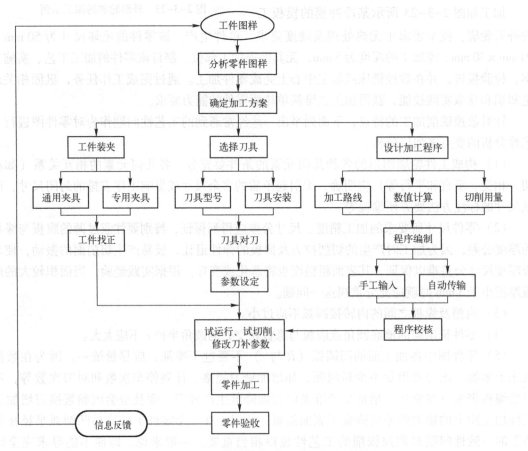

图 2-3-24 数控铣床/加工中心加工流程

学习情境 2　模具零件的数控车削及铣削加工技术

3) 数控铣削加工工序的划分

(1) 加工阶段

当零件的加工质量要求较高时，往往不可能用一道工序来满足其要求，而要用几道工序逐步达到所要求的加工质量。为保证加工质量和合理地使用设备、人力，零件的加工过程通常按工序性质不同，可分为粗加工、半精加工、精加工和光整加工四个阶段。

① 粗加工阶段。其任务是切除毛坯上大部分多余的金属，使毛坯在形状和尺寸上接近零件成品，因此主要目标是提高生产率。

② 半精加工阶段。其任务是使主要表面达到一定的精度，留有一定的精加工余量，为主要表面的精加工（如精铣、精磨）做好准备；并可完成一些次要素表面加工，如扩孔、攻螺纹、铣键槽等。

③ 精加工阶段。其任务是保证各主要表面达到规定的尺寸精度和表面粗糙度要求，主要目标是全面保证加工质量。

④ 光整加工阶段。对零件上精度和表面粗糙度要求很高（IT6 级以上，表面粗糙度 Ra 值为 $0.2\mu m$ 以下）的表面，需进行光整加工，其主要目标是提高尺寸精度，减小表面粗糙度值，一般不用来提高位置精度。

(2) 数控铣削加工工序的划分原则

在数控铣床上加工的零件，一般按工序集中原则划分工序，常见划分方法如下：

① 刀具集中分序法。这种方法就是按所用刀具来划分工序，用同一把刀具加工完成所有可以加工的部位，然后再换刀。这种方法可以减少换刀次数，缩短辅助时间，减少不必要的定位误差。这种方法适用于工件的待加工表面较多，机床连续工作时间较长，加工程序的编制和检查难度较大等情况。加工中心常用这种方法划分。

② 按安装次数划分。以一次安装完成的那一部分工艺过程为一道工序。这种方法适用于工件的加工内容不多的工件，加工完成后就能达到待检状态。

③ 按粗、精加工划分。即粗加工中完成的那部分工艺过程为一道工序，精加工中完成的那一部分工艺过程为一道工序。这种划分方法适用于加工后变形较大，需粗、精加工分开的零件，如毛坯为铸件、焊接件或锻件。

④ 按加工部位划分。即以完成相同型面的那一部分工艺过程为一道工序，对于加工表面多而复杂的零件，可按其结构特点（如内形、外形、曲面和平面等）划分成多道工序。

(3) 数控铣削加工顺序的安排

数控铣削加工工序通常按下列原则安排：

① 基面先行原则。用做精基准的表面应优先加工出来，因为定位基准的表面越精确，装夹误差就越小。例如，箱体类零件总是先加工定位用的平面和两个定位孔，再以平面和定位孔为精基准加工孔系和其他平面。

② 先粗后精原则。各个表面的加工顺序按照粗加工→半精加工→精加工→光整加工的顺序依次进行，逐步提高表面的加工精度和减小表面粗糙度值。

③ 先主后次原则。零件的主要工作表面、装配基面应先加工，从而能及早发现毛坯中主要表面可能出现的缺陷。次要表面可穿插进行，放在主要加工表面加工到一定程度后、最终精加工之前进行。

④ 先面后孔原则。对箱体、支架类零件，平面轮廓尺寸较大，一般先加工平面，再加工孔和其他尺寸。这样安排加工顺序，一方面用加工过的平面定位，稳定可靠；另一方面在加工过的平面上加工孔，比较容易，并能提高孔的加工精度，特别是钻孔，孔的轴线不易偏。

⑤ 连续加工原则。以相同定位、夹紧方式加工或用同一把刀具加工的工序，最好连续加工，以减少重复定位次数、换刀次数与挪动压板次数。

4) 进给路线的确定

合理地选择进给路线不但可以提高切削效率，还可以提高零件的表面精度，对于数控铣削加工，在确定进给路线时，应重点考虑以下几个方面：能保证零件的加工精度和表面粗糙度的要求；使走刀路线最短，既可简化程序段，又可减少刀具空行程时间，提高加工效率；应使数值计算简单，程序段数量少，以减少编程工作量。

(1) 铣削外轮廓的进给路线

① 铣削平面零件外轮廓时，一般采用立铣刀侧刃切削，如图2-3-25所示。为减少接刀痕迹，保证零件表面质量，对刀具的切入和切出程序需要精心设计。刀具切入工件时，应避免沿零件外轮廓的法向切入，而应沿切削起始点延伸线的切向逐渐切入工件，保证零件曲线的平滑过渡。同理，在切离工件时，也应避免在切削终点处直接抬刀，要沿着切削终点延伸线的切向逐渐切离工件。

② 当用圆弧插补方式铣削外整圆时，如图2-3-26所示，要安排刀具从切向进入圆周铣削加工，当整圆加工完毕后，不要在切点处直接退刀，而应让刀具沿切线方向多运动一段距离，以免取消刀补时，刀具与工件表面相碰，造成工件报废。

(2) 铣削内轮廓的进给路线

① 铣削封闭的内轮廓表面，若内轮廓曲线不允许外延，如图2-3-27所示，刀具只能沿内轮廓曲线的法向切入、切出。此时刀具的切入、切出点应尽量选在内轮廓曲线两几何元素的交点处。

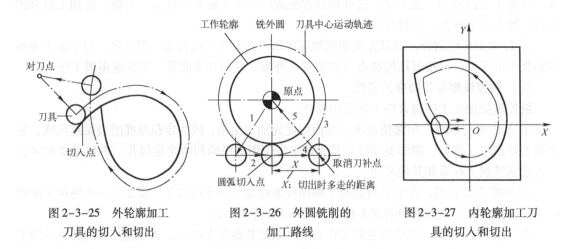

图2-3-25 外轮廓加工刀具的切入和切出　　图2-3-26 外圆铣削的加工路线　　图2-3-27 内轮廓加工刀具的切入和切出

当内部几何元素相切无交点时，如图2-3-28所示，为防止刀补取消时在轮廓拐角处留下凹口 [见图2-3-28 (a)]，刀具切入、切出点应远离拐角 [见图2-3-28 (b)]。

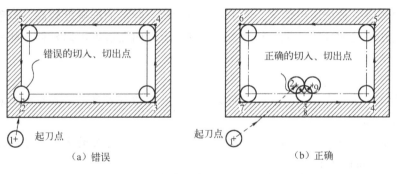

(a) 错误　　　　　　　　　　　　　(b) 正确

图 2-3-28　无交点内轮廓加工刀具的切入和切出

② 当用圆弧插补铣削内圆弧时，也要遵循从切向切入、切出的原则，最好安排从圆弧过渡到圆弧的加工路线，如图 2-3-29 所示，以提高内孔表面的加工精度和质量。

(3) 铣削内槽的进给路线

所谓内槽是指以封闭曲线为边界的平底凹槽。一律用平底立铣刀加工，刀具圆角半径应符合内槽的图纸要求。图 2-3-30 所示为加工内槽的三种进给路线。图 2-3-30（a）、（b）所示分别为用行切法和环切法加工内槽。两种进给路线的共同点是都能切净内腔中的全部面积，不留死角，不伤轮廓，同时尽量减少重复进给的搭接量。不同点是行切法的进给路线比环切法短，但行切法将在每两次进给的起点与终点间留下残留面积，而达不到所要求的表面粗糙度；用环切法获得的表面粗糙度要好于行切法，但环切法需要逐次向外扩展轮廓线，刀位点计算稍微复杂一些。采用图 2-3-30（c）所示的进给路线，即先用行切法切去中间部分余量，最后用环切法环切一刀光整轮廓表面，既能使总的进给路线较短，又能获得较好的表面粗糙度。

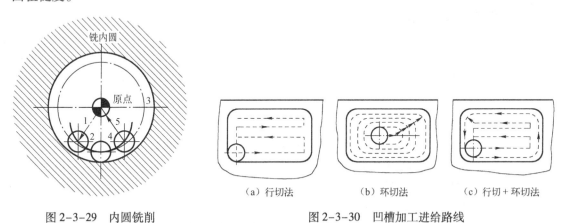

(a) 行切法　　　　(b) 环切法　　　　(c) 行切+环切法

图 2-3-29　内圆铣削　　　　图 2-3-30　凹槽加工进给路线

(4) 铣削曲面轮廓的进给路线

铣削曲面时，常用球头刀采用行切法进行加工。所谓行切法是指刀具与零件轮廓的切点轨迹是一行一行的，而行间的距离是按零件加工精度的要求确定的。

对于边界敞开的曲面加工，可采用两种加工路线，如图 2-3-31 所示发动机大叶片，当采用图 2-3-31（a）所示的加工方案时，每次沿直线加工，刀位点计算简单，程序少，加工过程符合直纹面的形成，可以准确保证母线的直线度。当采用图 2-3-31（b）所示的加工方案时，符合这类零件数据给出情况，便于加工后检验，叶形的准确度较高，但程序较多。由于曲面零件的边界是敞开的，没有其他表面限制，所以曲面边界可以延伸，球头刀应由边界外开始加工。

注意：

- 轮廓加工中应避免进给停顿，否则会在轮廓表面留下刀痕；若在被加工表面范围内垂直下刀和抬刀，也会划伤表面。
- 为提高工件表面的精度和减小粗糙度，可以采用多次走刀的方法，精加工余量一般以 0.2～0.5mm 为宜。
- 选择工件在加工后变形小的走刀路线。对横截面积小的细长零件或薄板零件，应采用多次走刀加工达到最后尺寸；或采用对称去余量法安排走刀路线。

5) 数控铣削加工常用刀具

数控铣床/加工中心常用刀具如图 2-3-32 所示。

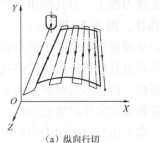

(a) 纵向行切　　(b) 横向行切

图 2-3-31　曲面加工的进给路线

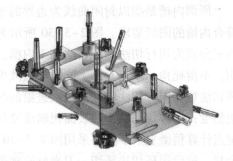

图 2-3-32　数控铣床/加工中心常用刀具

(1) 常用刀具的分类

① 以刀具材料分类：

- 高速钢刀具。高速钢通常是型坯材料，韧性较硬质合金好，硬度、耐磨性和红硬性较硬质合金差，不适于切削硬度较高的材料，也不适于进行高速切削。高速钢刀具使用前需生产者自行刃磨，且刃磨方便，适于各种特殊需要的非标准刀具。高速钢刀具价格相对低廉，属于经济型刀具。
- 硬质合金刀具。硬质合金刀具切削性能优异，在数控铣削中被广泛使用。硬质合金刀具价格较高，特别是整体式硬质合金刀具价格更加昂贵。硬质合金刀片有标准规格系列产品，具体技术参数和切削性能由刀具生产厂家提供。硬质合金刀片按国际标准分为三大类：P 类、M 类、K 类。

P 类——适于加工钢、长屑可锻铸铁（相当于我国的 YT 类）。

M 类——适于加工奥氏体不锈钢、铸铁、高锰钢、合金铸铁等（相当于我国的 YW 类）。

M-S 类——适于加工耐热合金和钛合金。

K 类——适于加工铸铁、冷硬铸铁、短屑可锻铸铁、非钛合金（相当于我国的 YG 类）。

K-N 类——适于加工铝、非铁合金。

K-H 类——适于加工淬硬材料。

- 陶瓷刀具。陶瓷刀具不仅用于加工各种铸铁和不同钢料，也适用于加工有色金属和非金属材料。使用陶瓷刀具，无论什么情况都要用负前角；为了不易崩刃，必要时可将刃口倒钝。陶瓷刀具在短零件的加工，冲击大的断续切削和重切削，铍、镁、铝和钛等的单质材料及其合金的加工（易产生亲和力，导致切削刃剥落或崩刃）等加工情况下，使用效果欠佳。

- 立方氮化硼刀具。立方氮化硼刀具一般适用加工硬度 >450 HBS 的冷硬铸铁、合金结构钢、工具钢、高速钢、轴承钢及硬度 ≥350 HBS 的镍基合金、钴基合金和高钴粉末冶金零件。
- 金刚石刀具。聚晶金刚石刀具一般仅用于加工有色金属和非金属材料。金刚石和立方氮化硼都属于超硬刀具材料，它们可用于加工任何硬度的工件材料，具有很高的切削性能，加工精度高，表面粗糙度值小，一般可用切削液。

② 以刀具轮廓结构分类：

- 面铣刀。一般采用在盘状刀体上机夹刀片或刀头组成，常用于端铣较大的平面。
- 立铣刀。立铣刀是数控铣加工中最常用的一种铣刀，广泛用于加工平面类零件，立铣刀除用其端刃铣削外，也常用其侧刃铣削，有时端刃、侧刃同时进行铣削，立铣刀也可称为圆柱铣刀。
- 模具铣刀。模具铣刀由立铣刀发展而成，可分为圆锥形立铣刀、圆柱形球头立铣刀和圆锥形球头立铣刀三种，其柄部有直柄、削平型直柄和莫氏锥柄。它的结构特点是球头或端面上布满切削刃，圆周刃与球头刃圆弧连接，可以径向和轴向进给。铣刀工作部分用高速钢或硬质合金制造。
- 键槽铣刀。键槽铣刀一般只有两个刀齿，圆柱面和端面都有切削刃，端面刃延伸至中心，既像立铣刀，又像钻头。加工时先轴向进给达到槽深，然后沿键槽方向铣出键槽全长。
- 鼓形铣刀。在单件或小批量生产中，为取代多坐标联动机床，常采用鼓形刀或锥形刀来加工一些变斜角零件。
- 成形铣刀。成形铣刀廓形是根据工件廓形设计出来的，反映在铣刀前刀面上，尽管廓形形态各异，但可以认为是由若干直线段和若干曲线段组合的。根据直线段的长度和位置不同，曲线段的半径、位置及对应的圆心角不同，组合在一起就形成了形态各异的廓形。

(2) 常用刀具参数选择

常用铣刀的有关参数，可按下述经验数据选取，如图 2-3-33 所示。

① 刀具半径 r 应小于零件内轮廓面的最小曲率半径 ρ，一般取 $r = (0.8 \sim 0.9)\rho$。

② 零件的加工高度 $H = (1/4 \sim 1/6)r$，以保证刀具有足够的刚度。

③ 对深槽孔，选取 $l = H + (5 \sim 10)$ mm。l 为刀具切削部分长度，H 为零件高度。

④ 加工外形及通槽时，选取 $l = H + r_e + (5 \sim 10)$ mm。r_e 为刀尖转角半径。

⑤ 粗加工内轮廓面时，铣刀最大直径 $D_粗$ 可按下式计算：

$$D_粗 = 2 \times \frac{\delta \cdot \sin(\varphi/2) - \delta_1}{1 - \sin(\varphi/2)} + D$$

式中，D 为轮廓的最小凹圆角半径；δ 为圆角邻边夹角等分线上的精加工余量；δ_1 为精加工余量；φ 为圆角两邻边的最小夹角。

⑥ 加工肋板时，刀具直径为 $D = (5 \sim 10)b$（b 为肋板的厚度）。

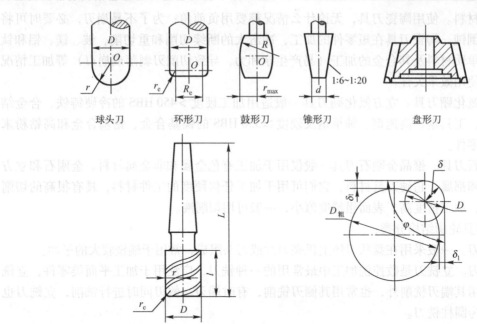

图 2-3-33 常用铣刀的参数

在加工中心，各种刀具分别安装在刀库上，按程序规定随时进行选刀和换刀工作。因此，必须有一套连接普通刀具的接杆，以便使钻、镗、扩、铰、铣削等工序用的标准刀具，迅速、准确地装到机床主轴或刀库上去。作为编程人员应了解机床上所用刀杆的结构尺寸及调整方法、调整范围，以便在编程时确定刀具的径向和轴向尺寸。目前，我国的加工中心采用 TSG 工具系统，其柄部有直柄和锥柄两类。

6）切削用量的选择

在编程时，编程人员必须确定每道工序的切削用量。选择切削用量时，一定要充分考虑影响切削的各种因素，正确地选择切削条件，合理地确定切削用量，可有效地提高机械加工质量和产量。影响切削条件的因素有：机床、工具、刀具及工件的刚性，切削速度、切削深度、切削进给率，工件精度及表面粗糙度，刀具预期寿命及最大生产率，切削液的种类、冷却方式，工件材料的硬度及热处理状况，工件数量，机床的寿命等。

(1) 主要影响因素

上述诸因素中以切削速度、背吃刀量、切削进给率为主要因素。

① 切削速度。切削速度快慢直接影响切削效率。若切削速度过小，则切削时间会加长，刀具无法发挥其功能；若切削速度太快，虽然可以缩短切削时间，但是刀具容易产生高热，影响刀具的寿命。切削速度的影响因素：

- 刀具材料。刀具材料不同，允许的最高切削速度也不同。高速钢刀具耐高温切削速度不到 50 m/min，碳化物刀具耐高温切削速度可达 100 m/min 以上，陶瓷刀具的耐高温切削速度可高达 1 000 m/min。
- 工件材料。工件材料硬度高低会影响刀具切削速度，同一刀具加工硬材料时切削速度应降低，而加工较软材料时，切削速度可以提高。
- 刀具寿命。刀具使用时间（寿命）要求长，则应采用较低的切削速度；反之，可采用较高的切削速度。
- 切削深度与进刀量。切削深度与进刀量大,切削抗力也大,切削热会增加,故切削速度应降低。
- 刀具的形状。刀具的形状、角度的大小、刃口的锋利程度都会影响切削速度的选取。
- 切削液的使用。切削液的正确选用,可以降低切削摩擦产生的阻力,适当提高切削速度。

上述影响切削速度的诸因素中,刀具材质的影响最为主要。

② 背吃刀量。背吃刀量主要受机床刚度的制约,在机床刚度允许的情况下,背吃刀量应尽可能大,如果不受加工精度的限制,可以使背吃刀量等于零件的加工余量。这样可以减少走刀次数。主轴转速要根据机床和刀具允许的切削速度来确定。可以用计算法或查表法来选取。

③ 进给速度 v_f(mm/min)。要根据零件的加工精度、表面粗糙度、刀具和工件材料来选。最大进给速度受机床刚度和进给驱动及数控系统的限制。编程员在选取切削用量时,要根据机床说明书的要求和刀具耐用度,选择适合机床特点及刀具最佳耐用度的切削用量。

(2) 切削用量的选择

铣削加工的切削用量包括切削速度、进给速度、背吃刀量和侧吃刀量。从刀具耐用度出发,切削用量的选择方法是先选择背吃刀量或侧吃刀量,其次选择进给速度,最后确定切削速度。

① 背吃刀量选择。背吃刀量 a_p 为平行于铣刀轴线测量的切削层尺寸,单位为mm。端铣时,a_p 为切削层深度;而圆周铣削时,为被加工表面的宽度。侧吃刀量 a_e 为垂直于铣刀轴线测量的切削层尺寸,单位为mm。端铣时,a_e 为被加工表面宽度;而圆周铣削时,a_e 为切削层深度,如图2-3-34所示。

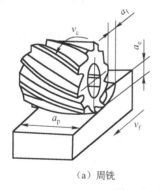
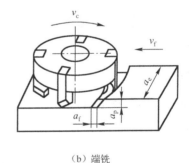

(a) 周铣　　　　　　　　　　　(b) 端铣

图2-3-34　铣削加工的切削用量

背吃刀量或侧吃刀量的选取主要由加工余量和对表面质量的要求决定。

- 当工件表面粗糙度值要求为 $Ra = 12.5 \sim 25 \mu m$ 时,如果圆周铣削加工余量小于5mm,端面铣削加工余量小于6mm,粗铣一次进给就可以达到要求。但是在余量较大,工艺系统刚性较差或机床动力不足时,可分为两次进给完成。
- 当工件表面粗糙度值要求为 $Ra = 3.2 \sim 12.5 \mu m$ 时,应分为粗铣和半精铣两步进行。粗铣时背吃刀量或侧吃刀量选取同前。粗铣后留0.5~1.0mm余量,在半精铣时切除。
- 当工件表面粗糙度值要求为 $Ra = 0.8 \sim 3.2 \mu m$ 时,应分为粗铣、半精铣、精铣三步进行。半精铣时背吃刀量或侧吃刀量取1.5~2mm;精铣时,圆周铣侧吃刀量取0.3~0.5mm,面铣刀背吃刀量取0.5~1mm。

② 进给量与进给速度的选择。铣削加工的进给量 f(mm/r)是指刀具转一周,工件与刀具

沿进给运动方向的相对位移量；进给速度 v_f(mm/min)是单位时间内工件与铣刀沿进给方向的相对位移量。进给速度与进给量的关系为 $v_f = nf$（n 为铣刀转速，单位 r/min）。进给量与进给速度是数控铣床加工切削用量中的重要参数，根据零件的表面粗糙度、加工精度要求、刀具及工件材料等因素，参考切削用量手册选取或通过选取每齿进给量 f_z，再根据公式 $f = zf_z$（z 为铣刀齿数）计算。

每齿进给量 f_z 的选取主要依据工件材料的力学性能、刀具材料、工件表面粗糙度等因素。工件材料强度和硬度越高，f_z 越小；反之则越大。硬质合金铣刀的每齿进给量高于同类高速钢铣刀。工件表面粗糙度要求越高，f_z 就越小。每齿进给量的确定可参考表 2-3-4 选取。工件刚性差或刀具强度低时，应取较小值。

表 2-3-4　铣刀每齿进给量参考值

工件材料	f_z(mm/z)			
	粗 铣		精 铣	
	高速钢铣刀	硬质合金铣刀	高速钢铣刀	硬质合金铣刀
钢	0.10～0.15	0.10～0.25	0.02～0.05	0.10～0.15
铸铁	0.12～0.20	0.15～0.30		

③ 切削速度的选择。铣削的切削速度 v_c 与刀具的耐用度、每齿进给量、背吃刀量、侧吃刀量以及铣刀齿数成反比，而与铣刀直径成正比。其原因是当 f_z、a_p、a_e 和 z 增大时，刀刃负荷增加，而且同时工作的齿数也增多，使切削热增加，刀具磨损加快，从而限制了切削速度的提高。为提高刀具耐用度，允许使用较低的切削速度。但是加大铣刀直径则可改善散热条件，可以提高切削速度。

铣削加工的切削速度 v_c 可参考表 2-3-5 选取，也可参考有关切削用量手册中的经验公式通过计算选取。

2. 程序编制

1）圆弧插补指令 G02/G03

G02 为按指定进给速度的顺时针圆弧插补。G03 为按指定进给速度的逆时针圆弧插补。

（1）圆弧顺、逆方向的判别：沿着不在圆弧平面内的坐标轴，由正方向向负方向看，顺时针方向为 G02，逆时针方向为 G03，如图 2-3-35 所示。

表 2-3-5　铣削加工的切削速度参考值

工件材料	硬度（HBS）	v_c(m/min)	
		高速钢铣刀	硬质合金铣刀
钢	<225	18～42	66～150
	225～325	12～36	54～120
	325～425	6～21	36～75
铸铁	<190	21～36	66～150
	190～260	9～18	45～90
	260～320	4.5～10	21～30

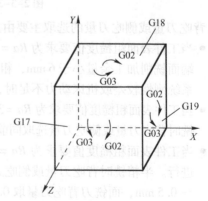

图 2-3-35　圆弧顺、逆方向的判别

(2) 指令格式：

① XOY 平面圆弧插补指令，如图 2-3-36（a）所示。

编程格式：G17 G02（G03）X__ Y__ R__ F__ ；

或 G17 G02（G03）X__ Y__ I__ J__ F__ ；

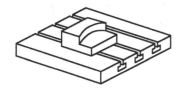 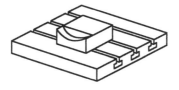 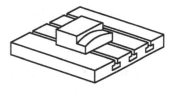

（a）XOY 平面圆弧插补　　　　（b）XOZ 平面圆弧插补　　　　（c）YOZ 平面圆弧插补

图 2-3-36　圆弧插补

② XOZ 平面圆弧插补指令，如图 2-3-36（b）所示。

编程格式：G18 G02（G03）X__ Z__ R__ F__ ；

或 G18 G02（G03）X__ Z__ I__ K__ F__ ；

③ YOZ 平面圆弧插补指令，如图 2-3-36（c）所示。

编程格式：G19 G02（G03）Y__ Z__ R__ F__ ；

或 G19 G02（G03）Y__ Z__ J__ K__ F__ ；

(3) 指令说明：

① F 为沿圆弧切向的进给速度。

② X、Y、Z 为圆弧终点坐标值，如果采用增量坐标方式 G91，X、Y、Z 表示圆弧终点相对于圆弧起点在各坐标轴方向上的增量。

③ I、J、K 表示圆弧圆心相对于圆弧起点在各坐标轴方向上的增量，与 G90 或 G91 的定义无关。

④ R 是圆弧半径，当圆弧所对应的圆心角为 0°～180°时，R 取正值；圆心角为 180°～360°时，R 取负值。

⑤ I、J、K 的值为零时可以省略。

⑥ 在同一程序段中，如果 I、J、K 与 R 同时出现则 R 有效。

实例 2-25　如图 2-3-37 所示，起刀点在坐标原点 O，刀具沿 A→B→C 路线切削加工，分别使用绝对坐标与增量坐标方式编程。

用 G90 编程时，程序为：

G90 G00 X200.0 Y40.0；
G03 X140.0 Y100.0 I-60.0（或 R60.0）F100；
G02 X120.0 Y60.0 I-50.0（或 R50.0）；

用 G91 编程时，程序为：

G91 G00 X200.0 Y40.0；
G03 X-60.0 Y60.0 I-60.0（或 R60.0）F100；
G02 X-20.0 Y-40.0 I-50.0（或 R50.0）；

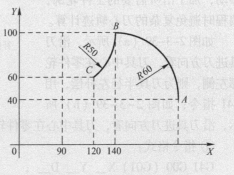

图 2-3-37　圆弧插补示例

实例2-26 如图2-3-38所示，起刀点在坐标原点 O，从 O 点快速移动至 A 点，逆时针加工整圆，分别使用绝对坐标与增量坐标方式编程。

用 G90 编程时，程序为：
C90 G00 X30.0 Y0；
G03 I-30.0 J0 F100；
G00 X0 Y0；

用 G91 编程时，程序为：
G91 G00 X30.0 Y0；
G03 I-30.0 J0 F100；
G00 X-30.0 Y0；

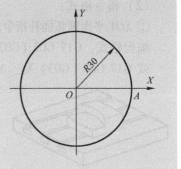

图2-3-38 整圆插补示例

注意： 编写整圆插补程序时，使用 I、J、K 方式即可。

2）刀具半径补偿指令 G41/G42/G40

（1）刀具半径补偿原理。在进行轮廓铣削编程时，由于铣刀的刀位点在刀具中心，和切削刃不一致，为了确保铣削加工出的轮廓符合要求，编程时就必须在图纸要求轮廓的基础上，整个周边向外或向内预先偏离一个刀具半径值，作出一个刀具刀位点的行走轨迹，求出新的节点坐标，然后按这个新的轨迹进行编程，这就是人工预刀补编程。

对有刀具半径补偿功能的数控系统，可不必求刀具中心的运动轨迹，直接按零件轮廓轨迹编程，同时在程序中给出刀具半径的补偿指令，这就是机床自动刀补编程。本任务着重介绍机床自动刀补编程。

刀具半径补偿功能要求数控系统能够根据工件轮廓和刀具半径，自动计算出刀具中心轨迹，在编程时，就可以直接按照零件轮廓编制加工程序。加工时，数控系统能自动计算相对于零件轮廓偏移刀具半径的刀心轨迹。刀具半径补偿指令为 G41/G42/G40，其中，G41/G42 为建立半径的补偿功能；G40 为撤销刀具的补偿功能，使刀具中心与编程轨迹重合。

（2）建立刀具半径补偿指令 G41/G42。数控系统根据工件轮廓和刀具半径自动计算刀具中心轨迹，控制刀具沿刀具中心轨迹移动，加工出所需要的工件轮廓，编程时避免复杂的刀心轨迹计算。

如图2-3-39（a）所示，沿刀具进刀方向看，刀具中心在零件轮廓左侧，则为刀具半径左补偿，用 G41 指令；如图2-3-39（b）所示，沿刀具进刀方向看，刀具中心在零件轮廓右侧，则为刀具半径右补偿，用 G42 指令。

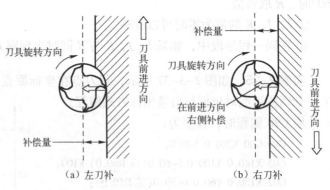

图2-3-39 刀补方向

① 指令格式：
G41 G00（G01）X__ Y__ D__ ；
G42 G00（G01）X__ Y__ D__ ；

② 说明：
- $X\_\_$ $Y\_\_$ 表示刀具移动至工件轮廓上点的坐标值。
- $D\_\_$ 为刀具半径补偿寄存器地址符，寄存器存储刀具半径补偿值。
- 必须通过 G00 或 G01 运动指令建立刀具半径补偿。

（3）取消刀具半径补偿指令 G40。

① 指令格式：

G00（G01）G40 X__ Y__ ；

② 说明：
- 指令中的 $X\_\_$ $Y\_\_$ 表示刀具轨迹中取消刀具半径补偿点的坐标值。
- 必须通过 G00 或 G01 运动指令取消刀具半径补偿。
- G40 必须和 G41 或 G42 成对使用。

（4）刀具半径补偿的工作过程。刀具半径补偿的过程分为三步，如图 2-3-40 所示。

① 刀补的建立。在刀具从起点接近工件时，刀心轨迹从与编程轨迹重合过渡到与编程轨迹偏离一个偏置量的过程。

② 刀补进行。刀具中心始终与变成轨迹相距一个偏置量直到刀补取消。

③ 刀补取消。刀具离开工件，刀心轨迹要过渡到与编程轨迹重合的过程。

（5）指令使用的注意事项：

① 建立补偿的程序段，必须是在补偿平面内不为零的直线移动。

② 建立补偿的程序段，一般应在切入工件之前完成。

③ 撤销补偿的程序段，一般应在切出工件之后完成。

（6）刀具半径补偿中过切的产生。

① 刀具半径大于所加工工件内轮廓转角。如图 2-3-41（a）所示，指令的圆弧半径小于刀具半径时，若内侧补偿时会产生过切，因此在其前面的程序段开始后报警停止，但是在最前面的程序段单段停止时，因为移动到了其程序段的终点，可能会出现过切。

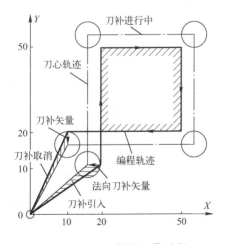

图 2-3-40 刀补的工作过程

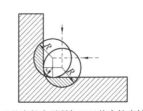

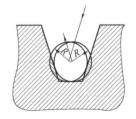

（a）刀具半径大于所加工工件内轮廓转角　（b）刀具直径大于所加工沟槽

图 2-3-41 过切的产生

② 刀具直径大于所加工沟槽。如图 2-3-41（b）所示，由使用刀具半径补偿后新形成的刀具中心轨迹与编写程序的轨迹方向相反，这时会产生过切。

(7) 刀具半径补偿的应用。

① 刀具因磨损、重磨或更换新刀后，引起刀具半径的改变，这时不需修改程序，只要在刀具参数设置中输入变化后的刀具半径即可。

② 在同一程序、同一刀具的前提下，利用刀具半径补偿实现粗精加工。具体计算方法如下：
- 粗加工为半径补偿值 = 刀具半径 + 精加工余量 Δ；
- 精加工为半径补偿值 = 刀具半径 + 微量调整量 δ；
- 扫除外围余量为半径补偿值 = 刀具半径 + 外推值 a。

3) 关键点的数学处理

程序编制中的数学处理指根据被加工零件图样，按照已经确定的加工工艺路线和允许的编程误差，计算数控系统所需要输入的数据。数学处理包括以下内容：一是根据零件图样给出的形状、尺寸和公差等直接通过数学方法（如三角、几何与解析几何法等）计算出编程时所需要的有关各点的坐标值；二是当按照零件图样给出的条件不能直接计算出编程所需的坐标，也不能按零件给出的条件直接进行工件轮廓几何要素的定义时，就必须根据所采用的具体工艺方法、工艺装备等加工条件，对零件原图形及有关尺寸进行必要的数学处理或改动后，再进行各点的坐标计算和编程工作。

零件的轮廓是由许多不同的几何要素所组成的，如直线、圆弧、二次曲线等，各几何要素之间的连接点称为基点。基点坐标是编程中必需的重要数据。

3. 任务实施

1) 本任务工艺分析

本任务零件的加工部位主要是四周的侧面轮廓，采用立铣刀进行铣削。零件毛坯为方料，因此采用平口钳进行装夹，并用垫铁等附件配合装夹工件。选用的加工设备为汉川机床厂 XK714G 数控铣床，配备 FANUC 0i MD 数控系统。

考虑刀具半径补偿及切向切入、切出，刀具的路径设计为工序卡中所示，即 $A \to B \to C \to$ 零件轮廓 $\to C \to D \to A$。

该零件的数控加工工序卡片如表 2-3-6 所示。

表 2-3-6 本任务的数控加工工序卡片

单位	数控加工工序卡片	产品名称或代号	零件名称	零件图号
××××		××××	外形轮廓加工	×××
		车间	使用设备	
		先进制造技术车间	XK714G 数控铣床	
		工艺序号	程序编号	
		001	O1002	

学习情境 2　模具零件的数控车削及铣削加工技术

续表

单位	数控加工工序卡片			产品名称或代号		零件名称	零件图号
××××				××××		外形轮廓加工	×××
工步号	工步作业内容			刀具号	刀补量	主轴转速	进给速度	背吃刀量	备注
1	粗铣/精铣			T01	6	S500	F80		
						S800	F120		
编制		审核		批准		日期		共　页	第　页

刀具及切削用量的选择如表 2-3-7 所示。

表 2-3-7　刀具及切削用量表

工步	工步内容	刀号	刀具名称	主轴转速（r/min）	进给量（mm/r）	备注
1	上表面加工	T01	φ63 面铣刀	S300	F50	手动/MDI
2	粗铣/精铣	T02	φ12 立铣刀	粗 S500/精 S800	粗 F80/精 F120	

2）编写程序

参考程序为：

```
O1002;
G0 G90 G54 X0 Y0 Z50.0;
S500 M3;
X40.0;
Z5.;
G1 Z-5. F80;
G1 G41 X40.0 Y20.0 D1;      粗加工：D₁=6+0.2（0.2 为精加工余量）
G3 X20.0 Y0 R20.0;
G1 Y-10.0;
G3 X10.0 Y-20.0 R10.0;
G1 X-20.0;
Y15.0;
G2 X-15.0 Y20.0 R5.0;
G1 X15.0;
X20.0 Y15.0;
Y0;
G3 X40.0 Y-20.0 R20.0;
G40 G1 Y0;
M05;
M01;
S800 M03;
G1 G41 X40.0 Y20.0 D2 F120;   精加工：D₂=6±δ（δ 需经测量后确定）
G3 X20.0 Y0 R20.0;
G1 Y-10.0;
G3 X10.0 Y-20.0 R10.0;
G1 X-20.0;
```

粗加工：$D_1 = 6 + 0.2$（0.2 为精加工余量）

精加工：$D_2 = 6 \pm \delta$（δ 需经测量后确定）

```
Y15.0;
G2 X-15.0 Y20.0 R5.0;
G1 X15.0;
X20.0 Y15.0;
Y0;
G3 X40.0 Y-20.0 R20.0;
G40 G1 Y0;
G0 Z50.0;
X0 Y0 M5;
M30;
```

3）数控加工

（1）打开机床和数控系统。

（2）接通电源，松开急停按钮，机床回零。

（3）装夹工件。

（4）安装刀具。

（5）程序的输入与校验。

（6）工件坐标系的建立（对刀）。数控铣削对刀的目的是通过刀具或对刀工具确定工件坐标系与机床坐标系之间的空间位置关系，并将对刀数据输入到数控系统相应的存储位置。对刀是数控加工中最重要的操作内容之一，其准确性将直接影响零件的加工精度。对刀方法有多种，主要有试切法和寻边器对刀法。

（7）在开始加工前检查倍率和主轴转速按钮，然后开启循环启动按钮，机床开始自动加工。

（8）自动加工完成后，再检测零件的形状、尺寸及精度要求。

4. 质量检验

本任务零件检测中所需的游标卡尺、百分表、千分表等常规检测工具的使用方法已在前面的项目中介绍完毕，不再赘述。

加工完成后，对零件进行去毛刺和检测，本任务的评价标准与表 2-1-7 相同。

任务巩固 如图 2-3-42 所示零件，材料为 45 钢，毛坯为 $\phi60\,mm \times 35\,mm$ 的棒料，制订该零件的铣削加工工艺，编写该零件的程序，并在数控铣床上加工（着重考虑棒料零件的装夹问题）。

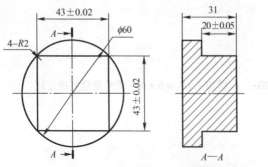

图 2-3-42 铣削零件练习

学习情境 2　模具零件的数控车削及铣削加工技术

项目 2.4　模具型腔类零件的数控铣削加工

职业能力　培养二维型腔零件的数控铣削加工工艺制订的能力，具备依据二维型腔零件的加工工艺编制零件的二维型腔数控加工程序的能力，能选取合理刀具，熟练对刀，能够进行刀具参数的设置，能对所完成零件的超差进行原因分析并进行修正。在数控铣削编程和加工中能严格执行相关技术标准规范和安全操作规程，有纪律观念和团队意识，并具备环境保护和文明生产的基本素质，按照工艺文件独立完成平面外形轮廓零件的数控加工程序及加工，并能够对加工零件进行质量保证与监控。

任务描述　如图 2-4-1 所示的凹模型腔，材料为 45 钢。现需完成其上表面及中间槽的加工，请选择合适的机床、刀具及工艺方案，完成该零件的平面加工。

任务分析　本任务是属于数控铣削加工中的挖槽铣削加工，一般情况下零件上的挖槽加工多采用键槽铣刀或立铣刀进行铣削，常在数控铣床或加工中心上完成。其加工的程序一般比较简单，主要需考虑装夹定位、刀具选用、加工工艺制订等。如果槽深较大，则要考虑采用子程序的调用，实现分层铣削。通过得到的工作任务，经过分析工作任务→制订工作计划→编辑加工程序→操作数控机床加工零件→检验零件尺寸→反馈信息这一套完整的工作流程，完成零件的加工。要完成本任务，需掌握数控铣削指令、编程规则及编程步骤，掌握加工阶段的确定，掌握零件上挖槽铣削加工的工艺和方法，并掌握常用测量工具的使用方法。

相关知识

1. 工艺分析

1）零件图工艺分析

加工如图 2-4-1 所示某模具的凹模型腔，技术要求中无热处理及硬度要求，单件生产。制订该零件的加工工艺、实施方案、检验报告，并在数控铣床或加工中心上完成零件加工。通过完成工作任务，实现相关理论知识和实践技能的获取，获得加工二维型腔零件的能力要求。

（1）分析零件的形状、结构及尺寸的特点，确定零件上是否有妨碍刀具运动的部位，是否有会产生加工干涉或加工不到的区域，零件的最大形状尺寸是否超过机床的最大行程，零件的刚性随着加工的进行是否有太大的变化等。

（2）检查零件的尺寸加工精度、形位公差及表面粗糙度等在现有加工条件下是否可以得到保证，是否还有更经济的加工方法或方案。

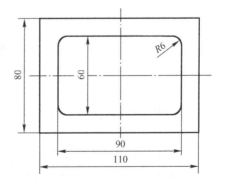
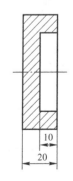

图 2-4-1　挖槽加工示例

（3）在零件上是否存在对刀具形状及尺寸有限制的部位和尺寸要求，如过渡圆角、倒角、槽宽等，这些尺寸是否过于凌乱，是否可以统一。尽量使用最少的刀具进行加工，减少刀具规格、换刀及对刀次数和时间，以缩短总的加工时间。

（4）分析零件上是否有可以利用的工艺基准，对于一般加工精度要求，可以利用零件上现有的一些基准面或基准孔，或者专门在零件上加工出工艺基准。当零件的加工精度要求很高时，必须采用先进的统一基准定位装夹系统才能保证加工要求。

（5）零件毛坯为45钢板，无热处理和硬度要求，有足够的夹持长度，单件生产。该零件的毛坯尺寸为80 mm×110 mm×20 mm，需上表面挖槽，加工的槽深度为10 mm，无其他需加工部位。

2）挖槽铣削加工工艺

(1) 零件的结构工艺性分析

① 统一零件的几何类型及尺寸。零件的内腔与外形应尽量采用统一的几何类型和尺寸，这样可以减少刀具规格和换刀次数，方便编程，提高生产效益。

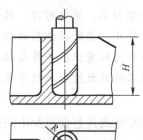
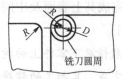

图 2-4-2　内槽圆角半径对零件铣削工艺性的影响

② 内槽圆角半径不应太小。内槽圆角的大小决定着刀具直径的大小。所以，对于图 2-4-2 所示零件，其结构工艺性的好坏与被加工轮廓的高低、转角圆弧半径的大小等因素有关。转角圆弧半径 R 大，可以采用直径较大的立铣刀来加工；加工平面时，进给次数也相应减少，表面加工质量也会好一些，因而工艺性较好。反之，工艺性较差。通常 $R<0.2H$（H 为被加工工件轮廓面的最大高度）时，可以判定零件该部位的工艺性不好。

③ 零件铣槽底平面时，槽底圆角半径 r 不要过大。如图 2-4-3 所示，铣刀端面刃与铣削平面的最大接触直径 $d=D-2r$（D 为铣刀直径），当 D 一定时，r 越大，铣刀端面刃铣削平面的面积越小，加工平面的能力就越差，效率越低，工艺性也越差。当 r 大到一定程度时，甚至必须用球头铣刀加工，这是应该尽量避免的。

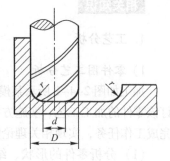

图 2-4-3　零件底面圆弧半径对工艺性的影响

④ 应尽可能在一次装夹中完成所有能加工表面的加工。要选择便于各个表面都能加工的定位方式；若需要二次装夹，应采用统一的基准定位。在数控加工中若没有统一的定位基准，会因工件重新安装产生定位误差，从而使加工后的两个面上的轮廓位置及尺寸不协调。因此，为保证二次装夹加工后其相对位置的准确性，应采用统一的定位基准。

⑤ 最终轮廓一次走刀完成。可按照如图 2-3-31 所示的行切法、环切法和综合切法进行加工。

在数控加工中，行切和环切是典型的两种走刀路线。行切在手工编程时多用于规则矩形平面、台阶面和矩形下陷加工，对非矩形区域的行切一般用自动编程实现。环切主要用于轮廓的半精、精加工及粗加工，用于粗加工时，其效率比行切低，但可方便地用刀补功能实现。

(2) 数控铣削零件毛坯的工艺性分析

① 毛坯应有充分的加工余量，稳定的加工质量。毛坯主要指锻、铸件，其加工面均应有

较充分的余量。

② 分析毛坯的装夹适应性。主要考虑毛坯在加工时定位和夹紧的可靠性与方便性,以便充分发挥数控铣削在一次安装中加工出较多待加工面。对于不便装夹的毛坯,可考虑在毛坯上另外增加装夹余量或工艺凸台来定位与夹紧,也可以制出工艺孔或另外准备工艺凸耳来特制工艺孔作为定位基准。

③ 分析毛坯的余量大小及均匀性。

④ 尽量统一零件轮廓内圆弧的有关尺寸。主要考虑在加工时要不要分层切削,分几层切削;也要分析加工中与加工后的变形程度,考虑是否应采取预防性措施与补救措施。

3) 常见槽的铣削加工方法

(1) 直角沟槽的铣削方法

直角通槽主要用三面刃铣刀来铣削,也可用立铣刀、键槽铣刀和合成铣刀来铣削。对封闭的沟槽则采用立铣刀或键槽铣刀加工。

键槽铣刀一般都是双刃的,端面刃能直接切入工件,故在铣封闭槽之前可以不必预先钻孔,如图 2-4-4 所示。其圆柱面和端面都有切削刃,端面刃延至中心,既像立铣刀,又像钻头。用键槽铣刀铣削键槽时,先轴向进给达到槽深,然后沿键槽方向铣出键槽全长。由于切削力引起刀具和工件的变形,一次走刀铣出的键槽形状误差较大,槽底一般不是直角。为此,通常采用两步法铣削键槽,即先用小号铣刀粗加工出键槽,然后以逆铣方式精加工四周,可得到真正的直角。直柄键槽铣刀直径 $d = 2 \sim 22$ mm,锥柄键槽铣刀直径 $d = 14 \sim 50$ mm。键槽铣刀直径的尺寸精度较高,其直径的偏差有 d8 和 e8 两种。键槽铣刀的圆周切削刃仅在靠近端面的一小段长度内发生磨损,重磨时,只需刃磨端面切削刃,因此重磨后铣刀直径不变。

立铣刀在铣封闭槽时,需预先钻好落刀孔。对宽度大和深的通槽也大多采用立铣刀来铣削。宽度大于 25 mm 的直角通槽大都采用立铣刀来加工,立铣刀的尺寸精度较低,其直径的基本偏差为 js14。在加工直角通槽时,由于直角槽底部是穿通的,故装夹时应注意沟槽下面不能有垫铁,以免妨碍立铣刀穿通,故应采用两块较窄的平行垫铁,垫在工件下面,如图 2-4-5 所示。

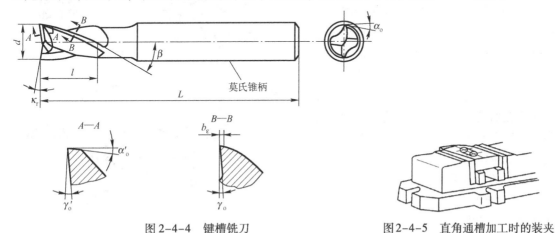

图 2-4-4 键槽铣刀　　图 2-4-5 直角通槽加工时的装夹

盘形槽铣刀简称槽铣刀,它的特点是刀齿的两侧一般没有刃口。有的槽铣刀齿背做成铲齿形,这种切削刃在用钝以后,刃磨时只能磨前面而不磨后面,刃磨后的切削刃形状和宽度都不改变,适宜于加工大批相同尺寸的沟槽。这种铣刀的缺点是制造复杂,切削性能也较差。

(2) 封闭键槽的铣削方法

以加工如图 2-4-6 所示的轴上封闭键槽为例，介绍其加工方法和步骤。

① 一次铣到键槽深度的铣削方法如图 2-4-6（a）所示。这种加工方法对铣刀的使用较不利，因为铣刀在用钝时，其切削刃上的磨损长度等于键槽的深度。若刃磨圆柱面切削刃，则因铣刀直径被磨小而不能再进行精加工。因此，以磨去端面一段较为合理。但对刃磨过的铣刀直径，在使用之前需用千分尺进行检查。

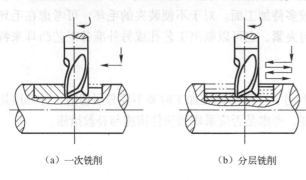

(a) 一次铣削　　　　(b) 分层铣削

图 2-4-6　封闭键槽的铣削方法

② 分层铣削法如图 2-4-6（b）所示。该方法是每次铣削深度只有 0.5 mm 左右，以较快的进给量往复进行铣削，一直铣到预定的深度为止。这种加工方法的特点是，铣刀用钝后只需磨端面刃（磨削不到 1 mm），铣刀直径不受影响，在铣削时也不会产生让刀现象。

4）确定装夹方案和定位基准

(1) 对夹具的基本要求

① 为保持工件在本工序中所有需要完成的待加工面充分暴露在外，夹具要做得尽可能开敞，因此夹紧机构元件与加工面之间应保持一定的安全距离，同时要求夹紧机构元件能低则低，以防止夹具与铣床主轴套筒或刀套、刃具在加工过程中发生碰撞。

② 为保持零件安装方位与机床坐标系及编程坐标系方向的一致性，夹具应能保证在机床上实现定向安装，还要求能协调零件定位面与机床之间保持一定的坐标联系。

③ 夹具的刚性与稳定性要好。尽量不采用在加工过程中更换夹紧点的设计，当非要在加工过程中更换夹紧点不可时，要特别注意不能因更换夹紧点而破坏夹具或工件定位精度。

(2) 常用夹具种类

① 万能组合夹具。适合于小批量生产或研制时的中、小型工件在数控铣床上进行铣削加工，分为槽系组合夹具、孔系组合夹具和孔槽结合的柔性组合夹具三类，如图 2-4-7 所示为槽系组合夹具。

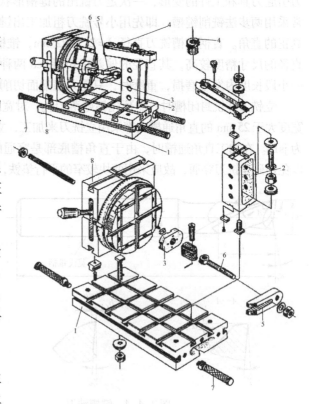

1—基础件；2—支承件；3—定位件；4—导向件；
5—夹紧件；6—紧固件；7—其他件；8—合件

图 2-4-7　槽系组合夹具

② 专用铣削夹具。这是特别为某一项或类似的几项工件设计制造的夹具,一般在年产量较大或研制时非要不可时采用。其结构固定,仅适用于一个具体零件的具体工序,这类夹具设计时应力求简化,使制造时间尽可能缩短。

③ 多工位夹具。可以同时装夹多个工件,可减少换刀次数,也便于一面加工,一面装卸工件,有利于缩短辅助时间,提高生产率,较适宜于中批量生产。

④ 气动或液压夹具。适用于生产批量较大,采用其他夹具又特别费工、费力的工件,能减轻工人劳动强度和提高生产率,但此类夹具结构较复杂,造价往往较高,而且制造周期较长。

⑤ 通用夹具。除前面任务介绍的平口钳、压板、三爪卡盘等,还有数控回转座(一次安装工件,同时可从四面加工坯料)、双回转台(可用于加工在表面上成不同角度布置的孔,可做五个方向的加工)等。

(3) 数控铣削夹具的选用原则

在选用夹具时,通常需要考虑产品的生产批量、生产效率、质量保证及经济性,选用时可参照下列原则:

① 在生产量小或研制时,应广泛采用万能组合夹具,只有在组合夹具无法解决工件装夹时才考虑采用其他夹具。

② 小批量或成批生产时可考虑采用专用夹具,但应尽量简单。

③ 在生产批量较大时可考虑采用多工位夹具和气动、液压夹具。

本任务零件毛坯为方料,单件生产,因此采用机用平口钳装夹,用百分表校正机用平口钳。编程原点和加工原点在工件上表面中心位置。

5) 选择刀具及切削用量

(1) 对刀具的基本要求

① 铣刀刚性要好。一是满足为提高生产效率而采用大切削用量的需要;二是为适应数控铣床加工过程中难以调整切削用量的特点。

② 铣刀的耐用度要高。当一把铣刀加工的内容很多时,如果刀具磨损较快,不仅会影响零件的表面质量和加工精度,而且会增加换刀与对刀次数,从而导致零件加工表面留下因对刀误差而形成的接刀台阶,降低零件的表面质量。

除上述两点之外,铣刀切削刃的几何角度参数的选择及排屑性能等也非常重要,切屑黏刀形成积屑瘤在数控铣削中是十分忌讳的。

总之,根据被加工工件材料的热处理状态、切削性能及加工余量选择刚性好、耐用度高的铣刀,是充分发挥数控铣床的生产效率和获得满意的加工质量的前提。

(2) 刀具选择

选择刀具时需要根据零件结构特征确定刀具类型。该零件在铣削加工中所用到的刀具及切削用量的选择如表 2-4-1 所示。

表 2-4-1 刀具及切削用量表

工步	工步内容	刀 号	刀具名称	主轴转速(r/min)	进给量(mm/r)	备 注
1	上表面加工	T01	φ63 面铣刀	S300	F50	手动/MDI

工步	工步内容	刀号	刀具名称	主轴转速（r/min）	进给量（mm/r）	备注
2	粗加工槽，单边留精加工余量 0.5 mm	T02	φ12 键槽铣刀	S400	F40	
3	精加工槽	T03	φ10 立铣刀	S600	F50	

2. 程序编制

在数控铣/加工中心机床通常采用子程序调用指令来执行分层铣削。

1）子程序调用指令 M98/M99

（1）调用子程序 M98。

指令格式：M98 P×××× ××××；

其中，在地址 P 后面的 8 位数字中，前 4 位表示子程序调用次数，后 4 位表示子程序名。调用次数前面的 0 可以省略不写；当调用次数为 1 时，前 4 位数字可省略。

  M98 P51002；表示调用 O1002 号子程序 5 次。

  M98 P1002；表示调用 O1002 号子程序 1 次。

  M98 P30004；表示调用 O0004 号子程序 3 次。

（2）子程序调用结束，并返回主程序 M99。

指令格式：M99；

（3）子程序编程应用格式。在 FANUC 0i - MC 系统中，子程序与主程序一样，必须建立独立的文件名，但程序结束必须用 M99 结束。

实例 2-27 编写如图 2-4-8 所示等距孔钻削加工的程序（用子程序编程）。

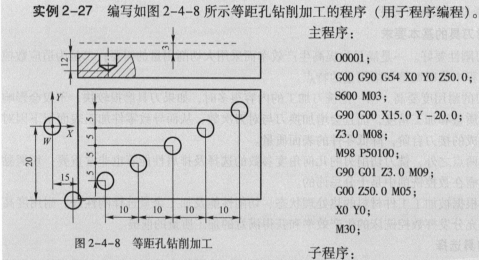

图 2-4-8 等距孔钻削加工

主程序：

O0001；
G00 G90 G54 X0 Y0 Z50.0；
S600 M03；
G90 G00 X15.0 Y-20.0；
Z3.0 M08；
M98 P50100；
G90 G01 Z3.0 M09；
G00 Z50.0 M05；
X0 Y0；
M30；

子程序：

O100；
G91G00 X10.0 Y5.0；
G01 Z-15.0 F50；
G04 P1.0；
G00 Z15.0；
M99；

2) 刀具长度补偿

刀具长度补偿指令用于刀具的轴向补偿,使刀具沿轴向的位移在编程位移的基础上加上或减去补偿值,即刀具 Z 向实际位移量 = 编程位移量 ± 补偿值。

刀具长度补偿指令采用 G43、G44、G49,其中 G43、G44 为启用刀具长度补偿,G43 为刀具长度正补偿,刀具 Z 向实际位移量 = 编程位移量 + 补偿值;G44 为刀具长度负补偿,刀具 Z 向实际位移量 = 编程位移量 − 补偿值;H 为刀具长度补偿值寄存器的地址号,刀具长度补偿值存于此。习惯上,编程中一般使用 G43 指令,G49 为刀具长度负补偿撤销指令。

编程格式为:

```
G01 G43/G44 Z H      // 建立补偿程序段
……                  // 切削加工程序段
……
G49                  // 补偿撤销程序段
```

如图 2-4-9 (a) 所示所对应的程序段为 G01 G43 Z__ H__；

如图 2-4-9 (b) 所示所对应的程序段为 G01 G44 Z__ H__；

其中,S 为 Z 向程序指令点;H 的值为长度补偿量 Δ。H 为刀具长度补偿代号地址字,后面一般用两位数字表示代号,代号与长度补偿量一一对应。刀具长度补偿量可用 CRT/MDI 方式输入。如果用 H00 则取消刀具长度补偿。

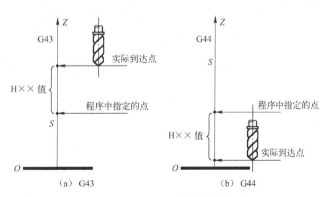

图 2-4-9 刀具长度补偿

3) 加工中心换刀指令 M06

加工中心是从数控铣床发展而来的。与数控铣床的最大区别在于加工中心具有自动交换加工刀具的能力,通过在刀库上安装不同用途的刀具,可在一次装夹中通过自动换刀装置改变主轴上的加工刀具,实现多种加工功能。

(1) 换刀过程。自动换刀装置的换刀过程由选刀和换刀两部分组成。

当执行到 T×× 指令即选刀指令后,刀库自动将要用的刀具移动到换刀位置,完成选刀过程,为下面换刀做好准备;当执行到 M06 指令时即开始自动换刀,把主轴上用过的刀具取下,将选好的刀具安装在主轴上,实现换刀。

① 机械手换刀动作过程。如图 2-4-10 所示,机械手换刀的动作过程如下:

- 主轴箱回参考点,主轴准停。
- 机械手抓刀,如图 2-4-10 (a) 所示。机械手同时抓住主轴和刀库上待换的刀具。
- 取刀,如图 2-4-10 (b) 所示。活塞杆推动机械手下行,将刀具分别从主轴和刀库上取下。
- 交换刀具位置,如图 2-4-10 (c) 所示。机械手回转 180°,交换刀具位置。

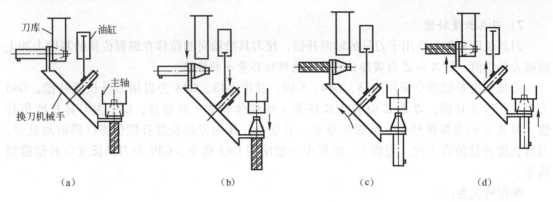

图 2-4-10 机械手换刀动作过程

● 装刀，如图 2-4-10（d）所示。活塞杆上行，将更换后的刀具装入主轴和刀库。

② 刀库移动 - 主轴升降式换刀过程。如图 2-4-11 所示，刀库移动 - 主轴升降式换刀的动作过程如下：

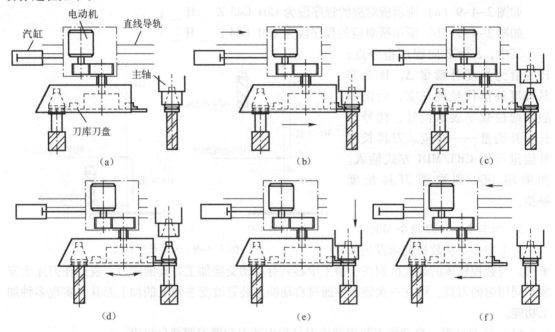

图 2-4-11 刀库移动 - 主轴升降式换刀的动作过程

● 分度，将刀盘上接收刀具的空刀座转到换刀所需的预定位置，如图 2-4-11（a）所示。
● 接刀，活塞杆推出，将空刀座送至主轴下方，并卡住刀柄定位槽，如图 2-4-11（b）所示。
● 卸刀，主轴松刀，铣头上移至参考点，如图 2-4-11（c）所示。
● 再次分度，再次分度回转，将预选刀具转到主轴正下方，如图 2-4-11（d）所示。
● 装刀，主轴下移，抓刀，如图 2-4-11（e）所示。
● 复位，活塞杆缩回，刀盘复位，如图 2-4-11（f）所示。

(2) 换刀程序。由于加工中心的加工特点，在编写加工程序前，首先要注意换刀程序的应用。不同的加工中心，其换刀过程是不完全一样的，通常选刀（T××）和换刀（M06）可分开进行。换刀动作必须在主轴停转条件下进行。换刀完毕启动主轴后，方可执行下面程序段的加工动作，选刀动作可与机床的加工动作重合起来，即利用切削时间进行选刀，因此，换刀 M06 指令必须安排在用新刀具进行加工的程序段之前，而下一个选刀指令 T×× 常紧接安排在这次换刀指令之后。

多数加工中心都规定了"换刀点"位置，要求在换刀前用准备功能指令（G28）使主轴自动返回 Z0 点，即定距换刀，主轴只有走到这个位置，机械手才能执行换刀动作。一般立式加工中心规定换刀点的位置在 Z0 处（机床 Z 轴零点），当控制机接到选刀 T 指令后，自动选刀，被选中的刀具处于刀库最下方；接到换刀 M06 指令后，机械手执行换刀动作。

XH714 加工中心装备有盘形刀库，通过主轴与刀库的相互运动，实现换刀。常见的换刀程序为：

```
T××；
M06；或（G91 G28 Z0；  T×× M06；）
```

注意：系统不同，换刀程序有所不同，操作者在使用换刀程序前，仔细阅读所使用机床的操作、编程说明书。

3. 任务实施

1）本任务工艺分析

本任务零件的加工部位主要是上表面及挖槽，采用面铣刀手动或 MDI 方式加工上表面，使用键槽铣刀和立铣刀进行挖槽铣削。零件毛坯为方料，因此采用平口钳进行装夹，并用垫铁等附件配合装夹工件。选用的加工设备为汉川机床厂 XH714D 立式加工中心，配备 FANUC 0i MD 数控系统。

刀具及切削用量的选择如表 2-4-1 所示。

考虑刀具半径补偿及切向切入、切出，刀具的路径设计为工序卡中所示，即 O→A→B→零件轮廓→B→C→O。

2）环切路线的设计

本任务中的零件挖槽加工采用环切的加工方法，环切加工是利用已有精加工刀补程序，通过修改刀具半径补偿值的方式，控制刀具从内向外或从外向内，一层一层去除工件余量，直至完成零件加工。

编写环切加工程序，需解决环切刀具半径补偿值的计算、环切刀补程序工步起点（下刀点）的确定、如何在程序中修改刀具半径补偿值等三个问题。

(1) 环切刀具半径补偿值的计算。确定环切刀具半径补偿值的步骤如下：

① 确定刀具直径、走刀步距和精加工余量；
② 确定半精加工和精加工刀补值；
③ 确定环切第一刀的刀具中心相对零件轮廓的位置（第一刀刀补值）；
④ 根据步距确定中间各刀刀补值。

用环切方案加工图 2-4-1 所示零件内槽，环切路线为从内向外。环切刀补值的确定过程如下：

- 根据内槽圆角半径 $R6$，选取 $\phi 12$ 键槽铣刀，精加工余量为 $0.5\,mm$，走刀步距取 $10\,mm$。
- 由刀具半径 $6\,mm$，可知精加工和半精加工的刀补半径分别为 $6\,mm$ 和 $6.5\,mm$。
- 如图 2-4-12 所示，为保证第一刀的左右两条轨迹按步距要求重叠，则两轨迹间距离等于步距，则该刀刀补值 $= 30 - 10/2 = 25\,mm$。
- 根据步距确定中间各刀刀补值。第二刀刀补值 $= 25 - 10 = 15\,mm$，第三刀刀补值 $= 15 - 10 = 5\,mm$，该值小于半精加工刀补值，说明此刀不需要。

由上述过程，环切加工该零件共需 4 刀，刀补值分别为 $25\,mm$、$15\,mm$、$6.5\,mm$、$6\,mm$，分别输入数控系统内的 $D1 \sim D4$ 中，其值如表 2-4-2 所示。

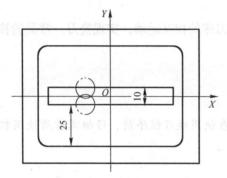

图 2-4-12　环切刀补值确定

表 2-4-2　各次环切的刀补值

补偿号 D	刀具补偿半径（mm）
1	25
2	15
3	6.5
4	6

（2）环切刀补程序工步起点（下刀点）的确定。对于封闭轮廓的刀补加工程序来说，一般选择轮廓上凸出的角作为切削起点；对内轮廓，如没有这样的点，也可以选取圆弧与直线的相切点，以避免在轮廓上留下接刀痕。在确定切削起点后，再在该点附近确定一个合适的点，来完成刀补的建立与撤销，这个专用于刀补建立与撤销的点就是刀补程序的工步起点，一般情况下也是刀补程序的下刀点。

一般而言，当选择轮廓上凸出的角作为切削起点时，刀补程序的下刀点应在该角的角平分线上（45°方向）；当选取圆弧与直线的相切点或某水平/垂直直线上的点作为切削起点时，刀补程序的下刀点与切削起点的连线应与直线部分垂直。在一般的刀补程序中，为缩短空刀距离，下刀点与切削起点的距离比刀具半径略大一点，下刀时刀具与工件不发生干涉即可。但在环切刀补程序中，下刀点与切削起点的距离应大于在上一步骤中确定的最大刀具半径补偿值，以避免产生刀具干涉报警。如对图 2-4-1 所示零件，取零件中心为编程零点，取下边中点作为切削起点；如刀补程序仅用于精加工，下刀点取在 $(0, -22)$ 即可，该点至切削起点距离为 $8\,mm$。但在环切时，由于前两刀的刀具半径补偿值大于 $8\,mm$，建立刀补时，刀具实际运动方向是向上，而程序中指定的运动方向是向下，撤销刀补时与此类似，此时数控系统就会产生刀具干涉报警。因此，合理的下刀点应在编程零点 $(0, 0)$。

根据环切加工的路线设计，该零件的数控加工工序卡片如表 2-4-3 所示。

表 2-4-3 本任务的数控加工工序卡片

单 位 ××××	数控加工工序卡片		产品名称或代号 ××××	零件名称 挖槽零件加工	零件图号 ×××
			车 间	使用设备	
			先进制造技术车间	XH714D 加工中心	
			工艺序号	程序编号	
			001	O1006	
工步号	工步作业内容		刀具号	刀补量	主轴转速	进给速度	背吃刀量	备注
1	上表面加工		T01		S300	F50		手动/MDI
2	粗加工槽，单边留精加工余量 0.5 mm		T02		S400	F40		
3	精加工槽		T03		S600	F50		
编制		审核		批准	日期		共 页	第 页

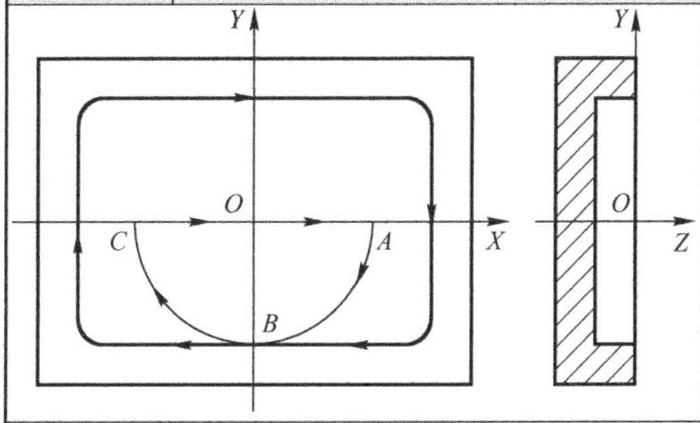

3）编写程序

参考主程序为：

```
O1006;
G91 G28 Z0 M5;          换T02刀,粗加工
T2 M6;
G0 G90 G54 X0 Y0;
G43 H2 Z50.;
S400 M3;
Z5.;
G1 Z-5. F40;
M98 P500 D1;
M98 P500 D2;
M98 P500 D3;
G1 Z-10.;
M98 P500 D1;
M98 P500 D2;
M98 P500 D3;
G0 Z50.;
G91 G28 Z0 M5;          换T03刀,精加工
T3 M6;
G0 G90 G54 X0 Y0;
G43 H3 Z50.;
S600 M3;
Z5.;
G1 Z-10. F50;
```

157

```
M98 P500 D4;
G0 Z50.;
X0 Y0 M5;
M30;
```

参考子程序为：

```
O500;
G42 G1 X30.;
G2 X0. Y-30.0 R30.0;
G1 X-45.;
Y30.0;
X45.0;
Y-30.0;
X0;
G2 X-30.0 Y0 R30.0;
G1 G40 X0;
M99;
```

4）数控加工

（1）打开机床和数控系统。

（2）接通电源，松开急停按钮，机床回零。

（3）装夹工件。

（4）安装刀具。

（5）程序的输入与校验。

图 2-4-13 刀具长度补偿输入页面

（6）工件坐标系的建立（对刀）。本任务采用的设备是加工中心，对刀方法与前述任务相同，只是在对刀具长度时，须将获得的每把刀具的长度，输入对应刀号的数控系统的工件补正/形状（H）中，如图 2-4-13 所示。

（7）在开始加工前检查倍率和主轴转速按钮，然后开启循环启动按钮，机床开始自动加工。

（8）自动加工完成后，再检测零件的形状、尺寸及精度要求。

（9）加工合格后，对机床进行相应的保养。

（10）将工、量、卡具还至原位，填写工作日志。

4. 质量检验

本任务零件检测中所需的游标卡尺、百分表、千分表等常规检测工具的使用方法已在前面的项目中介绍完毕，不再赘述。

加工完成后，对零件进行去毛刺和检测，本任务的评价标准与表 2-1-7 相同。

任务巩固　（1）如图 2-4-14 所示零件，材料为 45 钢，毛坯为 80 mm × 80 mm × 25 mm 的方料，制订该零件的铣削加工工艺，编写该零件的程序，并在加工中心加工。

学习情境 2　模具零件的数控车削及铣削加工技术

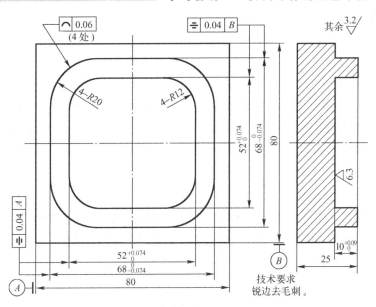

图 2-4-14　铣削零件练习

（2）练习对称度误差的测量方法及应用，并对加工出来的零件进行检测。

项目 2.5　模具零件上的孔系加工

职业能力　孔系加工是数控铣床/加工中心的重要加工任务之一，是操作数控铣床/加工中心的重要技能之一。本项目培养孔及孔系的数控加工工艺制订的能力，并使学生具备依据孔系的加工工艺编制零件的孔加工程序的能力，能选取合理刀具，熟练对刀，能够进行刀具参数的设置。在数控铣削编程和加工中能严格执行相关技术标准规范和安全操作规程，有纪律观念和团队意识，并具备环境保护和文明生产的基本素质，按照工艺文件独立完成孔系零件的数控加工程序及加工，并能够对加工零件进行质量保证与监控。

任务描述　如图 2-5-1 所示的零件为某法兰冲裁模垫板上的孔系加工，材料为 45 钢，毛坯为 $\phi80$ 的棒料，且工件上外形尺寸均已加工到位，且 $\phi40H7$ 的底孔已预加工至 $\phi33$，请选择合适的机床、刀具及工艺方案，完成该零件上的孔加工。

任务分析　本任务属于数控铣削加工中的孔系加工，一般情况下零件上的孔系加工在数控铣床或加工中心上采用孔加工刀具来完成。其加工的程序一般均使用孔加工循环指令。通过得到的工作任务，经过分析工作任务→制订工作计划→编辑加工程序→操作数控机床加工零件→检验零件尺寸→反馈信息这一套完整的工作流程完成零件的加工。要完成本任务，需掌握孔加工循环指令、编程规则及编程步骤，掌握加工阶段的确定，掌握零件上孔加工的工艺和方法，并掌握孔的测量方法。

相关知识

1. 工艺分析

1) 零件图工艺分析

加工如图 2-5-1 所示某法兰冲裁模垫板上的孔系加工,技术要求中无热处理及硬度要求,单件生产。制订该零件的加工工艺、实施方案、检验报告,并在数控铣床或加工中心上完成零件加工。通过完成工作任务,巩固相关理论知识和获取实践技能,获得零件上孔系加工的能力。

2) 确定装夹方案及定位基准

零件毛坯为棒料,不能再采用前述项目中的平口钳装夹,换成铣削专用三爪卡盘进行装夹,如图 2-5-2 所示,编程原点及工件原点在工件上表面的中心处。

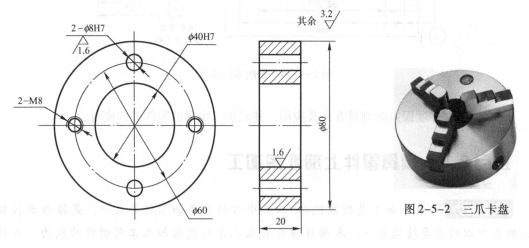

图 2-5-1 孔系加工示例

图 2-5-2 三爪卡盘

(1) 三爪卡盘的安装。将三爪盘卡安装在铣床工作台面上的具体步骤如下。

① 清洁数控机床工作台面,清洁三爪卡盘。
② 将三爪卡盘放置在工作台面上。
③ 用 T 型螺栓将三爪卡盘压紧在工作台面上。

(2) 在三爪卡盘上装夹工件并校正。清洁三爪卡盘和工件,将工件装夹在三爪卡盘上,并稍稍带紧工件,以便进行工件校正。本任务中,校正工件主要是为了检查工件装夹后零件轴线是否铅垂,可以使用百分表检查工件外圆侧母线是否铅垂来检测,如图 2-5-3 所示。具体操作步骤如下。

① 将百分表座固定在机床主轴上。
② 将百分表测头接触工件外圆侧母线。
③ 手动上下移动主轴,根据百分表读数用铜棒轻敲工件进行调整,直至百分表读数变化在 0.02 mm 以内。

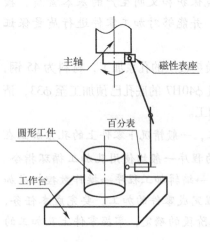

图 2-5-3 三爪卡盘装夹工件的校正

④ 夹紧工件。
⑤ 将百分表及表座从机床上卸下。

注意： 百分表装好后，不能随主轴转动；主轴轴线不需要和圆形工件轴线重合。

3) 孔系加工常用刀具

(1) 钻孔刀具及其选择

钻孔刀具较多，有普通麻花钻、可转位浅孔钻及扁钻等，选择时应根据工件材料、加工尺寸及加工质量要求等合理选用。

在加工中心上钻孔大多是采用普通麻花钻。麻花钻有高速钢和硬质合金两种。麻花钻的组成如图 2-5-4 所示，它主要由工作部分和柄部组成。工作部分包括切削部分和导向部分。

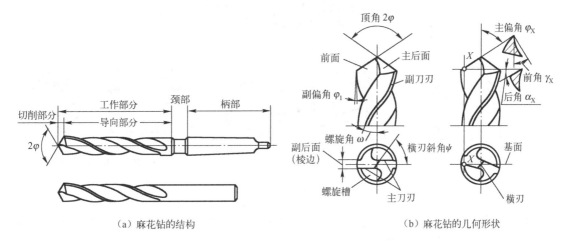

（a）麻花钻的结构　　　　　　　（b）麻花钻的几何形状

图 2-5-4　普通麻花钻

麻花钻的切削部分有两个主切削刃、两个副切削刃和一个横刃。两个螺旋槽是切屑流经的表面为前面；与工件过渡表面（孔底）相对的端部两曲面为主后面；与工件已加工表面（孔壁）相对的两条刃带形成的表面为副后面。前面与主后面的交线为主切削刃；前面与副后面的交线为副切削刃；两个主后面的交线为横刃。横刃与主切削刃在端面上投影间的夹角称为横刃斜角，横刃斜角 $\psi = 50°\sim 55°$；主切削刃上各点的前角、后角是变化的，外缘处前角约为 30°，钻心处前角接近 0°，甚至是负值；两条主切削刃在与其平行的平面内的投影之间的夹角为顶角，标准麻花钻的顶角 $2\varphi = 118°$。

麻花钻导向部分起导向、修光、排屑和输送切削液作用，也是切削部分的后备。

根据柄部不同，麻花钻有莫氏锥柄和圆柱柄两种。直径为 8～80mm 的麻花钻多为莫氏锥柄，可直接装在带有莫氏锥孔的刀柄内，刀具长度不能调节。直径为 0.1～20mm 的麻花钻多为圆柱柄，可装在钻夹头刀柄上。对于中等尺寸麻花钻，两种形式的刀柄均可选用。

麻花钻有标准型和加长型，为了提高钻头刚性，应尽量选用较短的钻头，但麻花钻的工作部分应大于孔深，以便排屑和输送切削液。

在加工中心上钻孔，因无夹具钻模导向，受两切削刃上切削力不对称的影响，容易引起钻孔偏斜，故要求钻头的两切削刃必须有较高的刃磨精度（两刃长度一致，顶角 2φ 对称于钻头中心线或先用中心钻定中心，再用钻头钻孔）。

钻削直径在20～60mm、孔的深径比不大于3的中等浅孔时，可选用可转位浅孔钻，这种钻头具有切削效率高、加工质量好的特点，最适用于箱体零件的钻孔加工。对于深径比大于5而小于100的深孔加工，因其加工中散热差，排屑困难，钻杆刚性差，易使刀具损坏和引起孔的轴线偏斜，影响加工精度和生产率，故应选用深孔刀具加工。

（2）扩孔刀具及其选择

扩孔多采用扩孔钻，也有采用镗刀扩孔的。标准扩孔钻一般有3～4条主切削刃、切削部分的材料为高速钢或硬质合金，结构形式有直柄式、锥柄式和套式等。如图2-5-5（a）(b)（c）所示分别为锥柄式高速钢扩孔钻、套式高速钢扩孔钻和套式硬质合金扩孔钻。在小批量生产时，常用麻花钻改制。

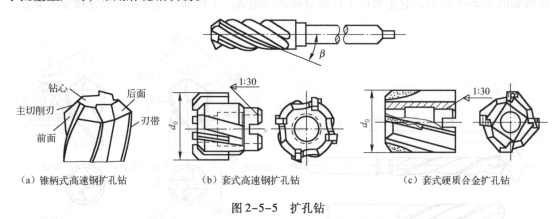

（a）锥柄式高速钢扩孔钻　　（b）套式高速钢扩孔钻　　（c）套式硬质合金扩孔钻

图2-5-5　扩孔钻

扩孔直径较小时，可选用直柄式扩孔钻；扩孔直径中等时，可选用锥柄式扩孔钻；扩孔直径较大时，可选用套式扩孔钻。

扩孔钻的加工余量较小，主切削刃较短，因而容屑槽浅，刀体的强度和刚度较好。它无麻花钻的横刃，加之刃齿多，所以导向性好，切削平稳，加工质量和生产率都比麻花钻高。

（3）镗孔刀具及其选择

镗孔所用刀具为镗刀。镗刀种类很多，按切削刃数量可分为单刃镗刀和双刃镗刀。镗削通孔、阶梯孔和不通孔可分别选用如图2-5-6（a）(b)（c）所示的单刃镗刀。

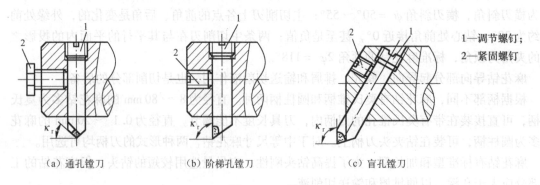

（a）通孔镗刀　　（b）阶梯孔镗刀　　（c）盲孔镗刀

1—调节螺钉；
2—紧固螺钉

图2-5-6　单刃镗刀

加工中心用的镗刀，就其切削部分而言，与外圆车刀没有本质的区别，但在加工中心上进行镗孔通常采用悬臂式的加工方法，因此要求镗刀有足够的刚性和较好的精度。为适应不同的切削条件，镗刀有多种类型。按镗刀的切削刃数量可分为单刃镗刀和双刃镗刀。

单刃镗刀头结构类似车刀，用螺钉装夹在镗杆上。大多数单刃镗刀制成可调结构。如图 2-5-6（a）（b）（c）所示分别为用于镗削通孔、阶梯孔和盲孔的单刃镗刀，螺钉 1 用于调整尺寸，螺钉 2 起锁紧作用。单刃镗刀刚性差，切削时易引起振动，所以镗刀的主偏角选得较大，以减少径向力。镗铸铁孔或精镗时，一般取 $\kappa_r = 90°$；粗镗钢件孔时，取 $\kappa_r = 60° \sim 75°$，以提高刀具的寿命。所镗孔径的大小要靠调整刀具的悬伸长度来保证，调整麻烦，效率低，只能用于单件小批生产。但单刃镗刀结构简单，适应性较广，粗、精加工都适用。

在孔的精镗中，目前较多地选用精镗微调镗刀。这种镗刀的径向尺寸可以在一定范围内进行微调，调节方便，且精度高，其结构如图 2-5-7 所示。调整尺寸时，先松开拉紧螺钉 6，然后转动带刻度盘的调整螺母 3，等调至所需尺寸，再拧紧拉紧螺钉 6，制造时应保证锥面靠近大端接触（刀杆 4 的 90°锥孔的角度公差为负值），且与直孔部分同心。导向键 7 与键槽配合间隙不能太大，否则微调时就不能达到较高的精度。

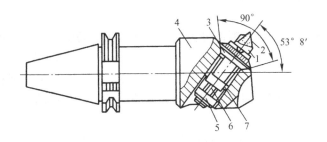

1—刀体；2—刀片；3—调整螺母；4—刀杆；5—螺母；6—拉紧螺钉；7—导向键

图 2-5-7　微调镗刀

镗削大直径的孔可选用如图 2-5-8 所示的双刃机夹镗刀。这种镗刀头部可以在较大范围内进行调整，且调整方便，最大镗孔直径可达 1 000 mm。

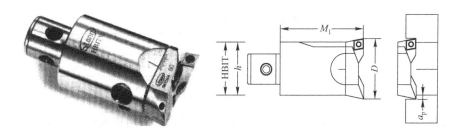

图 2-5-8　双刃机夹镗刀

双刃镗刀的两端有一对对称的切削刃同时参加切削，与单刃镗刀相比，每转进给量可提高一倍左右，生产效率高。同时，可以消除切削力对镗杆的影响。

（4）铰孔刀具及其选择

常用的铰刀多是通用标准铰刀。此外，还有机夹硬质合金刀片单刃铰刀和浮动铰刀等。加工精度为 IT8～IT9 级，表面粗糙度 Ra 为 0.8～1.6 μm 的孔时，多选用通用标准铰刀。

通用标准铰刀如图 2-5-9 所示，有直柄、锥柄和套式三种。锥柄铰刀直径为 10～32 mm，直柄铰刀直径为6～20 mm，小孔直柄铰刀直径为1～6 mm，套式铰刀直径为25～80 mm。

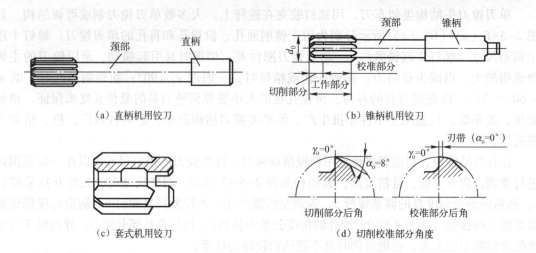

图2-5-9 机用铰刀

铰刀工作部分包括切削部分与校准部分。切削部分为锥形，担负主要切削工作。切削部分的主偏角为5°～15°，前角一般为0°，后角一般为5°～8°。校准部分的作用是校正孔径、修光孔壁和导向。为此，这部分带有很窄的刃带（$\gamma_o = 0°$，$\alpha_o = 0°$）。校准部分包括圆柱部分和倒锥部分。圆柱部分保证铰刀直径和便于测量，倒锥部分可减小铰刀与孔壁的摩擦和孔径扩大量。

标准铰刀有4～12齿。铰刀的齿数除了与铰刀直径有关外，主要根据加工精度的要求选择。齿数对加工表面粗糙度的影响并不大。齿数过多，刀具的制造重磨都比较麻烦，而且会因齿间容屑槽减小，而造成切屑堵塞和划伤孔壁甚至使铰刀折断。齿数过少，则铰削时的稳定性差，刀齿的切削载荷增大，且容易产生几何形状误差。铰刀齿数可按表2-5-1选取。应当注意，由工具厂购入的铰刀，需按工件孔的配合和精度等级进行研磨和试切后才能投入使用。

表2-5-1 铰刀齿数的选择

铰刀直径（mm）		1.5～3	3～l4	14～40	>40
齿数	一般加工精度	4	4	6	8
	高加工精度	4	6	8	10～12

加工IT5～IT7级，表面粗糙度$Ra\ 0.7\mu m$的孔时，可采用机夹硬质合金刀片的单刃铰刀。铰削精度为IT6～IT7级，表面粗糙度$Ra\ 0.8～1.6\mu m$的大直径通孔时，可选用专为加工中心设计的浮动铰刀。

(5) 丝锥

用丝锥（也叫"丝攻"）攻螺纹是切削内螺纹的一种加工方法。丝锥是用高速钢制成的一种成形多刃刀具，一般使用螺纹固定循环指令（在特殊情况下也可以使用G01）加工小直径内螺纹。丝锥上开有3～4条容屑槽，这些容屑槽形成了切削刃和前角，如图2-5-10所示。

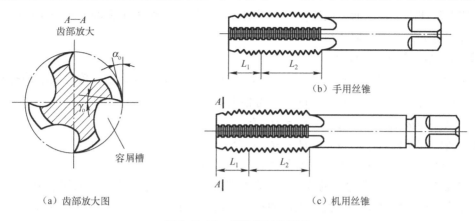

(a) 齿部放大图　　　　　　　　　　　　(c) 机用丝锥

图 2-5-10　丝锥的结构形状

丝锥种类很多，但主要分手用丝锥（如图 2-5-10（b）所示）和机用丝锥（如图 2-5-10（c）所示）两大类。数控机床上用机用丝锥，机用丝锥与手用丝锥形状基本相似，只是在柄部多一环形槽，用以防止丝锥从攻螺纹工具中脱落，其尾柄部和工作部分的同轴度比手用丝锥要求高。

4）孔加工的进给路线

(1) 孔加工进给路线的确定

孔加工时，一般先将刀具在 XOY 平面内快速定位到孔中心线的位置上，然后再沿 Z 向（轴向）运动进行加工。

① 确定刀具在 XOY 平面内的进给路线时重点考虑如下几点：
- 定位迅速，空行程路线要短。
- 定位准确，避免机械进给系统反向间隙对孔位置精度的影响。
- 当定位迅速与定位准确不能同时满足时，以保证加工精度为原则。
- 孔位置精度要求较高的多孔加工时，刀具在不同的孔间定位时，要防止引入反向间隙。

② 刀具在 Z 向的进给路线。刀具在 Z 向的进给路线分为快速移动进给路线和工作进给路线，如图 2-5-11 所示。刀具先从初始平面快速移动到 R 平面（参考平面，距工件加工表面一切入距离的平面）上，然后按工作进给速度加工。对多孔加工，为减少刀具空行程进给时间，加工后续孔时，刀具只要退回到 R 平面即可。

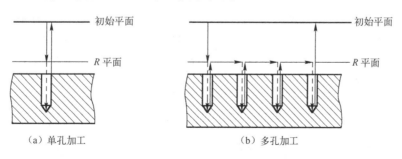

(a) 单孔加工　　　　　　　　　　(b) 多孔加工

图 2-5-11　刀具在 Z 向的进给路线

R 平面距工件表面的距离称为切入距离。加工通孔时，为保证全部孔深都加工到应有尺寸,应使刀具伸出工件底面一段距离(切出距离)。切入、切出距离的大小与工件表面状况和加工方式有关,一般可取 2～5 mm。

(2) 攻螺纹前的工艺要点

① 攻螺纹前孔径 D_1 的确定。为了减小切削抗力和防止丝锥折断,攻螺纹前的孔径必须比螺纹小径稍大些,攻普通螺纹前的孔径可根据如下经验公式进行计算。

加工钢件和塑性较大的材料:$D_1 \approx D - P$;

加工铸件和塑性较小的材料:$D_1 \approx D - 1.05 P$。

式中,D 为螺纹大径;D_1 为攻螺纹前孔径;P 为螺距。

② 攻制盲孔螺纹底孔深度的确定。攻制盲孔螺纹时,由于丝锥前端的切削刃不能攻制出完整的牙型,所以钻孔深度要大于规定的孔深。通常钻孔深度约等于螺纹的有效长度加上螺纹公称直径的 0.7 倍。

③ 孔口倒角。钻孔或扩孔至最大极限尺寸后,在孔口倒角,直径应大于螺纹大径。

④ 攻螺纹时切削速度。钢件和塑性较大的材料为 2～4 m/min;铸件和塑性较大的材料为 4～6 m/min。

2. 程序编制

1) 孔加工固定循环指令

孔加工是数控加工中最常见的加工工序,在数控加工中,某些孔加工动作的循环已经典型化,例如,钻孔、镗孔的动作是孔的平面定位、快速引进、工作进给、快速退回等。这样一系列典型的加工动作已经预先编好程序,存储在内存中,可用包含 G 代码的一个程序段调用,从而简化编程工作。这种包含了典型动作循环的 G 代码称为循环指令。孔加工固定循环指令如表 2-5-2 所示。

表 2-5-2 孔加工固定循环指令

G 代码	加工动作(-Z 方向)	孔底动作	退刀动作(+Z 方向)	用 途
G73	间歇进给		快速进给	高速深孔往复排屑钻
G74	切削进给	暂停、主轴正转	切削进给	攻左旋螺纹
G76	切削进给	主轴准停	快速进给	精镗
G80				取消固定循环
G81	切削进给		快速进给	钻孔
G82	切削进给	暂停	快速进给	钻、镗阶梯孔
G83	间歇进给		快速进给	深孔排屑钻
G84	切削进给	暂停、主轴反转	切削进给	攻右旋螺纹
G85	切削进给		切削进给	镗孔
G86	切削进给	主轴停	快速进给	镗孔
G87	切削进给	主轴正转	快速进给	反镗孔
G88	切削进给	暂停、主轴停	手动	镗孔
G89	切削进给	暂停	切削进给	镗孔

(1) 固定循环的动作组成。孔加工固定循环指令有 G73、G74、G76、G80～G89，通常由下述六个动作构成，如图 2-5-12 所示。

① X、Y 轴定位；
② 快速运动到点 R（参考点）；
③ 孔加工；
④ 在孔底的动作；
⑤ 退回到点 R（参考点）；
⑥ 快速返回到初始点。

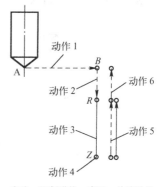

实线—切削进给；虚线—快速进给

图 2-5-12 固定循环动作

固定循环的数据表达形式可以用绝对坐标（G90）和相对坐标（G91）表示，如图 2-5-13 所示，其中图 2-5-13（a）表示采用 G90，图 2-5-13（b）表示采用 G91。

(2) 固定循环的指令格式。固定循环程序的指令格式包括数据形式、返回点平面、孔加工方式、孔位置数据、孔加工数据和循环次数。数据形式（G90 或 G91）在程序开始时就已指定，因此，在固定循环程序格式中可不注出。固定循环的指令格式如下：

G98/G99 G__ X__ Y__ Z__ R__ Q__ P__ I__ J__ K__ F__ L__ ;

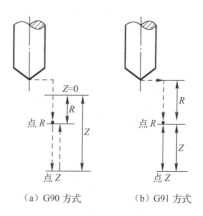

(a) G90 方式　　(b) G91 方式

图 2-5-13 固定循环的数据形式

其中，第一个 G 代码（G98 或 G99）为返回点平面 G 代码，G98 为返回初始平面指令，G99 为返回点 R 平面指令；第二个 G 代码为孔加工方式，即固定循环代码 G73、G74、G76 和 G81～G89 中的任一个；X、Y 为孔位数据，指被加工孔中心的坐标；Z 为 R 点到孔底的距离（G91 时）或孔底坐标（G90 时）；R 为初始点到点 R 的距离（G91 时）或点 R 的坐标值（G90 时）；Q 指定每次进给深度；K 指定每次退刀的（G73 或 G83 时）刀具位移增量，K>0；I、J 指定刀尖向反方向的移动量（分别在 X、Y 轴上）；P 指定刀具在孔底的暂停时间；F 为切削进给速度；L 指定固定循环的次数。

说明：

- G73、G74、G76 和 G81～G89、Z、R、P、F、Q、I、J、K 是模态指令，一旦指定，一直有效，直到出现其他加工固定循环指令或固定循环取消指令 G80 或 G01～G03 等插补指令才失效。因此，多个工件加工时，该指令只需指定一次，以后的程序段只给孔的位置即可。
- 在使用固定循环编程时，一定要在前面的程序段中指定 M03 或 M04，使主轴启动。
- 在固定循环中，刀具半径补偿（G41、G42）无效。刀具长度补偿（43、G44）有效。

2）孔加工类固定循环指令

(1) 钻孔循环 G81。G81 指令用于正常的钻孔，切削进给执行到孔底，然后刀具从孔底快速移动退回，循环动作如图 2-5-14（a）所示。

指令格式为：G81 X＿ Y＿ Z＿ R＿ F＿；

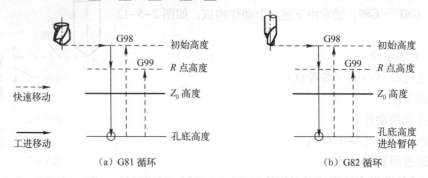

图 2-5-14　G81 与 G82 动作图

（2）钻孔循环 G82。G82 动作类似于 G81，只是在孔底增加了进给后的暂停动作。因此，在盲孔加工中，可减小孔底表面粗糙度值。该指令常用于引正孔加工、锪孔加工，循环动作如图 2-5-14（b）所示。

指令格式为：G82 X＿ Y＿ Z＿ P＿ R＿ F＿；

（3）高速深孔往复排屑钻削循环 G73。G73 固定循环用于 Z 轴的间歇进给，有利于断屑，适用于深孔加工，减小退刀量，提高加工效率。

指令格式为：G73 X＿ Y＿ Z＿ R＿ Q＿ F＿；

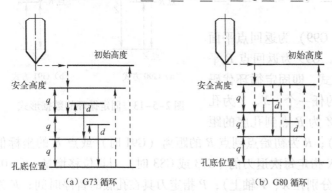

其中，$Q(q)$ 为每次切削进给的深度，d 为每次的退刀量，由参数（NO.5114 设定），使在钻深孔的过程中间歇进给时便于排屑，退刀时以快速进给进行。循环动作如图 2-5-15（a）所示。

（4）深孔排屑循环 G83。G83 指令同样通过 Z 轴方向的间歇进给来实现断屑与排屑的目的，但与 G73 指令不同的是，刀具间歇进给后快速回退到 R 点，

图 2-5-15　G73 与 G83 动作图

再 Z 向快速进给到上次切削孔底平面上方距离为 d 的高度处，从该点处，快进变成工进，工进距离为 $Q+d$。d 值由机床系统指定，无须用户指定。Q 值指定每次进给的实际切削深度，Q 值越小所需的进给次数就越多，Q 值越大则所需的进给次数就越少。

指令格式为：G83 X＿ Y＿ Z＿ R＿ Q＿ F＿；

其中，Q 为每次切削进给的深度。循环动作如图 2-5-15（b）所示。

（5）左旋螺纹攻丝循环 G74。

指令格式为：G74 X＿ Y＿ Z＿ R＿ P＿ F＿；

其中，P 为暂停时间。

G74 循环用于加工左旋螺纹，执行该循环时，主轴反转，刀具按每转进给量进给，在 XOY 平面快速定位后快速移动到 R 点，执行攻螺纹到达孔底后，主轴正转退回到 R 点，主轴

恢复反转，完成攻螺纹动作，循环动作如图 2-5-16（a）所示。

（6）右旋螺纹攻丝循环 G84。G84 动作与 G74 基本类似，只是 G84 用于加工右旋螺纹。执行该循环时，主轴正转，在 G17 平面快速定位后快速移动到 R 点，执行攻螺纹到达孔底后，主轴反转退回到 R 点，主轴恢复正转，完成攻螺纹动作，循环动作如图 2-5-16（b）所示。

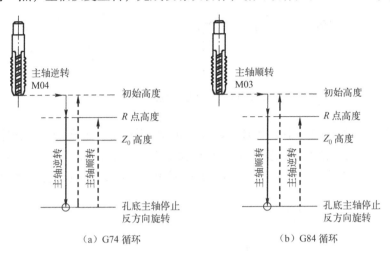

图 2-5-16　G74 与 G84 动作图

攻螺纹时的进给率根据不同的进给模式指定。当采用分进给模式时，进给速度＝导程×转速；当采用转进给模式时，进给量＝导程。在 G74 与 G84 攻螺纹期间，进给倍率、进给保持均被忽略。

（7）精密镗孔循环 G76。精镗时，主轴正转，并进行快进和工进镗孔。刀尖在到达孔底时，进给暂停、主轴定向停止，并向刀尖反方向移动，然后快速退刀。刀尖反向位移量用地址 Q 指定，其值只能为正值，循环动作如图 2-5-17 所示。

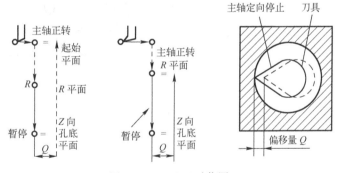

图 2-5-17　G76 动作图

指令格式为：G76 X＿Y＿Z＿R＿Q＿P＿F＿；

其中，Q 为让刀位移量；P 为孔底停留时间。

（8）取消固定循环指令 G80。所有固定循环被取消，R 点、Z 点及其他钻削数据也被清除，从而执行常规操作。

指令格式为：G80；

3）固定循环中重复次数的使用

在固定循环指令的最后，用 K 规定重复加工次数（1～6）。如果不指定 K，则只进行一次循环。K＝0 时，孔加工数据存入，机床不动作。在增量方式（G91）时，如果有孔距相同的若干相同孔，采用重复次数来编程是很方便的，在编程时要采用 G91、G99 方式。当指令为"G91 G81 X50.0 Z-20.0 R-10.0 K6 F200;"时，其运动轨迹如图2-5-18所示。如果是在绝对值方式中，则不能钻出6个孔，仅仅在第一个孔处往复钻6次，结果是1个孔。

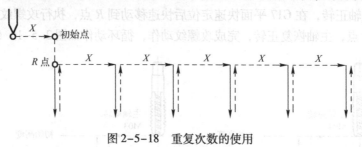

图2-5-18 重复次数的使用

实例2-28 编写在加工中心上加工如图2-5-19所示零件上孔的加工程序，其中在加工过程中，由于所用三把刀的长度不同，故需设定刀具长度补偿。T11号刀具长度补偿量设定为+200.0，则T15号刀具长度补偿量为+190.0，T31号刀具长度补偿量为+150.0。

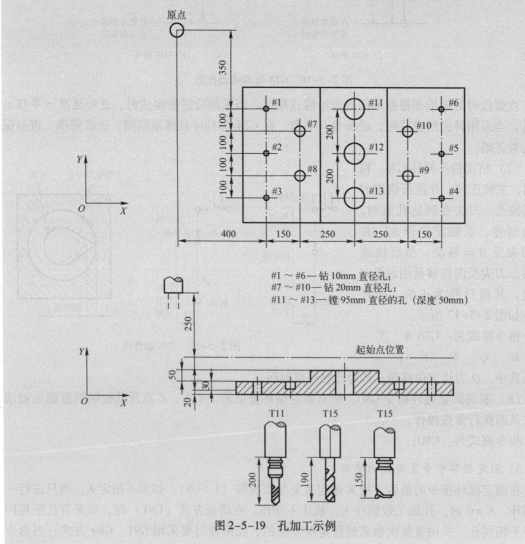

#1～#6—钻10mm直径孔；
#7～#10—钻20mm直径孔；
#11～#13—镗95mm直径的孔（深度50mm）

图2-5-19 孔加工示例

学习情境2 模具零件的数控车削及铣削加工技术

参考程序为：

程序	说明
O1234;	
G91 G28 Z0 M5;	
T11 M06;	
G00 G90 G54 X0 Y0;	在原点设定坐标系
G43 Z100.0 H11;	初始平面，刀具长度补偿
S30 M03;	
G99 G81 X400.0 Y-350.0 Z-153.0 R-97.0 F120;	钻#1孔，返回到R平面
Y-550.0;	钻#2孔，返回到R平面
G98 Y-750.0;	钻#3孔，返回到初始平面
G99 X1200.0;	钻#4孔，返回到R平面
Y-150.0;	钻#5孔，返回到R平面
G98 Y-350.0;	钻#6孔，返回到初始平面
G00 X0 Y0 M05;	回原点，主轴停止
G49 Z150.0;	
G91 G28 Z0 M5;	
T15 M06;	
G00 G90 G54 X0 Y0;	
G43 Z100.0 H15;	
S20 M03;（主轴正转）	
G99 G82 X550.0 Y-450.0 Z-130.0 R-97.0 P300 F70;	钻#7孔，返回到R平面
G98 Y-650.0;	钻#8孔，返回到初始平面
G99 X1050.0;	钻#9孔，返回到R平面
G98 Y-450.0;	钻#10孔，返回到初始平面
G00 X0 Y0 M05;	回原点，主轴停止
G49 Z150.0;	
G91 G28 Z0 M5;	
T31 M06;	
G00 G90 G54 X0 Y0;	
G43 Z100.0 H31;	
S10 M03;	
G85 G99 X800.0 Y-350.0 Z-153.0 R47.0 P50;	钻#11孔，返回到R平面
G91 Y-200.0 K2;	钻#12、#13孔，返回到R平面
G28 X0 Y0 M05;	回原点，主轴停止
G49 Z0;	刀具长度补偿取消
M30;	程序结束

3. 任务实施

1）本任务工艺分析

如图2-5-1所示的本任务零件，材料为45钢，毛坯为φ80的棒料，且工件上外形尺寸均已加工到位，φ40H7的底孔已预加工至φ33，现需完成工件上各类孔的加工。技术要求中无热处理及硬度要求，单件生产。

分析得出，现在需要加工的部位为2个φ8H7的孔，2个M8的螺纹和φ40H7的孔，外圆及厚度已加工完成,且 ϕ40H7 的底孔已预加工至 ϕ33。根据精度要求, ϕ8H7 需要铰削加工,M8 的螺纹采用柔性攻丝,ϕ40H7 的孔采用镗削,表面粗糙度要求为 Ra 1.6μm。

(1) 确定装夹方案及定位基准。零件毛坯为棒料,采用铣削专用三爪卡盘进行装夹,编程原点及工件原点在工件上表面的中心处。

(2) 确定零件加工顺序。分析零件图后,确定的加工顺序如下。

① 钻中心孔。钻 2-ϕ8H7、2-M8 的中心孔,为后续钻孔定位。
② 钻底孔。用 ϕ7.8 的钻头钻 2-ϕ8H7 的底孔,用 ϕ6.8 的钻头钻 2-M8 的底孔。
③ 铰孔。用 ϕ8H7 的铰刀铰 2-ϕ8H7 的孔。
④ 攻丝。用 M8 的丝锥攻 2-M8 的螺纹。
⑤ 铣孔。用 ϕ20 的立铣刀铣削 ϕ40H7 的底孔至 ϕ39.7 mm。
⑥ 镗孔。用 ϕ40 的镗刀镗 ϕ40H7 的孔至尺寸要求。

(3) 选择刀具及切削用量。本任务零件的加工部位主要是孔系。零件毛坯为棒料,因此采用三爪卡盘进行装夹。选用的加工设备为汉川机床厂 XH714D 立式加工中心,配备 FANUC 0i MD 数控系统。

选择刀具时需要根据零件结构特征确定刀具类型。

该零件在铣削加工中所用到的刀具及切削用量的选择如表 2-5-3 所示。

表 2-5-3 刀具及切削用量表

工步	工步内容	刀号	刀具名称	主轴转速(r/min)	进给量(mm/r)	刀具长度补偿号
1	钻中心孔	T01	A3 中心钻	S1000	F50	H01
2	钻孔	T02	ϕ7.8 钻头	S500	F40	H02
3	钻孔	T03	ϕ6.8 钻头	S500	F40	H03
4	铰孔	T04	ϕ8H7 铰刀	S100	F30	H04
5	攻丝	T05	M8 丝锥	S40	F50	H05
6	铣孔	T06	ϕ20 立铣刀	S400	F40	H06
7	镗孔	T07	ϕ40 镗刀	S1000	F30	H07

(4) 填写加工工序卡片。考虑引入方向间隙等因素,孔加工的路径设计为工序卡中所示,即 1→2→3→4。该零件的数控加工工序卡片如表 2-5-4 所示。

表 2-5-4 本任务的数控加工工序卡片

单位	数控加工工序卡片		产品名称或代号	零件名称	零件图号
××××			××××	孔系加工零件	×××
			车间	使用设备	
			先进制造技术车间	XH714D 加工中心	
			工艺序号	程序编号	
			001	O1008	

续表

单 位 ××××	数控加工工序卡片		产品名称或代号 ××××		零件名称 孔系加工零件	零件图号 ×××
工步号	工步作业内容	刀具号	刀补号	主轴转速	进给速度	背吃刀量	备注
1	钻中心孔	T01	H01	S1000	F50		
2	钻孔	T02	H02	S500	F40		
3	钻孔	T03	H03	S500	F40		
4	铰孔	T04	H04	S100	F30		
5	攻丝	T05	H05	S40	F50		
6	铣孔	T06	H06	S400	F40		
7	镗孔	T07	H07	S1000	F30		
编制		审核		批准		日期	共 页	第 页

2) 编写程序

参考程序为:

```
O1008;
G91 G28 Z0 M5;
T1 M6;
G00 G90 G54 X0 Y0 S1000 M3;
G43 H4 Z50.0;
G00 X50.0 Y50.0;
G99 G81 X0 Y30.0 Z-3.0 R5.0 F50;        钻中心孔
X0 Y-30.0;
G00 X50.0 Y50.0;
G99 G81 X30.0 Y0 Z-3.0 R5.0 F50;
X-30.0 Y0;
G80;
G00 Z100.0;
G91 G28 Z0 M5;
T2 M6;
G00 G90 G54 X0 Y0 S500 M3;
G43 H2 Z50.0;
G00 X50.0 Y50.0;
G99 G83 X0 Y30.0 Z-25.0 R5.0 Q3.0 F40;  钻2-φ8H7的底孔
X0 Y-30.0;
G80;
G00 Z100.0;
G91 G28 Z0 M5;
T3 M6;
G00 G90 G54 X0 Y0 S500 M3;
G43 H3 Z50.0;
G00 X50.0 Y50.0;
```

```
G99 G83 X30.0 Y0 Z-25.0 R5.0 Q3.0 F40;        钻2-M8的底孔
X-30.0 Y0;
G80;
G00 Z100.0;
G91 G28 Z0 M5;
T4 M6;
G00 G90 G54 X0 Y0 S100 M3;
G43 H4 Z50.0;
G00 X50.0 Y50.0;
G99 G85 X0 Y30.0 Z-25.0 R5.0 F30;             铰2-φ8H7的孔
X0 Y-30.0;
G80;
G00 Z100.0;
G91 G28 Z0 M5;
T5 M6;
G00 G90 G54 X0 Y0 S40 M3;
G43 H5 Z50.0;
G00 X50.0 Y50.0;
G99 G84 X30.0 Y0 Z-25.0 R5.0 F50;             攻2-M8的螺纹
X-30.0 Y0;
G80;
G00 Z100.0;
G91 G28 Z0 M5;
T6 M6;
G00 G90 G54 X0 Y0 S400 M3;
G43 H6 Z50.0;
G00 Z5.0;
G01 Z-10.0 F100;
G01 G41 X20.0 Y0 D06 F40;                     刀具半径补偿 $D_6$ = 10.15
G03 I-20.0;                                   铣φ40H7的底孔至φ39.7
G01 G40 X0 Y0 F100;
G01 Z-22.0;
G01 G41 X20.0 Y0 D6 F40;
G03 I-20.0;
G01 G40 X0 Y0 F100;
G00 Z100.0;
G91 G28 Z0 M5;
T7 M6;
G00 G90 G54 X0 Y0 S1000 M3;
G43 H7 Z50.0;
G98 G76 X0 Y0 Z-22.0 R5.0 Q0.5 F30;           精镗φ40H7的孔
G80;
G00 Z100.0;
G00 Z50.0;
X0 Y0 M5;
M30;
```

3）数控加工

(1) 打开机床和数控系统。

(2) 接通电源，松开急停按钮，机床回零。

(3) 装夹工件。

(4) 安装刀具。

(5) 程序的输入与校验。

(6) 工件坐标系的建立（对刀）。

(7) 在开始加工前检查倍率和主轴转速按钮，然后开启循环启动按钮，机床开始自动加工。加工时要根据机床的切削状态及时调整切削用量，以保证加工质量。镗孔时，需要注意刀具的安装方向和让刀方向，在镗削的过程中需经多次测量和调整后，才能保证镗孔的精度。

(8) 自动加工后，再检测零件的形状、尺寸及精度要求。

(9) 加工合格后，对机床进行相应的保养。

(10) 将工、量、卡具还至原位，填写工作日志。

4. 任务的质量检验

1）常用孔径测量工具及方法

孔径尺寸精度要求较低时，可采用钢直尺、内卡钳或游标卡尺测量；精度要求较高时，可用内径千分尺或内径量表测量；标准孔还可以采用塞规测量。

(1) 游标卡尺。游标卡尺测量孔径尺寸的测量方法如图 2-5-20 所示，测量时应注意尺身与工件端面平行，活动量爪沿圆周方向摆动，找到最大位置。

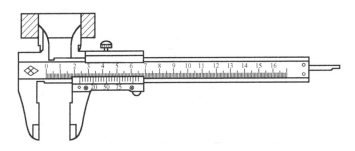

图 2-5-20 游标卡尺测量孔径

(2) 内径百分表。内径百分表是将百分表装夹在测架上构成的。测量前先根据被测工件孔径大小更换固定测量头，用千分尺将内径百分表对准"零"位。测量方法如图 2-5-21 所示，摆动百分表取最小值为孔径的实际尺寸。

(3) 内径千分尺。内径千分尺的使用方法如图 2-5-22 所示。这种千

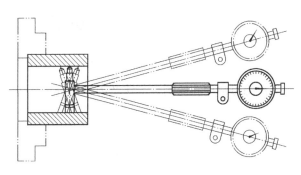

图 2-5-21 内径百分表测量孔径

分尺刻度线方向和外径千分尺相反,当微分筒顺时针旋转时,活动爪向右移动,量值增大。

(4) 塞规。塞规由通端和止端组成,如图 2-5-23 所示。通端按孔的最小极限尺寸制成,测量时应塞入孔内,止端按孔的最大极限尺寸制成,测量时不允许插入孔内。当通端能塞入孔内,而止端插不进去时,说明该孔尺寸合格。

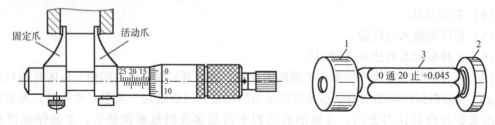

图 2-5-22　内径千分尺测量孔径

1—通端；2—手持部位；3—止端

图 2-5-23　塞规

用塞规测量孔径时,应保持孔壁清洁,塞规不能倾斜,以防造成孔小的错觉而把孔径加工大了。相反,在孔径小的时候,不能用塞规硬塞,更不能用力敲击。从孔内取出塞规时,要防止与内孔刀碰撞。孔径温度较高时,不能用塞规立即测量,以防工件冷缩把塞规"咬住"。

2) 任务检查评价

加工完成后,对零件进行去毛刺和检测,本任务的评价标准,与表 2-1-7 相同。

任务巩固　(1) 如图 2-5-24 所示零件,材料为 45 钢,毛坯为 100 mm × 100 mm × 50 mm 的方料,外形均已加工完毕,现需加工其上的孔,制订该零件的铣削加工工艺,编写该零件孔的加工程序,并在加工中心上加工。

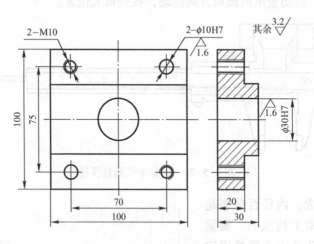

图 2-5-24　铣削零件练习

(2) 练习常用孔的测量方法及内径千分尺、内径量表的使用,并对加工出来的零件进行检测。

学习情境 3

宏程序及模具CAM加工技术

要点链接

- **编程方法**
  - 手工编程：零件几何形状、尺寸、加工精度、Ra、加工顺序工艺分析、节点计算、走刀路线、选择工具、切削用量、刀位参数获取、对刀方法辅助功能——换刀、主轴正反转、冷却液开、关等信息制成 NC 加工程序，输入数控系统、程序检查、试运行、图形仿真、机床自动加工
  - 自动编程：利用微机，采用自动编程软件，人机对话——特征参数输入、后置处理，自动进行运算生成 NC 指令代码程序——机床自动加工，如 MasterCAM、CAXA、Pro/E 等
  - 宏程序编程：变量、变量计算，无条件分支GOTO语句，条件分支IF语句，循环WHILE语句

- **直角坐标系**
  - 二维平面直角坐标（XOY、XOZ、YOZ）
    - 解析方程：
      - 直线：$y=kx+b$，$Ax+By+C=0$
      - 圆：$x^2+y^2=r^2$，$(x-a)^2+(y-b)^2=r^2$，$x^2+y^2+Dx+Ey+F=0$
      - 抛物线：$y^2=2px$
      - 椭圆：$\dfrac{x^2}{a^2}-\dfrac{y^2}{b^2}=1$
      - 双曲线：$\dfrac{x^2}{a^2}+\dfrac{y^2}{b^2}=1$
    - 参数方程：
      - 渐开线 $\begin{cases} x=a(\cos\theta+\theta\sin\theta) \\ y=a(\sin\theta+\theta\cos\theta) \end{cases}$
      - 摆线 $\begin{cases} x=a(\theta-\sin\theta) \\ y=a(1-\cos\theta) \end{cases}$
    - 极坐标参数方程：等速螺线 $\rho=\rho_0+a\theta$；对数螺线 $\rho=a\theta$
  - 三维空间直角坐标系 XYZ：G17：XOY；G18：XOZ；G19：YOZ
  - 右手螺旋法则判定旋转及坐标轴移动方向，圆弧 G02、G03 顺、逆插补走向

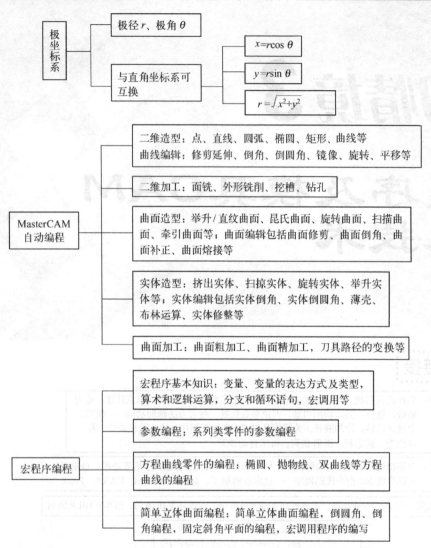

项目3.1 零件的曲线轮廓及简单曲面加工

职业能力 培养数控车削加工工艺制订的能力，掌握车床参数编程及非圆曲线的加工原理，具备利用数控车削 B 类宏程序命令编制参数编程及加工非圆曲线宏程序的能力，具备加工系列零件及含有椭圆、抛物线等特殊型面轴类零件的技能，能对所完成零件的超差进行原因分析并进行修正。

培养数控铣削加工工艺制订的能力，掌握数控铣削非圆曲线轮廓及简单曲面的加工原理，具备利用数控铣削 B 类宏程序命令编制加工非圆曲线及简单曲面宏程序的能力，具备加工含有椭圆、抛物线等非圆曲线轮廓的板类零件的技能，能对所完成零件的超差进行原因分析并进行修正。

掌握利用 MasterCAM Mill 软件实现二维加工和曲面加工的能力，掌握刀具轨迹的生成方法及后处理功能的应用。

任务 3.1.1 方程曲线类零件的车削加工

任务描述 加工如图 3-1-1 所示的零件，工件毛坯为 $\phi50\ mm \times 100\ mm$ 的棒料，材料为 45 钢，请在数控车床上，采用三爪卡盘对零件进行装夹定位，选择合理的刀具及切削用量，制订该零件的加工工艺、实施方案、检验报告，并在数控车床上完成零件加工。通过完成工作任务，巩固相关理论知识和获取实践技能，获得加工方程曲线类零件的能力要求。

任务分析 本任务属于数控车床编程与加工中相对复杂的内容，要完成本任务，需掌握数控车床基本编程指令、宏程序编程指令、编程规则及编程步骤，并掌握通用量具的使用方法。

相关知识

1. 工艺分析

1) 零件图工艺分析

如图 3-1-1 所示零件为含有椭圆旋转形成的特殊型面的轴类综合零件，本任务中的零件所给毛坯长度为 100 mm，加工长度为 70 mm，具有足够的夹持长度，单端加工；椭圆旋转形成的曲面中，长半轴为 18 mm，短半轴为 13 mm，技术要求中无热处理及硬度要求，单件生产。

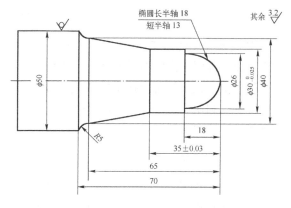

图 3-1-1 方程曲线类零件的车削加工示例

2) 零件图精度分析

零件图中的尺寸精度要求，主要通过在加工过程中的准确对刀、正确设置刀补量及磨耗，以及制订合适的加工工艺来保证。无形位精度要求，表面粗糙度要求为 $Ra\ 3.2\ \mu m$。对于表面粗糙度的精度要求，主要通过选择合适的刀具及切削用量，正确合理的粗、精加工路线及冷却来保证。

3) 选择机床及数控系统

根据零件的形状及加工精度要求，选用沈阳机床厂 CAK6140VA 数控车床（前置四刀位回转刀架），配备 FANUC 0i MATE – TC 数控系统。

4) 确定装夹方案及定位基准

毛坯长度为 100 mm，有足够的夹持长度，无须调头加工。采用三爪卡盘对零件进行装夹定位，夹持在 $\phi50$ 外圆面上，毛坯伸出卡盘长度 80 mm，保证右端 70 mm 的车削长度。

5) 选择刀具及切削用量

本任务根据零件的精度要求和工序安排选择刀具及切削用量，如表 3-1-1 所示。

表 3-1-1 刀具及切削用量表

工步	工步内容	刀号	刀具名称	主轴转速（r/min）	进给量（mm/r）	背吃刀量（mm）
1	外圆切削	T01	粗车刀	S800	F0.15	2
2	外圆切削	T02	精车刀	S1200	F0.1	0.2

2. 程序编制

用户宏程序功能允许使用变量、算术和逻辑运算,以及条件分支控制,这便于普通加工程序的发展,如发展成打好包的自定义的固定循环。加工程序可利用一简单的指令来调用宏程序,就像使用子程序一样。如:

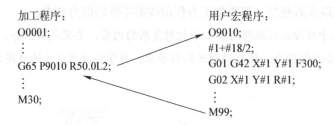

1) B类宏程序的宏变量

普通加工程序中指定 G 代码和移动距离时,直接使用数字值,如 G1 和 X 100.0。而在用户宏程序中,数字值可直接指定或使用变量号(称宏变量)。当采用宏变量时,其值可在程序中修改或利用 MDI 面板操作进行修改。

例如:#1 = #2 + 100;

G01 X #1 F300;

(1) 宏变量的表示形式。当指定一宏变量时,用"#"后跟变量号的形式,如#1。宏变量号可用表达式指定,此时,表达式应包含在方括号内,如# [#1 + #2 − 12]。

(2) 宏变量的取值范围。局部变量和全局变量取值范围如下:

$$-10^{47} \sim -10^{-29}, 0, 10^{-29} \sim 10^{47}$$

如果计算结果无效(超出取值范围),则发出编号 111 的错误警报。

(3) 小数点的省略。在程序中定义宏变量的值时,可省略小数点。

例如:#1 = 123;宏变量#1 的实际值是 123.000。

(4) 宏变量的类型。根据变量号,宏变量可分成四种类型,如表 3-1-2 所示。

表 3-1-2 宏变量类型

变量号	变量类型	功 能
#0	空变量	该变量通常为空(null),该变量不能赋值
#1 ~ #33	局部变量 Local Variables	局部变量只能在宏程序内部使用,用于保存数据,如运算结果等。当电源关闭时,局部变量被清空,而当宏程序被调用时,(调用)参数被赋值给局部变量
#100 ~ #149 (#199) #500 ~ #531 (#999)	全局变量 Common Variables	全局变量可在不同宏程序之间共享,当电源关闭时,#100 ~ #149 被清空,而#500 ~ #531 的值仍保留。在某一运算中,#150 ~ #199、#532 ~ #999 的变量可被使用,但存储器磁带长度不得小于 8.5m
#1000 ~ #9999	系统变量 System Variables	系统变量可读、可写,用于保存 NC 的各种数据项,如当前位置、刀具补偿值等

注意:全局变量#150 ~ #199,#532 ~ #999 是选用变量,应根据实际系统使用。

(5) 宏变量的引用。在程序中引用（使用）宏变量时，其格式是在指令字地址后面跟宏变量号。当用表达式表示变量时，表达式应包含在一对方括号内：如 G01 X[#1 + #2] F#3。

被引用宏变量的值会自动根据指令地址的最小输入单位进行圆整。如程序段"G00 X#1；"给宏变量#1 赋值 12.3456；在 1/1000mm 的 CNC 上执行时，程序段实际解释为 G00 X12.346；。

要使被引用的宏变量的值反号，在"#"前加前缀"-"即可，如 G00 X - #1；

当引用未定义（赋值）的宏变量时，该变量前的指令地址被忽略。如#1 = 0, #2 = null（未赋值），执行程序段"G00 X#1 Y #2；"的结果为 G00 X0。

(6) 宏变量值的显示。

① 按偏置菜单钮 [MENU OFFSET]，显示刀具补偿显示页面，如图 3-1-2 所示。

② 按软键 [MACRO]，显示宏变量屏幕。

③ 按 [NO] 键，输入变量号，再按 [INPUT] 键，光标将移动到输入变量号的位置。

当变量值为空白时，该变量为 null。

标记 ********* 表示变量值上溢（变量的绝对值大于 99 999 999）或下溢（变量的绝对值小于 0.000 000 1）。

VARIABLE		
NO.	DATA	NO.
100	123.456	108
101	0.000	109
102		110
103		111
104		112
105		113

图 3-1-2 刀具补偿显示页面

(7) 使用限制。宏变量不能用于程序号、程序段顺序号、程序段跳段编号。以下用途是被禁止使用的：

O#1；
/#2 G00 X100.0；
N#3 Y200.0；

2) B 类宏程序的算术和逻辑运算

如表 3-1-3 所示，在表中列出的操作可以使用变量完成。表中左边表达式中的变量#i 为结果变量，右边的表达式可用常量或变量与函数或运算符组合表示，表达式中的变量#j 和#k 可用常量替换，也可用表达式替换。

表 3-1-3 算术和逻辑运算

函　数	格　式	备　注
赋值	#i = #j	
求和	#i = #j + #k	
求差	#i = #j - #k	
乘积	#i = #j * #k	
求商	#i = #j/#k	
正弦	#i = SIN [#j]	
余弦	#i = COS [#j]	角度用十进制度表示
正切	#i = TAN [#j]	
反正切	#i = ATAN [#J] / [#k]	
平方根	#i = SQRT [#j]	
绝对值	#i = ABS [#J]	
四舍五入	#I = ROUND [#J]	
向下取整	#I = FIX [#J]	
向上取整	#I = FUP [#J]	

续表

函数	格式	备注
赋值	#i = #j	
或 OR	#I = #J OR #K	
异或 XOR	#I = #J XOR #K	逻辑运算用二进制数按位操作
与 AND	#I = #J AND #K	
十—二进制转换	#I = BIN [#J]	用于转换发送到 PMC 的信号或从 PMC 接收的信号
二—十进制转换	#I = BCD [#J]	

(1) 角度单位。SIN、COS、TAN 和 ATAN 函数使用的角度单位为十进制度。

(2) 函数缩写可用函数的前两个字符表示该函数，如 ROUND – RO，FIX – FI。

(3) 运算优先级。

① 函数；

② 乘除类运算（*、/、AND、MOD）；

③ 加减类运算（+、-、OR、XOR）。

(4) 方括号嵌套。方括号用于改变运算顺序。方括号的嵌套深度为五层，含函数自己的方括号。当方括号超过五层时，发生 118 号报警。方括号用于封闭表达式，注意不能用圆括号。

3）宏语句和 NC 语句

下列程序段被认为是宏语句：

➢ 包含算术和逻辑运算及赋值操作的程序段；

➢ 包含控制语句（如 GOTO、DO、END）的程序段；

➢ 包含宏调用命令（如 G65、G66、G67 或其他调用宏的 G、M 代码）。

不是宏语句的程序段称 NC（或 CNC）语句。

(1) 宏语句与 NC 语句的区别。即使在程序单段运行模式下执行宏语句，机床也不停止。但当机床参数 011 的第五位设成 1 时，执行宏语句，机床用单段运行模式停止。

在刀具补偿状态下，宏语句程序段不作为运动程序段处理。

(2) 与宏语句具有相同特性的 NC 语句。子程序调用程序段（在程序段中，子程序被 M98 或指定的 M、T 代码调用）仅包含 O、N、P、L 地址，和宏语句具有相同特性。

包含 M99 和地址 O、N、P 的程序段，具有宏语句特性。

4）分支和循环

在程序中可用 GOTO 语句和 IF 语句改变控制执行顺序。分支和循环操作共有三种类型：

➢ GOTO 语句——无条件分支（转移）；

➢ IF 语句——条件分支；if…，then…；

➢ WHILE 语句循环；while…。

(1) 无条件分支 GOTO 语句。控制转移（分支）到顺序号 n 所在位置。当顺序号超出 1~9 999 的范围时，产生 128 号报警。顺序号可用表达式指定。

指令格式：GOTO n；

n——（转移到的程序段）顺序号，如 GOTO1；GOTO#10。

(2) 条件分支 IF 语句。在 IF 后指定一条件，当条件满足时，转移到顺序号为 n 的程序段，不满足则执行下一程序段。

指令格式：IF［表达式］GOTO n;
　　　　…………
　　　　Nn…;

① 条件表达式。条件表达式由两变量或一变量一常数中间夹比较运算符组成，条件表达式必须包含在一对方括号内。条件表达式可直接用变量代替。

② 比较运算符。比较运算符由两个字母组成，用于比较两个值，来判断它们是相等，还是一个值比另一个小或大，如表3-1-4所示。

表3-1-4　比较运算符

运算符	含　义	运算符	含　义
EQ	相等 equal to（=）	GE	大于等于 greater than or equal to（≥）
NE	不等于 not equal to（≠）	LT	小于 less than（<）
GT	大于 greater than（>）	LE	小于等于 less than or equal to（≤）

③ 条件分支 IF 语句应用。利用条件分支语句，求 1～10 的和。

```
O2000;
#1 = 0;                        和
#2 = 1;                        加数
N1 IF[#2 GT 10] GOTO2          ;相加条件
#1 = #1 + #2;                  相加
#2 = #2 + 1;                   下一加数
GOTO1;                         返回1
N2 M30;                        结束
```

（3）WHILE 循环语句。在 WHILE 后指定一条件表达式，当条件满足时，执行 DO 到 END 之间的程序，然后返回到 WHILE 重新判断条件；不满足则执行 END 后的下一程序段。

指令格式：WHILE［条件表达式］DO m;（m = 1、2、3）
　　　　…………
　　　　END m;

① 指令说明。WHILE 语句对条件的处理与 IF 语句类似。

在 DO 和 END 后的数字是用于指定处理的范围（称循环体）的识别号，数字可用 1、2、3 表示。当使用 1、2、3 之外的数时，产生 126 号报警。

② WHILE 的嵌套。对单重 DO - END 循环体来说，识别号（1～3）可随意使用且可多次使用。但当程序中出现循环交叉（DO 范围重叠）时，产生 124 号报警。

● 识别号（1～3）可随意且多次使用

```
WHILE [...] DO1;
…………
END1;
…
WHILE [...] DO1;
…………
END1;
```

- DO 循环体最大嵌套深度为三重

```
WHILE[...]DO1;
  ...
  WHILE[...]DO2;
    ...
    WHILE[...]DO3;
    Processing
    END3;
    ...
  END2;
  ...
END1;
```

- DO 范围不能重叠

```
WHILE [...] DO1;
............
  WHILE [...] DO2;
  ............
  END1;
  Processing
END2;
```

③ WHILE 循环语句应用。利用 WHILE 循环语句，求 1~10 的和。

```
O2001;
#1 = 0;
#2 = 1;
WHILE [#2 LE 10] DO1;
#1 = #1 + #2;
#2 = #2 + 1;
END1;
M30;
```

5）方程曲线车削加工的走刀路线

在实际车削加工中，有时会遇到工件轮廓是某种方程曲线的情况，此时可采用宏程序完成方程曲线的加工。

（1）粗加工：应根据毛坯的情况选用合理的走刀路线。

➢ 对棒料、外圆切削，应采用类似 G71 的走刀路线；

➢ 对盘料，应采用类似 G72 的走刀路线；

➢ 对内孔加工，选用类似 G72 的走刀路线较好，此时镗刀杆可粗一些，易保证加工质量。

（2）精加工：一般应采用仿形加工，即半精车、精车各一次。

6）方程曲线车削加工的编程方法

（1）利用宏程序编写粗、精加工程序

利用循环语句（WHILE 语句）和条件跳转语句（IF [表达式] GOTO n 语句）编写出加

工方程曲线类零件的所有粗、精加工程序，刀具路径采用方程曲线车削加工的走刀路线形式，相当于用 G71、G73、G70 语句的功能。此方法可以避免使用 G73 语句产生的"空切"现象，提高生产效率，但初学者掌握有一定的难度。

① 椭圆轮廓的加工。对椭圆轮廓，其方程有两种形式。对粗加工，采用 G71/G72 走刀方式时，用直角坐标方程比较方便；而精加工（仿形加工）用极坐标方程比较方便。

● 椭圆的直角坐标方程。椭圆的标准方程为：

$$\frac{x^2}{4a^2}+\frac{z^2}{b^2}=1$$

经变化后为：$z=b\cdot\sqrt{1-\dfrac{x^2}{4a^2}}$，变化后的方程更适用于编写宏程序。

● 椭圆的极坐标方程。椭圆的极坐标方程为：

$$\begin{cases} x=2a\cdot\sin\theta \\ z=b\cdot\cos\theta \end{cases}$$

式中，a 为 X 向椭圆半轴长；b 为 Z 向椭圆半轴长；θ 为椭圆上某点的圆心角，零角度在 Z 轴正向。

实例 3-1　加工如图 3-1-3 所示椭圆轮廓，材料为 45 钢，毛坯为 $\phi45\,\mathrm{mm}\times120\,\mathrm{mm}$ 的棒料，编程零点放在工件右端面的中心。

参考程序为：

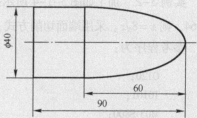

图 3-1-3　椭圆轮廓编程示例

```
O200;
T0101;
S800 M03;
G95 G0 X41.0 Z2.0;
G1 Z-100.0 F0.3;           粗加工开始
G0 X42.0;
Z2.0;
#1 = 20*20*4;              4a²
#2 = 60;                   b
#3 = 35;                   X初值（直径值）
WHILE[ #3 GE 0] DO1;       粗加工控制
#4 = #2*SQRT[1-#3*#3/#1];
G0 X[#3+1];                进刀
G1 Z[#4-60+0.2] F0.3;      切削
G0 U1.0;                   退刀
Z2.0;                      返回
#3 = #3-7;                 下一刀切削直径
END1;
#10 = 0.8;                 X向精加工余量
#11 = 0.1;                 Z向精加工余量
WHILE[ #10 LE 0] DO1;      半精、精加工控制
G0 G42 X0 S1500;           进刀，准备精加工
#20 = 0;                   角度初值
```

```
WHILE [#20 LE 90] DO2;        曲线加工
#3 = 2 * 20 * SIN[#20];        X
#4 = 60 * COS[#20];            Z
G1 X[#3 + #10] Z[#4 + #11] F0.1;
#20 = #20 + 1;
END2;
G1 Z - 100.0;
G0 G40 X45.0;
Z2.0;
#10 = #10 - 0.8;
#11 = #11 - 0.1;
END1;
G0 X100.0 Z200.0 T0100;
M30;
```

② 抛物线轮廓加工。对抛物线轮廓，其方程只有一种形式，即用直角坐标方程编程。

焦点在 Z 轴上的抛物线的标准方程为：$z = \dfrac{1}{a}x^2$，使用该方程即可进行宏程序编程。

实例 3-2 加工如图 3-1-4 所示抛物线孔，方程为 $z = x^2/16$，换算成直径编程形式为 $z = x^2/64$，则 $x = 8\sqrt{z}$。采用端面切削方式，编程零点放在工件右端面中心，工件预钻有 $\phi30$ 底孔。

参考程序为：

```
O120;
T0101;
M03 S800;
G90 G0 X28.0 Z2.0;
#1 = -3;                       Z
WHILE [#1GE -81] DO1;          粗加工控制
#2 = 8 * SQRT[100 + #1];       X
G0 Z[#1 + 0.3];
G1 X[#2 - 0.3] F0.1;
G0 X28.0 W2.0;
#1 = #1 - 3;
END1;
#10 = 0.2;
#11 = 0.2;
WHILE [#10GE0] DO1;            半精、精加工控制
#1 = -81;
G0 G41 Z-81.0 S400;
WHILE [#1LT0.5] DO2;           曲线加工控制
#2 = 8 * SQRT[100 + #1];       X
```

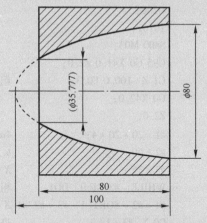

图 3-1-4 抛物线孔编程示例

```
G1 X[#2 - #10] Z[#1 + #11] F0.06;
#1 = #1 + 0.3;
END2;
G0 G40 X28.0;
#10 = #10 - 0.2;
#11 = #11 - 0.2;
END1;
G0 X100.0 Z200.0 M05;
T0100;
M30;
```

（2）将宏程序的内容放在 G73 固定循环中

除上述使用宏程序编写零件的所有粗、精加工程序外，将宏程序的内容放在 G73 固定循环中，使用 G71 循环完成方程曲线前的粗加工，也是一种非常方便的宏程序编制方法。该方法既减小了宏程序编写的难度，又能充分利用数控系统提供的固定循环功能，使用非常方便，本任务的零件加工主要采用该方法。

7）主轴恒线速控制相关指令

主轴恒线速切削也叫固定线速度切削，它的含义是在车削非圆柱形内、外径时，车床主轴转速可以连续变化，以保持实时切削位置的切削线速度不变（恒定）。中档以上的数控车床一般都有这个功能。使用此功能不但可以提高工效，还可以提高加工表面的质量，即切削出来的端面或锥面等的表面粗糙度一致性好。

注意：在使用该功能前一般应限制最高转速。如果刀具要行进到离工件回转中心很近，那么在恒线速度指令前必须限制最高转速，否则会出现"飞车"现象。

（1）最高转速限制

指令格式：G50 S __ ；

S 后面的数字表示的是最高转速（r/min），如 G50 S3000 表示最高转速限制为 3 000r/min。

（2）恒线速控制

指令格式：G96 S __ ；

S 后面的数字表示的是恒定的线速度（m/min），如 G96 S150 表示切削点线速度控制在 150 m/min。

（3）恒线速取消

指令格式：G97 S __ ；

S 后面的数字表示恒线速度控制取消后的主轴转速。若 S 未指定，将保留 G96 的最终值。如 G97 S1000 表示恒线速控制取消后主轴转速 1 000 r/min。

3. 任务实施

1）本任务工艺分析

本任务零件的毛坯为 φ50 mm × 100 mm 的棒料，只有右端第一轴段是椭圆轮廓形成的曲面，其余部分为正常车削加工的形状。因此，采用的加工方法如下。

(1) 使用 G71/G70 命令对棒料毛坯进行粗、精加工，至除椭圆轮廓形成的曲面外的其他形状均加工完成。椭圆轮廓形成的曲面位置预先加工成 $\phi26\,mm \times 18\,mm$ 的圆柱，以减小后续仿形加工的余量。

(2) 采用 G73/G70 命令将 $\phi26\,mm \times 18\,mm$ 的圆柱加工成规定的椭圆轮廓形成的曲面。

该零件难点在椭圆编程上。根据已知条件可得椭圆方程为 $\frac{x^2}{13^2} + \frac{z^2}{18^2} = 1$，变化后为 $x = 13 * \text{sqrt}\,(1 - z^2/324)$。

用公共变量号#100、#101、#102 来编程。#102 作为 X 轴变量；#100 作为 Z 轴变量；#101作为 Z 轴的中间变量。由于椭圆方程原点不在工件零点处，即椭圆轮廓向 Z 轴负方向平移了 18 mm 的距离，因此在计算 Z 坐标时，必须减去 18 mm 的距离。

根据毛坯形状，使用三爪自定心卡盘装夹。本任务根据零件的精度要求和工序安排选择刀具及切削用量，如表 3-1-1 所示。本任务零件的数控加工工序卡片如表 3-1-5 所示。

表 3-1-5 本任务零件的数控加工工序卡片

单位 ××××	数控加工工序卡片	产品名称或代号 ××××		零件名称 配合件		零件图号 ×××	
三爪卡盘图示		车间			使用设备		
		先进制造技术车间			CAK6140VA 数控车床		
		工艺序号			程序编号		
		001			O1280		
工步号	工步作业内容	刀具号	刀补量	主轴转速	进给速度	背吃刀量	备注
1	粗加工外形及椭圆轮廓形成的曲面	T01	0.4	S800	F0.15	2	
2	精加工外形及椭圆轮廓形成的曲面	T02	0.2	S1200	F0.1	0.2	
编制		审核		批准		日期	共 页 第 页

2）编写程序

参考程序为：

```
O1280;
T0101;
M03 S800 F0.15;
G96 S80;
G50 S1000;
G99 G0 X51.0 Z5.0;
G71 U2.0 R0.5;
G71 P10 Q20 U0.4 W0.2;
N10 G00 G42 X26.0;
G01 Z-18.0;
```

188

```
X30.0;
Z-35.0;
X40.0 Z-65.0;
G02 X50.0 Z-70.0 R5.0;
G01 X50.0;
N20 G40 G01 X50.0 Z-65.0;
G0 X50.0 Z5.0;
G73 U10.0 W2.0 R4;
G73 P30 Q40 U0.4 W0.2;
N30 G42 G01 X-5.0 Z5.0;
G02 X0 Z0 R5.0;              沿圆弧过渡切入
#100 = 18;                    #100 作为 Z 轴变量
N35 #101 = #100 * #100;       #101 作为中间变量
#102 = 13 * SQRT[1 - #101/324];  #102 作为 X 轴变量
G01 X[2*#102] Z[#100 - 18];   Z 轴向负方向平移 18mm
#100 = #100 - 0.1;
IF [#100GE0] GOTO35;
G01 X28.5;
X30.0 Z-19.5;
N40 G40 G00 X40.0 Z-10.0;
G00 X100.0 Z100.0;
T0202;
S1200 M3 F0.1;
G96 S120;
G50 S1500;
G70 P10 Q20;
G70 P30 Q40;
G97 S400;
G00 X100.0 Z100.0;
M5;
M30;
```

3）数控加工

（1）打开机床和数控系统。

（2）接通电源，松开急停按钮，机床回零。

（3）装夹工件。

（4）安装刀具。

（5）程序的输入与校验。

（6）工件坐标系的建立（对刀）。

（7）在开始加工前检查倍率和主轴转速按钮，然后开启循环启动按钮，机床开始自动加工。

（8）自动加工完成后，再检测零件的形状、尺寸及精度要求。

（9）加工合格后，对机床进行相应的保养。

（10）将工、量、卡具还至原位，填写工作日志。

4. 质量检验

本任务零件检测中所需的游标卡尺、百分表等常规检测工具的使用方法已在前面的项目中介绍完毕，不再赘述。

加工完成后，对零件进行去毛刺和检测，本任务的评价标准与表 2-1-7 所示相同。

任务巩固 如图 3-1-5 所示零件，材料为 45 钢，毛坯为 $\phi65\,\text{mm} \times 130\,\text{mm}$ 的棒料，需调头加工，选择合适的刀具及切削用量，制订合理的加工工艺并根据上述内容编写该系列零件的加工宏程序，在数控车床上加工。

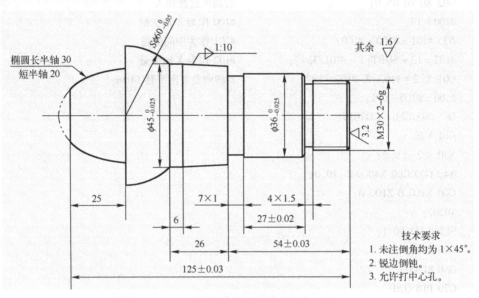

图 3-1-5 方程曲线类零件的车削加工练习

任务 3.1.2 简单平面曲线轮廓的铣削加工

任务描述 加工如图 3-1-6 所示的零件，工件毛坯为 $60\,\text{mm} \times 60\,\text{mm} \times 25\,\text{mm}$ 的方料，材料为 45 钢。请在数控铣床或加工中心上，选用正确的装夹方案，选择合理的刀具及切削用量，制订该零件的加工工艺、实施方案、检验报告，并在数控铣床或加工中心上完成零件加工。通过完成工作任务，巩固相关理论知识和获取实践技能，获得简单平面曲线轮廓零件加工的能力要求。

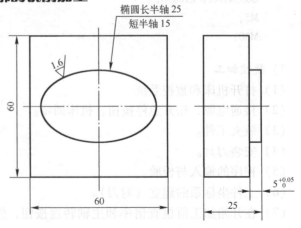

图 3-1-6 简单平面曲线的轮廓加工示例

任务分析 本任务属于数控铣削宏程序编程与加工中相对较为简单的部分,是学习方程曲线类零件铣削加工的基础性内容。要完成本任务,需掌握数控铣床基本编程指令、宏程序编程指令、编程规则及编程步骤,并掌握通用量具的使用方法。

相关知识

1. 工艺分析

1)零件图工艺分析

本任务中零件为某凸模的外轮廓加工类工件,但由于组成外轮廓的元素为椭圆,无法直接用数控机床直线或圆弧的插补指令来加工,需采用宏程序来进行编程与加工。本任务中的零件所给毛坯厚度为 25 mm,加工厚度为 5 mm,具有足够的夹持长度,单面加工,技术要求中无热处理及硬度要求,单件生产。

2)零件图精度分析

零件图中的尺寸精度要求,主要通过在加工过程中的准确对刀、正确设置刀补量及磨耗,以及制订合适的加工工艺来保证。无形位精度要求,表面粗糙度要求为 Ra 1.6 μm。对于表面粗糙度的精度要求,主要通过选择合适的刀具及切削用量,正确合理的粗、精加工路线及冷却来保证。

3)选择机床及数控系统

根据零件的形状及加工精度要求,选用的加工设备为汉川机床厂 XK715D 数控铣床,配备 FANUC 0i MC 数控系统。

4)确定装夹方案及定位基准

毛坯厚度为 25 mm,有足够的夹持长度,无须调头加工。采用平口钳对零件进行装夹定位,夹持在 60×60 的平面上,毛坯伸出卡盘长度 10 mm,保证上端 5 mm 的铣削深度。

5)选择刀具及切削用量

本任务根据零件的精度要求和工序安排选择刀具及切削用量,如表 3-1-6 所示。

表 3-1-6 刀具及切削用量表

工步	工步内容	刀号	刀具名称	主轴转速(r/min)	进给量(mm/r)	备 注
1	上表面加工	T01	φ63 面铣刀	S300	F50	手动/MDI
2	粗铣/精铣	T02	φ16 立铣刀	粗 S500/精 S800	粗 F80/精 F120	

2. 程序编制

1)加工原理

非圆曲线一般包含解析曲线与列表曲线两类。对于手工编程来说,一般解决的是解析曲线的加工,为此,主要对解析曲线的加工原理进行分析。解析曲线的数学表达式的形式可以是以 $y=f(x)$ 的直角坐标形式给出,也可以是以 $\rho=\rho(\theta)$ 的极坐标形式给出,还可以参数方程的形式给出。通过坐标变换,后面两种形式的数学表达式可以转换为直角坐标表达式。

其编程方法是首先应决定是采用直线段逼近非圆曲线,还是采用圆弧段逼近非圆曲线。采用直线段逼近非圆曲线,各直线段间连接处存在尖角,由于在尖角处,刀具不能连续地对零件进行切削,零件表面会出现硬点或切痕,使加工表面质量变差。采用圆弧段逼近的方式,可以大大减少程序段的数目。采用这种形式又分为两种情况:一种为相邻两圆弧段间彼此相交;另一种则采用彼此相切的圆弧段来逼近非圆曲线。后一种方法由于相邻圆弧彼此相切,工件表面整体光滑,从而有利于加工表面质量的提高。但无论哪种情况都应使 $\delta \leqslant \delta'$(允许误差)。实际的手工编程中主要采用直线逼近法。

2)椭圆轮廓编程思路

对简单平面曲线轮廓进行加工,是用小直线段逼近曲线来完成的。具体算法为:采用某种规律在曲线上取点,然后用小直线段将这些点连接起来完成加工。

椭圆加工时,假定椭圆长轴(X向)、短轴(Y向)半长分别为 a 和 b,则椭圆的极坐标方程为:

$$\begin{cases} x = a\cos\theta \\ y = b\sin\theta \end{cases}$$

利用此方程可方便地完成在椭圆上取点工作。

3. 任务实施

1)本任务工艺分析

本任务零件的毛坯为 60 mm×60 mm×25 mm 的方料,只加工上端的椭圆轮廓,属于板类零件的加工。

零件毛坯为方料,因此采用平口钳进行装夹,并用垫铁等附件配合装夹工件。本任务根据零件的精度要求和工序安排选择刀具及切削用量,如表 3-1-6 所示。本任务零件的数控加工工序卡片如表 3-1-7 所示。

表 3-1-7 本任务零件的数控加工工序卡片

单位 ××××	数控加工工序卡片		产品名称或代号 ××××		零件名称 配合件		零件图号 ×××
			车 间		使用设备		
			先进制造技术车间		XK715D 数控铣床		
			工艺序号		程序编号		
			001		O1290		
工步号	工步作业内容		刀具号	刀补量	主轴转速	进给速度	背吃刀量	备注
1	上表面加工		T01		S300	F50		手动/MDI
2	粗铣/精铣轮廓		T02	8	粗 S500/精 S800	粗 F80/精 F120		
编制		审核		批准		日期	共 页	第 页

考虑刀具半径补偿及切向切入、切出，刀具的路径设计为工序卡片中所示，即 A→B→C→零件椭圆轮廓→C→D→A。

由于该零件加工时，按照刀补值的不同进行 XY 平面分层加工，实现扫外围、粗加工和精加工的加工路线。因此，刀补号与刀补值如表 3-1-8 所示。

表 3-1-8　刀补号与刀补值

刀 补 号	刀补值
1（扫外围）	16
2（粗加工）	8.2
3（精加工）	8

2）编写程序

参考程序为：

```
O1290;
G54 G90 G0 X0 Y0 Z50.0;
S500 M3;
X45.0;
Z5.0;
G1 Z-4.9 F80;
#1=1;                          刀补号变量
WHILE [#1 LE 3] DO1;
G1 G41 X45.0 Y20.0 D#1;        建立刀具半径补偿
G3 X25.0 Y0 R20.0;
#2=0.5;                        θ变量初始值0.5°
WHILE [#2 LE 360] DO2;
#3=50*COS[#1];                 椭圆 X 坐标计算
#4=30*SIN[#1];                 椭圆 Y 坐标计算
G1 X#3 Y#4;                    直线段逼近椭圆
#2=#2+0.5;                     角度增量为0.5°
END2;
G3 X45.0 Y-20.0 R20.0;
G0 G40 Y0 M5;
S800 M3 F120;
#1=#1+1;                       刀补号加1
END1;
G0 Z50.0;
X0 Y0 M5;
M30;
```

3）数控加工

(1) 打开机床和数控系统。

(2) 接通电源，松开急停按钮，机床回零。

(3) 装夹工件。

(4) 安装刀具。

(5) 程序的输入与校验。

(6) 工件坐标系的建立（对刀）。

(7) 在开始加工前检查倍率和主轴转速按钮，然后开启循环启动按钮，机床开始自动加工。

(8) 自动加工完成后，再检测零件的形状、尺寸及精度要求。

(9) 加工合格后，对机床进行相应的保养。

(10) 将工、量、卡具还至原位，填写工作日志。

4. 质量检验

本任务零件检测中所需的游标卡尺、百分表等常规检测工具的使用方法已在前面的项目中介绍完毕，不再赘述。

加工完成后，对零件进行去毛刺和检测，本任务的评价标准与表 2-1-7 相同。

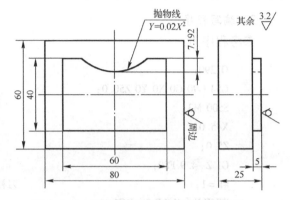

图 3-1-7 简单平面曲线轮廓的加工练习

任务巩固 如图 3-1-7 所示零件，材料为 45 钢，毛坯为 80 mm × 60 mm × 25 mm 的方料，制订该零件的铣削加工工艺，编写该零件的程序，并在数控铣床或加工中心上加工。

任务 3.1.3 简单立体曲面的加工

任务描述 加工如图 3-1-8 所示的零件，请在数控铣床或加工中心上，选用正确的装夹方案，选择合理的刀具及切削用量，制订该零件的加工工艺、实施方案、检验报告，并完成零件加工。通过完成工作任务，巩固相关理论知识和获取实践技能，获得简单立体曲面零件加工的能力要求，掌握规则曲面加工的刀具轨迹与误差分析方法。

任务分析 本任务属于数控铣削宏程序编程与加工中相对复杂的部分，加工简单立体曲面既可以采用宏程序编程，也可以自动编程，本任务采用宏程序编程的方式进行。要完成本任务，需掌握数控铣床基本编程指令、曲面宏程序的编程指令、编程方法，并掌握相应量具的使用方法。

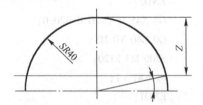

图 3-1-8 简单立体曲面加工示例

相关知识

1. 工艺分析

1) 零件图工艺分析

本任务中零件的上表面为规则的外球面，球径 SR40，毛坯为方料，由于是立体的球面，无法直接用数控机床直线或圆弧的插补指令来加工，需采用宏程序来进行编程与加工。本任务中的零件具有足够的夹持长度，单面加工，技术要求中无热处理及硬度要求，单件生产。

2）选择机床及数控系统

根据零件的形状及加工精度要求，选用的加工设备为汉川机床厂 XH715D 立式加工中心，配备 FANUC 0i MC 数控系统。

3）确定装夹方案及定位基准

毛坯为方料，有足够的夹持长度，无须调头加工。采用平口钳对零件进行装夹定位，编程原点选在球面的最高点位置处。

4）选择刀具及切削用量

(1) 曲面加工用刀具

① 模具铣刀。模具铣刀主要用于立式铣床上加工模具型腔、三维成形表面等。模具铣刀按工作部分形状不同，可分为圆柱形球头铣刀、圆锥形球头铣刀和圆锥形立铣刀三种形式。

如图 3-1-9（a）所示是圆柱形球头铣刀，如图 3-1-9（b）所示是圆锥形球头铣刀。在该两种铣刀的圆柱面、圆锥面和球面上的切削刃均为主切削刃，铣削时不仅能沿铣刀轴向作进给运动，也能沿铣刀径向作进给运动，而且球头与工件接触往往为一点，这样，该铣刀在数控铣床的控制下，就能加工出各种复杂的成形表面，所以该铣刀用途独特，很有发展前途。

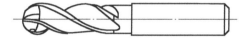
（a）圆柱形球头铣刀
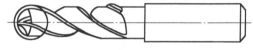
（b）圆锥形球头铣刀

图 3-1-9　球头模具铣刀

如图 3-1-10 所示为圆锥形立铣刀，其作用与立铣刀基本相同，只是该铣刀可以利用本身的圆锥体，方便地加工出模具型腔的出模角。

模具铣刀的柄部有直柄、削平型直柄和莫氏锥柄。它的结构特点是球头或端面上布满了切削刃，圆周刃与球头刃圆弧连接，可以作径向和轴向进给。铣刀工作部分用高速钢或硬质合金制造。国家标准规定直径 $d = 4 \sim 66$ mm，小规格的硬质合金模具铣刀多制成整体结构；$\phi 16$ mm 以上直径的，制成焊接或机夹可转位刀片结构。

② 鼓形铣刀。如图 3-1-11 所示的是一种典型的鼓形铣刀，它的切削刃分布在半径为 R 的圆弧面上，端面无切削刃。加工时控制刀具上下位置，相应改变刃的切削部位，可以在工件上切出从负到正的不同斜角。R 越小，鼓形刀所能加工的斜角范围越广，但所获得的表面质量也越差。这种刀具的缺点是刃磨困难，切削条件差，而且不适于加工有底的轮廓表面，主要用于对变斜角面的近似加工。

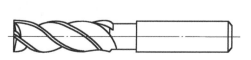

图 3-1-10　圆锥形立铣刀

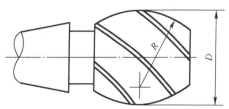

图 3-1-11　鼓形铣刀

③ 成形铣刀。成形铣刀一般是为特定形状的工件或加工内容专门设计加工中心制造的，如渐开线齿面、燕尾槽和T形槽等，也适用于特形孔或台。常见成形铣刀如图 3-1-12 所示。

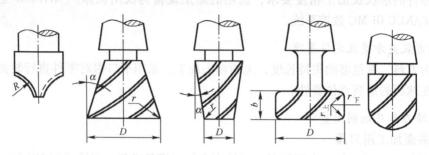

图 3-1-12　常见成形铣刀

(2) 选择刀具及切削用量

本任务根据零件的精度要求和工序安排选择刀具及切削用量，如表 3-1-9 所示。

表 3-1-9　刀具及切削用量表

工步	工步内容	刀号	刀具名称	主轴转速（r/min）	进给量（mm/r）	备注
1	粗加工曲面	T01	φ16 立铣刀	S400	F100	
2	精加工曲面	T02	φ12 球刀	S800	F80	

5) 曲面轮廓加工的进给路线

曲面轮廓的加工工艺处理较平面轮廓要复杂得多，加工时要根据曲面形状、刀具形状及零件的精度要求选择合理的进给路线。如图 3-1-13 所示为曲面加工的常见进给路线，即沿参数曲面的 U 向参数线行切、沿 W 向参数线行切。对于直纹曲面的零件，采用图 3-1-13（b）所示的方案较为有利。每次直线进给，刀位点计算简单，程序段数目少，而且加工过程符合直纹曲面的形成规律，可以保证母线的直线度。图 3-1-13（a）所示的方案便于加工后检验翼面形状的准确度。因此，实际生产中最好将以上两种方案结合起来。

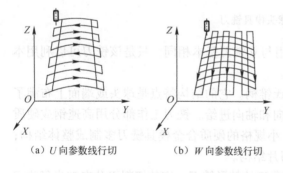

（a）U 向参数线行切　　（b）W 向参数线行切

图 3-1-13　曲面轮廓加工进给路线

当工件的边界开敞时，为保证加工的表面质量，应从工件的边界外进刀和退刀，如图 3-1-13（a）（b）所示。

2. 程序编制

球面加工一般使用一系列水平面截球面所形成的同心圆来完成走刀。在进刀控制上有从上向下进刀和从下向上进刀两种，一般应使用从下向上进刀来完成加工，此时主要利用铣刀侧刃切削，表面质量较好，端刃磨损较小，同时切削力将刀具向欠切方向推，有利于控制加工尺寸。

球面加工的轨迹计算及程序编制方法，通过下面的实例来进行说明。

实例 3-4 采用 $R10$ 的球形铣刀加工如图 3-1-14 所示的内球面工件，采用 B 类宏程序编写数控铣削加工程序。已预先加工出 $\phi12$ 的底孔。

（1）球面加工的刀具轨迹计算。加工本工件时，先采用立铣刀加工出如图 3-1-15（a）所示的台阶表面，再用 $R10$ 的球刀进行球面轮廓精加工。加工过程中以球形铣刀的球心作为刀位点，则球心的轨迹如图 3-1-15（b）所示中的圆弧 MN。编程时以角度 α 作为自变量，其变化范围为 $284°\sim$

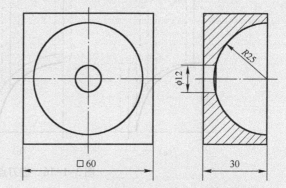

图 3-1-14　规则曲面的宏程序编程实例

$360°$，则球心轨迹的 P 点坐标为：$X_P = 15\cos\alpha$，$Z_p = 15\sin\alpha$。编程过程中使用以下变量进行运算。

#1：角度自变量，其值为 $284°\sim 360°$。
#2：球刀球心的 X 坐标，$\#2 = 15\cos(\#1)$。
#3：球刀球心的 Z 坐标，$\#3 = 15\sin(\#1)$。

（2）内球面的精加工程序编制。
参考程序为：

O200；
G90 G54 G0 X0 Y0 Z50.0；
S800 M03；
G01 Z-15.0 F100；
#1 = 284；
N100 #2 = 15×COS(#1)；
#3 = 15×sin(#1)；
G01 Z#3；
X#2；
G03 X#2 Y0 I-#2 J0；
#1 = #1 + 1；
IF[#1 LE 360] GOTO 100；
G0 Z50.0；
X0 Y0 M5；
M30；

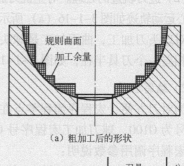

（a）粗加工后的形状

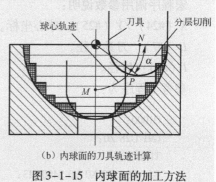

（b）内球面的刀具轨迹计算

图 3-1-15　内球面的加工方法

3. 任务实施

1）本任务工艺分析

本任务零件的毛坯为方料，只加工上端的外球面，属于立体曲面的加工。

零件毛坯为方料，因此采用平口钳进行装夹，并用垫铁等附件配合装夹工件。本任务根据零件的精度要求和工序安排选择刀具及切削用量，如表 3-1-9 所示。

（1）进刀点的计算。如图 3-1-16（c）所示，进刀点的计算主要有以下两种方法。

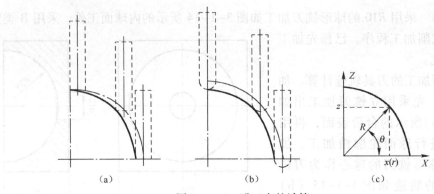

图3-1-16 进刀点的计算

① 先根据允许的加工误差和表面粗糙度,确定合理的 Z 向进刀量,再根据给定加工深度 z,计算加工圆的半径,即 $x(r) = \sqrt{R^2 - z^2}$。此算法走刀次数较多。

② 先根据允许的加工误差和表面粗糙度,确定两相邻进刀点相对球心的角度增量,再根据角度计算进刀点的 $x(r)$ 和 z 值,即 $z = R\sin\theta$,$x(r) = R\cos\theta$。这种算法计算较为简单,本任务零件的程序编制即采用此方法。

(2) 进刀轨迹的处理。对立铣刀加工,曲面加工是刀尖完成的,当刀尖沿圆弧运动时,其刀具中心运动轨迹如图 3-1-16(a)所示,只是切削点的位置与刀位点始终相差一个刀具半径。

对球头刀加工,曲面加工是球头刀刃完成的,其刀具中心运动轨迹是球面的同心球面,半径相差一个刀具半径,如图 3-1-16(b)所示。

2) 编写程序

为对刀方便,宏程序编程零点在球面最高点处,采用从下向上进刀方式。立铣刀加工宏程序号为 O100,球刀加工宏程序号 O200。

宏程序调用参数说明:

X(#24)/Y(#25):球心坐标。 Z(#26):球高。
D(#7):刀具半径。 Q(#17):角度增量,度。
I(#4):球径。 F(#9):走刀速度。

参考主程序为:

```
O1000;
G91 G28 Z0;
T1 M06;
G54 G90 G0 X0 Y0 S400 M3;
G43 Z50.0 H1;
G65 P100 X0 Y0 Z-30 D6 I40.5 Q3 F100;
G0 Z50.0;
X0 Y0;
G91 G28 Z0 M5;
T2 M06;
G90 G54 G0 X27.5 Y0 S800 M3;
G43 H3 Z50.0;
```

```
G65 P200 X0 Y0 Z-30 D6 I40 Q0.5 F80;
G0 Z50.0;
X0 Y0;
M5;
M30;
```

参考宏程序为：

```
O100;
#1 = #4 + #26;                  进刀点相对球心 Z 坐标
#2 = SQRT[#4 * #4 - #1 * #1];   #4 为切削球的半径
#3 = ATAN[#1/#2];               角度初值
#2 = #2 + #7;
G90 G0 X[#24 + #2 + #7 + 2] Y#25;
Z5.0;
G1 Z#26;
WHILE [#3 LT 90] DO1;           当进刀点相对水平方向夹角小于90°时加工
G1 Z#1 F#9;
X[#24 + #2];
G2 I - #2;
#3 = #3 + #17;
#1 = #4 * [SIN[#3] - 1];        $Z = -(R - R\sin\theta)$
#2 = #4 * COS[#3] + #7;         $x(r) = R\cos\theta + r_刀$
END1;
G0 Z5.0;
M99;
O200;
#1 = #4 + #26;                  中间变量
#2 = SQRT[#4 * #4 - #1 * #1];   中间变量
#3 = ATAN#1/#2;                 角度初值
#4 = #4 + #7;                   处理球径
#1 = #4 * [SIN[#3] - 1];        $Z = -(R - R\sin\theta)$
#2 = #4 * COS[#3];              $x(r) = R\cos\theta$
G90 G0 X[#24 + #2 + 2] Y[#25];
Z5.0;
G1 Z#26;
WHILE[#3 LT 90] DO1;            当角度小于90°时加工
G1 Z#1 F#9;
X[#24 + #2];
G2 I - #2;
#3 = #3 + #17;
#1 = #4 * [SIN[#3] - 1];        $Z = -(R - R\sin\theta)$
#2 = #4 * COS[#3];              $x(r) = R\cos\theta$
END1;
G0 Z5.0;
M99;
```

3)数控加工

(1)打开机床和数控系统。

(2)接通电源,松开急停按钮,机床回零。

(3)装夹工件。

(4)安装刀具。

(5)程序的输入与校验。

(6)工件坐标系的建立(对刀)。

(7)在开始加工前检查倍率和主轴转速按钮,然后开启循环启动按钮,机床开始自动加工。

(8)自动加工完成后,再检测零件的形状、尺寸及精度要求。

(9)加工合格后,对机床进行相应的保养。

(10)将工、量、卡具还至原位,填写工作日志。

4. 质量检验

本任务零件检测中所需的游标卡尺、百分表等常规检测工具的使用方法已在前面的项目中介绍完毕,不再赘述。

加工完成后,对零件进行去毛刺和检测,本任务的评价标准与表2-1-7相同。

任务巩固 加工如图3-1-17所示零件,上表面为球面,毛坯为70 mm×70 mm×25 mm的方料,制订该零件的铣削加工工艺,编写该零件的程序,并在数控铣床或加工中心上加工。

任务3.1.4 MasterCAM Mill 二维加工

任务描述 用 MasterCAM 生成如图3-1-18所示零件的加工程序,选用正确的装夹方案,选择合理的刀具及切削用量,制订该零件的加工工艺、实施方案、检验报告,并在数控铣床或加工中心上完成零件加工。通过完成工作任务,使学生熟练掌握 MasterCAM Mill 二维加工的刀路定义方法,掌握 MasterCAM 的2D刀路定义的主要参数设置及其含义,初步掌握 MasterCAM 刀路定义的技巧性操作,完成该零件的自动编程及加工。

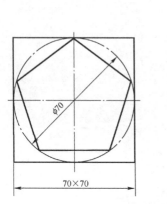
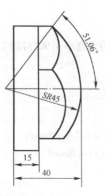

图3-1-17 简单立体曲面的加工练习

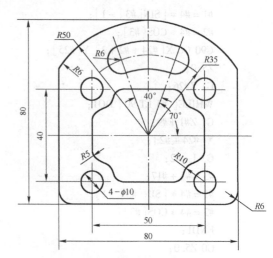

图3-1-18 模具推件板自动编程示例

学习情境 3　宏程序及模具 CAM 加工技术

任务分析　本任务的关键是 MasterCAM Mill 二维加工中 2D 刀路定义的主要参数设置及其含义，以及 2D 刀路定义的技巧性操作、后置处理的修改。要完成本任务需掌握自动编程的知识，并掌握二维加工中刀具路径的生成及后置程序的生成方法。

相关知识

1. 零件图工艺分析

本任务通过对模具推件板进行数控自动编程与操作机床加工出产品的学习与训练，使学生掌握典型零件 CAM 过程，掌握二维刀具路径外形铣削的有关参数的设置。

本任务零件的毛坯为方料，采用 MasterCAM Mill 二维加工中的外形铣削、挖槽和钻孔的刀路定义来进行自动编程与加工。本任务中的零件具有足够的夹持长度，单面加工，技术要求中无热处理及硬度要求，单件生产。

2. 程序编制

1）推件板轮廓铣削刀路定义

2D 轮廓外形是指组成外形轮廓的所有线、圆弧、曲线等图素均位于同一构图面内，2D 外形铣削可根据需要进行计算机刀补或机床刀补编程。

调出 MasterCAM 8.0 绘制的推件板零件图。

(1) 刀路基本参数定义

① 工作设定。在主菜单中顺序选择"刀具路径"→"工作设定"选项后，打开"工作设定"对话框，如图 3-1-19 所示。主要设定工件毛坯大小及工件坐标系原点位置。

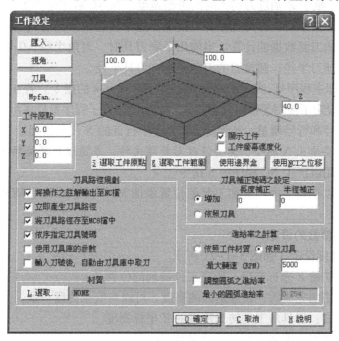

图 3-1-19　"工作设定"对话框

② 2D 刀路定义共同的刀具参数设定选项的含义。如图 3-1-20 所示，在刀具缩微图显示区内右击，将弹出一个菜单，用以从刀具图库内选取一把刀具或自定义刀具。

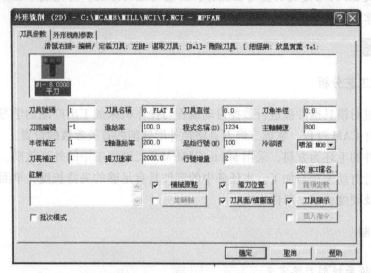

图 3-1-20　共同的刀具参数设定

- 刀具号和刀具补偿号：系统将根据所选用的刀具自动地分配刀具号和刀具补偿号，但也允许人为地设置刀具号。生成 NC 程序时，将自动地按照刀具号产生 T×× M6 的自动换刀指令。半径补偿号：当轮廓铣削时设置机床控制器刀补为左（右）补偿时，将在 NC 程序中产生 G41 D×× （G42 D××）和 G40 的指令。
- 进给率：这里将赋予刀具在 XY 平面内的进给速度，在 NC 程序中产生 F 指令。
- Z 轴进给率：赋予 Z 轴进刀切入时的进给速度。在 NC 程序中产生 Z_F 指令。
- 刀具直径和刀角半径：刀具直径和刀角半径通常在选用刀具后自动产生，其数据的大小将直接影响刀路数据的计算。当使用平底刀具时，刀角半径 = 0；曲面加工用球刀，刀角半径 = 球刀半径；圆鼻刀的刀角半径 < 刀具半径。
- 程序名称：即主程序号。在 NC 程序中产生 O×××× 的指令。若在某些方式的加工参数设定项中设定了使用子程序（副程式）的功能，则子程序番号将由系统自动产生。
- 起始程序行号和行号增量：指生成 NC 程序中行首的 N 代码的起始号和行号增量。

注意：若不需要输出 N 指令，需要修改后处理文件，或通过程序编辑器来消除。

- 主轴转速：用以产生 NC 程序中 S 指令。
- 冷却液：用以在程序中相应加工起始位置添加 M08（或 M07）、M09 的自动开关冷却液的指令。

（2）轮廓铣削参数的设定

① 加工中的高度设定，如图 3-1-21 所示。

- 安全高度：初始 Z 坐标高度，距离工件最远的位置。
- 参考高度：切削完成后，快速退回的高度，可以与安全高度一致。
- 进给下刀高度：刀具从工进转为快进的 Z 坐标高度。
- 要加工表面高度：毛坯顶面所处的 Z 坐标。
- 铣削深度：最终加工深度面的 Z 坐标。

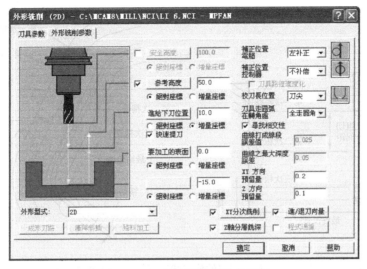

图 3-1-21 轮廓铣削参数的设定

② 计算机刀补和机床（控制器）刀补：主要用于 2D 轮廓铣削的刀径补偿。
- 计算机刀补是指生成 NC 程序时是将整个轮廓按刀补方向均匀地向外或向内偏移一个刀具半径值后算出的刀心轨迹坐标，由此而产生的程序，自动编程中常用。
- 机床控制器刀补是指生成 NC 程序时还是按原始轮廓轨迹坐标生成程序，但在程序中相应的位置添加 G41、G42、G40 的刀补指令。

③ 校刀长位置：有刀尖和刀具中心两种选择。主要用于刀具长度 Z 方向的补偿设定，它仅影响球刀和牛鼻刀等成形刀的编程。

④ 刀具转角设定：指在轮廓类铣削加工程序生成时，是否需要在图形尖角处自动加上一段过渡圆弧。对于刀补功能不完善的数控系统，当图形尖角较小时，其刀补结果可能会导致补偿轨迹超程，此时可以借助此刀具转角设定功能，设定为小于 135°或所有尖角自动添加圆角，便可避免加工时出错的可能。本项设定的效果如图 3-1-22 所示。

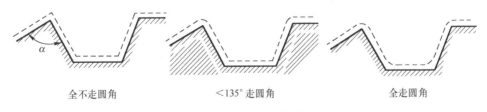

图 3-1-22 刀具转角设定

⑤ 径向分次铣削和深度方向分层铣削。深度方向的分层和轮廓径向的分次设定的主要参数是粗切间距、粗切次数、精切间距（精修量）、精修次数等，其含义如图 3-1-23 所示。

⑥ 引入/引出矢量。引入、引出是用来设置下刀后从外部切入到工件内和加工完毕后将刀具引出到外部的过渡段，通常它也就是刀补加载和卸载的线段。当使用机床（控制器）刀补方式时，设置引入、引出矢量是获得合理的 NC 程序必不可少的内容。引入、引出矢量包括引入、引出线和弧，以及连接方向等，如图 3-1-24 所示。

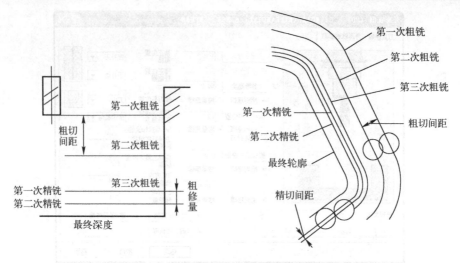

图 3-1-23 深度方向的分层和轮廓径向的分次设定含义

（3）挖槽参数的设定

挖槽主要用来切削沟槽形状或切除封闭外形所包围的材料。用来定义外形的串联可以是封闭串联，也可以是不封闭串联，但每个串联必须为共面串联且平行于构图面。挖槽参数设置中加工通用参数及挖槽参数与轮廓铣削参数的设定一致，下面仅介绍其特有的粗铣/精修参数的设定。

粗铣/精修参数的设定如图 3-1-25 所示。

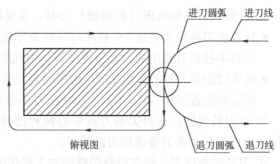

图 3-1-24 引入、引出矢量设置

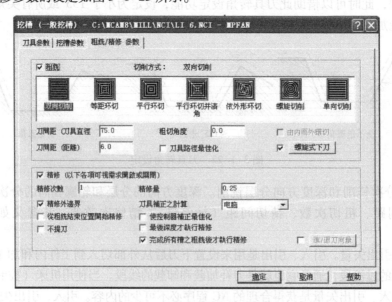

图 3-1-25 粗铣/精修参数的设定

① 粗铣参数的设定。
- 粗铣切削方式的选择：在挖槽加工中的加工余量一般比较大，可通过设置粗、精加工参数来提高加工精度。选中"粗铣/精修参数"选项卡中的"粗铣"复选框，则在挖槽加工中，先进行粗切削。MasterCAM 8.0 提供了七种粗切削的走刀方式，即双向切削、等距环切、平行环切、平行环切并清角、依外形环切、螺旋切削和单向切削，又可分为直线切削及螺旋切削两大类。直线切削包括双向切削和单向切削，双向切削产生一组有间隔的往复直线刀具路径来切削凹槽；单向切削所产生的刀具路径与双向切削类似。所不同的是单向切削刀具路径按同一个方向进行切削。螺旋切削方式是以挖槽中心或特定挖槽起点开始进刀并沿着刀具方向（Z 轴）螺旋下刀削切。可根据零件的形状要求予以选择。
- 刀间距百分率：设置在 X 轴和 Y 轴粗加工之间的切削间距，以刀具直径的百分率计算，调整"粗铣"参数自动改变该值。
- 刀间距距离：该选项是在 X 轴和 Y 轴计算的一个距离，等于切削间距百分率乘以刀具直径。
- 粗切角度：设置双向和单向粗加工刀具路径的起始方向。
- 切削路径最优化：为环绕切削内腔、岛屿提供优化刀具路径，避免损坏刀具。该选项仅使用双向铣削内腔的刀具路径，并能避免切入刀具绕岛屿的毛坯太深，选择刀具插入最小切削量选项，当刀具插入形式发生在运行横越区域前，将清除干净绕每个岛屿区域的毛坯材料。
- 由内到外环切：用来设置螺旋进刀方式时的挖槽起点。当选中该复选框时，切削方法是以凹槽中心或指定挖槽起点开始，螺旋切削至凹槽边界；当未选中该复选框时，是由挖槽边界外围开始螺旋切削至凹槽中心。
- 螺旋式下刀：凹槽粗铣加工路径中，可以采用垂直下刀、斜插式下刀和螺旋式下刀等三种下刀方式，如图 3-1-26 所示。采用垂直下刀方式时不选"螺旋式下刀"复选框；采用斜线下刀方式时选择"螺旋式下刀"复选框并选择"螺旋式下刀/斜插式下刀"对话框的"斜插式下刀"标签；采用螺旋下刀方式时选中"螺旋式下刀"复选框，选择"螺旋式下刀/斜插式下刀"对话框的"螺旋式下刀"标签。可根据不同的刀具及切削方式来进行选择。

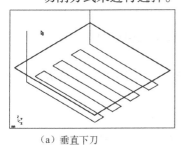　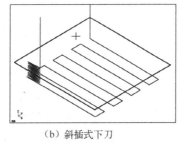　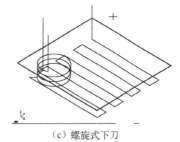

（a）垂直下刀　　　　　　　（b）斜插式下刀　　　　　　　（c）螺旋式下刀

图 3-1-26　不同下刀方式时的刀具路径

② 精修参数的设定。当选中"精修"复选框后系统可执行挖槽精加工，挖槽模组中各主要精加工切削参数含义如下。
- 精修外边界：对外边界也进行精铣削，否则仅对岛屿边界进行精铣削。

- 从粗铣削结束位置开始精修：在靠近粗铣削结束点位置开始精铣削，否则按选取边界的顺序进行精铣削。
- 最后深度才执行精修：在最后的铣削深度进行精铣削，否则在所有深度进行精铣削。
- 完成所有槽的粗铣后才执行精修：在完成了所有粗切削后进行精铣削，否则在每一次粗切削后都进行精铣削，适用于多区域内腔加工。
- 刀具补正的计算：执行该参数可启用计算机补偿或机床控制器内刀具补偿，当精加工时不能在计算机内进行补正，该选项允许在控制器内调整刀具补偿，也可以选择两者共同补偿或磨损补偿。
- 使控制器补正最优化：如精加工选择为机床控制器刀具补偿，该选项在刀具路径上消除小于或等于刀具半径的圆弧，并帮助防止划伤表面，若不选择在控制器刀具补偿，此选项防止精加工刀具不能进入粗加工所用的刀具加工区。
- 进/退刀向量：选中该复选框可在精切削刀具路径的起点和终点增加进刀/退刀刀具路径。可以单击"进/退刀向量"按钮，通过打开的"进/退刀向量"对话框对进刀/退刀工具路径进行设置。

（4）钻孔参数的设定

钻孔模组主要用于钻孔、镗孔和攻丝等加工。

① 点的选择。钻孔模组中使用的定位点为圆心。可以选取绘图区已有的点，也可以构建一定排列方式的点。顺序选择主菜单"刀具路径"→"钻孔"选项，在"增加点"子菜单中提供多种选取钻孔中心点的方法。

- 手动输入：手工方法输入钻孔中心。
- 自动选取：顺序选取第一个点、第二个点和最后一个点后，系统将自动选取已存在的一系列点作为钻孔中心。
- 图素：将选取的几何对象端点作为钻孔中心。
- 窗选：用两对角点形成的矩形框内包容的点作为钻孔中心点。
- 选择上次：采用上一次选取的点及排列方式。
- 自动选圆心：将圆或圆弧的圆心作为钻孔中心点。
- 图样：该选项有 Grid（网格）和 Bolt circle（圆周）两种安排钻孔中心点的方法，其使用方法与绘制点命令中对应选项相同。
- 选项：用来设置钻孔中心点的排序方式，系统提供了 17 种 2D 排序、12 种旋转排序和 16 种交叉断面排序方式。

② 钻孔参数。钻孔共有 21 种钻孔循环方式，包括 8 种标准方式和 13 种自定义方式，如图 3-1-27 所示。其中常用的有如下 7 种标准钻孔循环方式。

- 深孔钻（G81/G82）：钻孔或镗盲孔，其孔深一般小于 3 倍的刀具直径。
- 深孔啄钻（G83）：钻深度大于 3 倍刀具直径的深孔，循环中有快速退刀动作。
- 断屑式（G73）：钻深度大于 3 倍刀具直径的深孔。
- 攻牙（G84）：攻左旋内螺纹。
- 镗孔#1——进给退刀：用正向进刀→反向进刀方式镗孔，该方法常用于镗盲孔。
- 镗孔#2——主轴停止，快速退刀：用正向进刀→主轴停止让刀→快速退刀方式镗孔。
- 精镗孔，刀具偏移：用于精镗孔，在孔的底部停转并可以让刀。

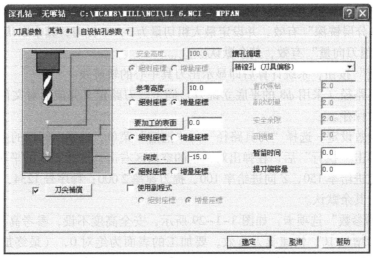

图 3-1-27　钻孔参数设定

3. 任务实施

1）定义刀具路径

(1) 工作设定。点选"工作设定"以进行毛坯、工件原点定义，设置毛坯 $X=100$，$Y=100$，$Z=40$；选择工件原点 $X=0$，$Y=0$，$Z=0$，确定即可。

(2) 外形铣削参数设定。选择"刀具路径"→"外形铣削"菜单，从底边中部开始逆时针串联，单击"执行"后，在弹出对话框的空白区右击，选择 $\phi12$ 的立铣刀，默认刀具及刀补号，设定进给率 200，Z 向进给率 90，提刀速率 2 000；程序号 1234，主轴转速 1 200，冷却液为喷油，其余默认。

单击"外形铣削参数"选项卡，如图 3-1-28 所示，安全高度不设，参考高度设为绝对 50，进给下刀位置为增量 10，快速提刀有效，要加工的表面为绝对 0，（最终加工）深度为绝对 -15，计算机补正方式：左补正，刀尖位置，全走圆角，余量 X0.2、Z0.1。

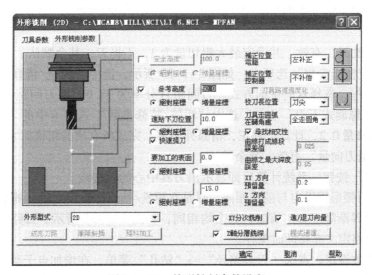

图 3-1-28　外形铣削参数设定

单击"XY分次铣削"有效，并设定粗铣3次，间距8，不提刀，其余默认。

单击"Z轴分层铣深"有效，并设定最大粗切量为3，不提刀，其余默认。

单击"进/退刀向量"有效，其余默认。

单击"确定"按钮，系统计算后即显示出刀具中心的轨迹线。

精加工刀具路径（采用φ8的平底立铣刀）同上。刀路定义完成后对文件进行存档，刀路定义亦将同时保存。

（3）挖槽参数设定。选择"刀具路径"→"挖槽"菜单，选择中间槽的左侧边中部开始逆时针串联，单击"执行"后，在弹出对话框的空白区右击，选择φ12的平底刀，默认刀具及刀补号，设定进给率150，Z向进给率100，提刀速率2 000；程序号1234，主轴转速600，冷却液为喷油，其余默认。

单击"挖槽参数"选项卡，如图3-1-29所示，安全高度不设，参考高度设为绝对50，进给下刀位置为增量10，快速提刀有效，要加工的表面为绝对0，（最终加工）深度为绝对-15，计算机补正方式：左补正，刀尖位置，全走圆角，余量X0.2、Z0.1。

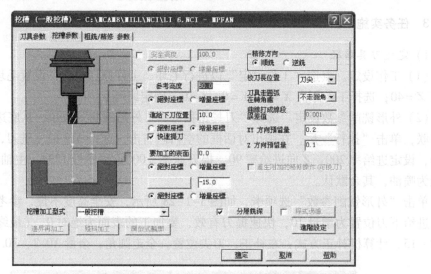

图3-1-29 挖槽参数设定

单击"分层铣深"有效，并设定最大粗切量为3，不提刀，其余默认。

单击"粗铣/精修参数"选项卡，如图3-1-30所示，选中"粗铣/精修参数"选项卡中的"粗铣"复选框，选择双向铣削方式，刀间距百分率为75.0，即刀间距9.0 mm，粗切角度为0°，单击"螺旋式下刀"有效。选中"粗铣/精修参数"选项卡中的"精修"复选框，精修次数1，精修量0.2，计算机补正，精修外边界，完成所有槽的粗铣后才执行精修。

单击"进/退刀向量"有效，其余默认。

单击"确定"按钮，系统计算后即显示出刀具中心的轨迹线。

上面的R6的腰形槽设定与前槽相同，只是在粗铣/精修参数设定的"螺旋式下刀"选项卡中选中"沿边界渐降下刀"有效，其余均相同，如图3-1-31所示。刀路定义完成后对文件进行存档，刀路定义亦将同时保存。

（4）钻孔参数设定。点选"刀具路径"→"钻孔"菜单，在增加点子菜单中选择需要加工的四个孔的圆心点，单击"执行"后，在弹出对话框的空白区右击，选择φ10的钻头，

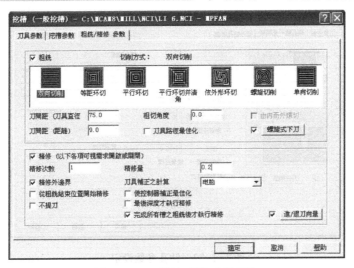

图 3-1-30 粗铣/精修参数设定

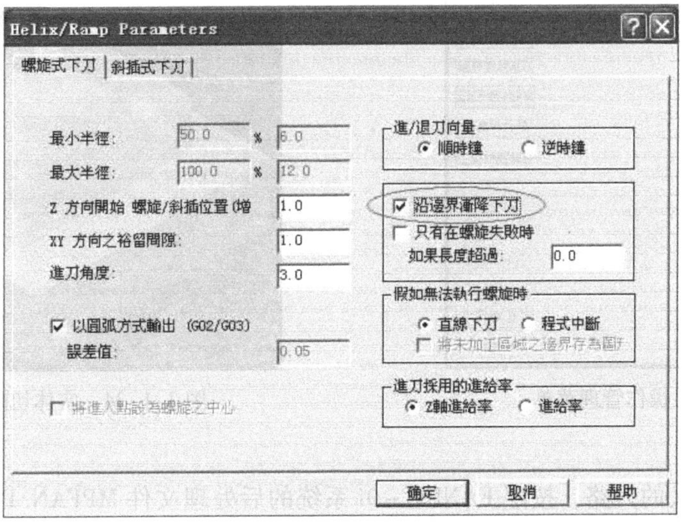

图 3-1-31 螺旋式下刀设置

默认刀具及刀补号,设定进给率 80;程序号 1234,主轴转速 300,冷却液为喷油,其余默认。

单击"深孔钻-无啄钻"选项卡,如图 3-1-32 所示,安全高度不设,参考高度设为增量 10,要加工表面为绝对 0,(最终加工)深度为绝对 -15,钻孔循环选深孔钻(G81/G82),暂留时间 2,刀尖补偿有效,其余默认。

单击"确定"按钮,系统计算后即显示出刀具中心的轨迹线。刀路定义完成后对文件进行存档,刀路定义亦将同时保存。

2) 刀具路径模拟

选中"操作管理"菜单,在操作管理器对话框中选择所定义的刀路,再单击"实体切削验证"即可进行实体播放模式的模拟加工,如图 3-1-33 所示。单击播放控制条的第三个按钮"▶"即可开始刀路模拟。刀具实体切削验证后的结果如图 3-1-34 所示。

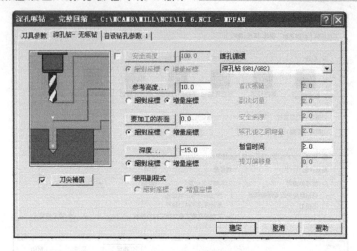

图 3-1-32　钻孔参数设定

图 3-1-33　操作管理菜单

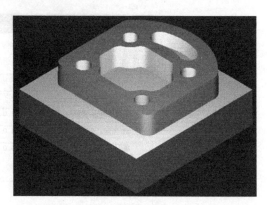

图 3-1-34　实体切削验证的结果

3）后处理

根据上述定义的刀路，按照 FANUC-0i 系统的后处理文件 MPFAN.PST 中的设置产生程序，如图 3-1-35 所示。操作管理器中单击"后处理"，弹出对话框后确认后处理文件后，选中"储存 NC 档"，"编辑"选项为有效，确定后即可生成并显示出 NC 程序。检查程序指令是否按进行刀路定义时所设定的 NC 参数生成，如有异常返回到操作管理器进行编辑。

4）生成程序

在后处理对话框中选择"储存 NC 档"，输入文件名并确认后，生成的程序如图 3-1-36 所示。

5）数控加工

（1）打开机床和数控系统。

（2）接通电源，松开急停按钮，机床回零。

（3）装夹工件。

（4）安装刀具。

图 3-1-35 后处理菜单

```
O1234;
G91G28Z0.
T1M06
G90G54G0X12.Y-76.2S1200M3
G43H12100.
Z50.M8
Z10.
G1Z-2.98F90.
Y-64.2F200.
G3X0.Y-52.2R12.
G1X-34.
G2X-62.2Y-24.R28.2
G1Y27.928
G2X-55.791Y45.828R28.2
X0.Y72.2R72.2
X55.791Y45.828R72.2
X62.2Y27.928R28.2
```

图 3-1-36 后处理生成的程序

（5）将上述自动生成的程序输入机床。

（6）工件坐标系的建立（对刀）。

（7）在开始加工前检查倍率和主轴转速按钮，然后开启循环启动按钮，机床开始自动加工。

（8）自动加工完成后，再检测零件的形状、尺寸及精度要求。

（9）加工合格后，对机床进行相应的保养。

（10）将工、量、卡具还至原位，填写工作日志。

4．质量检验

本任务零件检测中所需的游标卡尺、百分表等常规检测工具的使用方法已在前面的项目中介绍完毕，不再赘述。

加工完成后，对零件进行去毛刺和检测，本任务的评价标准与表 2-1-7 相同。

任务巩固 在 MasterCAM Mill 模块中对如图 3-1-37 所示零件进行刀路定义练习，写出刀路设计思路，并进行刀具路径实体切削验证，无误后传输至数控机床进行加工。

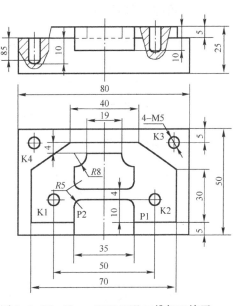

图 3-1-37 MasterCAM Mill 二维加工练习

项目3.2 复杂曲面类模具零件的加工

职业能力 培养数控铣削复杂曲面加工工艺制订的能力，掌握 MasterCAM Mill 软件中曲面及实体造型的方法，具备利用完成的曲面及实体造型进行刀具路径设计的能力，并能对所完成零件的超差进行原因分析并进行修正；掌握利用 MasterCAM Mill 软件实现复杂曲面加工的能力，掌握刀具轨迹的生成方法及后处理功能的应用。

任务 3.2.1 曲面造型

任务描述 完成如图 3-2-1 所示的砚台的曲面造型。通过完成工作任务，实现相关理论知识和实践技能的获取，获得复杂曲面造型的能力要求。

任务分析 本任务中主要要求掌握曲面造型及曲面编辑的内容，曲面造型包括举升/直纹曲面、昆氏曲面、旋转曲面、扫描曲面、牵引曲面等；曲面编辑包括曲面修剪、曲面倒角、曲面补正、曲面熔接等。要完成本任务，需熟练掌握各种曲面生成及编辑曲面的方法。

相关知识

1. 造型分析

零件图分析

本任务中曲面造型是难点，同时也是需要掌握的重点内容。曲面造型的方法很多，本任务零件造型主要介绍了旋转曲面、昆氏曲面、曲面修剪、变化半径倒圆角。

2. MasterCAM 绘制曲面的方法

1）曲面生成

单击绘图→曲面，进入如图 3-2-2 所示的曲面子菜单。

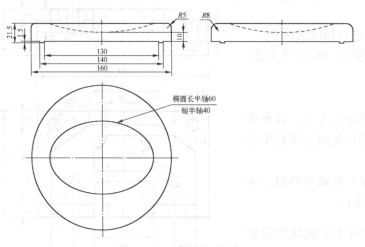

图 3-2-1 曲面造型示例

图 3-2-2 曲面子菜单

（1）举升/直纹曲面。举升曲面是通过提供一组横断面曲线作为线型框架，然后沿纵向利用参数化最小光滑熔接方式形成的一个平滑曲面。举升曲面至少需要多于两个截面外形才能显示出它的特殊效果，如果外形数为 2，则得到的举升曲面和直纹曲面是一样的。当外形数目超过 2 时，则产生一个"抛物式"的顺接曲面，而直纹曲面则产生一个"线性式"的顺接曲面，因此举升曲面比直纹曲面更加光滑。

① 在主菜单中选取"绘图"→"曲面"→"举升/直纹曲面"命令，主菜单区显示"举升/直纹曲面"子菜单。

② 依次选取 P_1、P_2、P_3 和 P_4 并点击执行，注意串接的起点和方向一致。

③ 再次单击执行后，生成的曲面如图 3-2-3 所示。

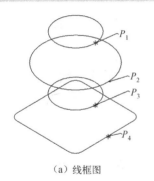
(a) 线框图

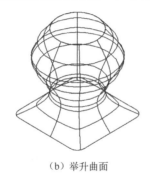
(b) 举升曲面

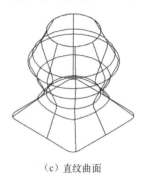
(c) 直纹曲面

图 3-2-3　举升/直纹曲面绘制示例

(2) 昆氏曲面。昆氏曲面是由一些曲面片按照边界条件平滑连接而构建的不规则的曲面，曲面片是由四条封闭的曲线构成的。

① 在主菜单中选取"绘图"→"曲面"→"昆氏曲面"命令，可以构建昆氏曲面。

② 依次选取如图 3-2-4（a）中上表面 P_1、P_2、P_3、P_4 四条曲线并确认，获得昆氏曲面如图 3-2-4（b）所示。

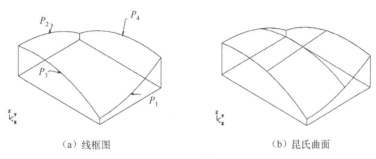

图 3-2-4　昆氏曲面绘制示例

(3) 旋转曲面。旋转曲面是根据一条母线围绕轴线旋转而成的曲面。

① 在主菜单中选取"绘图"→"曲面"→"旋转曲面"命令。

② 选取如图 3-2-5（a）所示的样条曲线下方点 P_1，并单击执行。

③ 选择旋转轴下端，并单击执行，获得的旋转曲面如图 3-2-5（b）所示。

(4) 扫描曲面。扫描曲面是将物体的截面曲线沿着一条或两条引导曲线平移而形成的曲面。MasterCAM 提供了三种绘制扫描曲面形式。第一种为一个截面外形，沿着一条引导曲线移动的扫描曲面；第二种为一个截面外形沿着两条引导曲线移动的扫描曲面；第三种为两个截面外形沿着一条引导曲线移动的扫描曲面。

① 在主菜单中选取"绘图"→"曲面"→"扫描曲面"命令。

② 如图 3-2-6（a）所示，选择单体选项，选取圆弧后，单击执行。

③ 如图 3-2-6（a）所示，选择串联选项，选取直线后，单击执行。

④ 设置参数后，单击执行，获得的扫描曲面如图 3-2-6（b）所示。

(5) 牵引曲面。牵引曲面是将一条外形线沿着一条直线和一个角度构建一个曲面，或者将外形线垂直拉出一个高度，再输入高度值和角度来定义曲面，此类曲面常用于有斜度的零件。

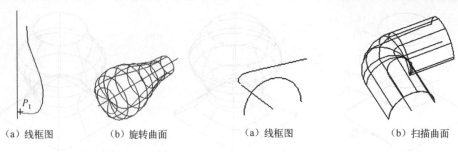

(a)线框图　　　　(b)旋转曲面　　　　　　　(a)线框图　　　　(b)扫描曲面

图3-2-5　旋转曲面绘制示例　　　　　　　图3-2-6　扫描曲面绘制示例

① 在主菜单中选取"绘图"→"曲面"→"牵引曲面"命令。

② 根据提示选取曲线串联，串联方向如图3-2-7（a）所示，单击执行，图中一个带尾线的箭头表示默认的牵引方向和距离，如图3-2-7（b）所示。

③ 设置参数后，单击执行，获得的牵引曲面如图3-2-7（c）所示。

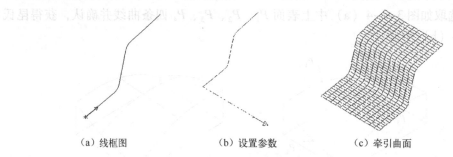

(a)线框图　　　　　　(b)设置参数　　　　　　(c)牵引曲面

图3-2-7　牵引曲面绘制示例

2）曲面编辑

（1）曲面倒圆角。常见的模具零件轮廓都带有倒圆角，曲面倒圆角可以实现面与面的平滑过渡，有增加强度，外形美观，避免伤害等优点。MasterCAM 提供了三种构建曲面倒角的方法：平面与曲面间倒圆角、曲线与曲面间倒圆角、曲面与曲面间倒圆角。在主菜单中选取"绘图"→"曲面"→"倒圆角"命令，可以构建曲面倒圆角。

倒圆角曲面在已存在曲面上产生，由一组圆弧组成，通常与一个或两个原曲面相切。如图3-2-8（a）所示为两个曲面之间产生的倒角曲面，如图3-2-8（b）所示为一个曲面与一个假想平面之间产生的倒角曲面，如图3-2-8（c）所示为一个曲面与一条曲线之间产生的倒角曲面，S_1 为曲线。

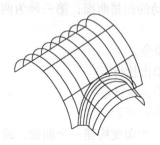 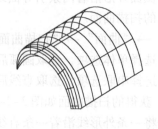 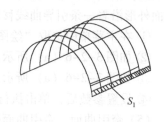

(a)曲面与曲面倒圆角　　　　　　(b)平面与曲面倒圆角　　　　　　(c)曲线与曲面倒圆角

图3-2-8　曲面倒圆角绘制示例

(2) 曲面补正。曲面补正是将曲面沿着其法线方向按给定距离移动所得到的新曲面。在主菜单中选取"绘图"→"曲面"→"曲面补正"命令,可以构建曲面补正。

曲面补正是将原曲面移动一个固定距离产生的曲面,因此,移位曲面与原曲面平行,如图 3-2-9 所示,S_1 为原曲面,S_2 为移位曲面。

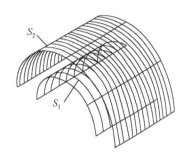

图 3-2-9　曲面补正绘制示例

(3) 曲面修整。曲面修整是指将已存在的曲面根据另一个曲面或曲线形成的边界进行修整。在主菜单中选择"绘图"→"曲面"→"曲面修整"命令,显示"曲面修整"子菜单。如图 3-2-10(a)所示为原始曲面 S_1 和样条曲线 S_3;如图 3-2-10(b)所示为曲面 S_1 修整到曲线 S_3 得到的结果;如图 3-2-10(c)所示为原始曲面 S_1 和 S_2;如图 3-2-10(d)所示为 S_2 修整到 S_1,而且删除原 S_1 和 S_2 多余部分后得到的结果。

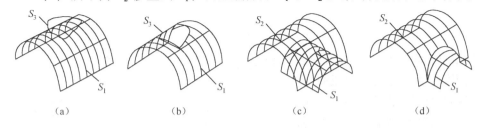

图 3-2-10　曲面修整绘制示例 1

如图 3-2-11(a)所示中为原始曲面 S_1;如图 3-2-11(b)所示为曲面 S_1 修整到 Z 向高度值为 15 的水平面得到的结果;如图 3-2-11(c)所示为图 3-2-11(a)中的曲面 S_1 沿直线方向延伸 5 mm 后,得到的结果为图中的 S_2;如图 3-2-11(d)所示 S_2 为图 3-2-11(a)中位置在前面的边界进行平面修整得到的结果。

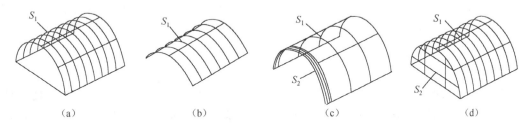

图 3-2-11　曲面修整绘制示例 2

(4) 曲面熔接。曲面熔接生成一个或多个平滑的曲面,这些曲面熔接两个或三个曲面,并且分别与这几个曲面相切。有三种曲面熔接方式:两曲面熔接、三曲面熔接和倒圆角曲面熔接。

两曲面熔接是将两个已存在曲面用熔接方法生成曲面,如图 3-2-12 所示。图 3-2-12(a)中为被熔接的两个曲面 S_1 和 S_2;图 3-2-12(b)所示为曲面 S_1 和 S_2 熔接后的结果,其中的 S_3 为熔接曲面。

三曲面熔接是将三个已存在曲面用熔接方法生成曲面,如图 3-2-13 所示。图 3-2-13(a)中为被熔接的三个曲面 S_1、S_2 和 S_3,图 3-2-13(b)所示为曲面 S_1、S_2 和 S_3 熔接后的结果,其中的 S_4 为熔接曲面。

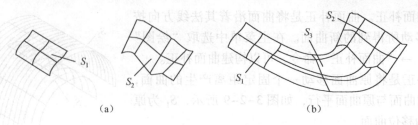

图 3-2-12 两曲面熔接绘制示例

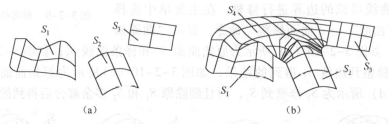

图 3-2-13 三曲面熔接绘制示例

倒圆角曲面熔接是将三个相交的已存在曲面用倒圆角熔接方法生成曲面，如图 3-2-14 所示。图 3-2-14（a）中所示为被熔接的三个曲面 S_1、S_2 和 S_3，图 3-2-14（b）所示为曲面 S_1、S_2 和 S_3 熔接后的结果，其中的 S_4 为倒角熔接曲面。

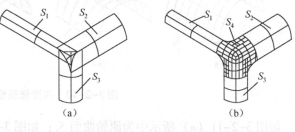

图 3-2-14 倒圆角曲面熔接绘制示例

3）引入曲面

引入曲面是指用其他 CAD/CAM 软件生成的曲面，通过读入的方式引入 MasterCAM 系统中。引入曲面通常通过两种途径被读进 MasterCAM 系统，一种是直接读入由其他 CAD/CAM 软件生成的曲面；另一种是读入由其他 CAD/CAM 软件生成的实体模型，再转换成曲面。

① 在主菜单中选取"档案"→"档案转换"命令。有多种数据格式可供选择，通常选择 IGES 格式。

② 单击主菜单区中的"IGES"，选择"读取文件"或"读取目录"，可以将其他 CAD/CAM 软件产生的 IGES 格式文件，读入 MasterCAM 系统中。选择"写文件"或"写目录"，可以将 MasterCAM 系统中的图形以 IGES 格式文件存储。

3. 任务实施

1）绘制砚台的线框图

（1）绘制砚台的旋转外形

① 设定图形视角、构图平面为前视图 F，构图深度设为 $Z:0$，当前图层设为 2，命名为"旋转外形"，其余设置为默认值。

② 绘制砚台的旋转外形的平面草图如图 3-2-15（a）所示，修剪成如图 3-2-15（b）所示的图形。

学习情境 3　宏程序及模具 CAM 加工技术

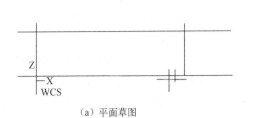

(a) 平面草图　　　　　　　(b) 完成的旋转外形

图 3-2-15　绘制砚台的旋转外形

(2) 绘制顶面外形

① 设定图形视角，构图平面为俯视图 T，构图深度设为 Z：21.5，将当前图层设为 3，命名为"顶面外形"，关闭图层 2，其余设置为默认值。

② 单击"绘图"→"下一页"→"椭圆"命令，进入如图 3-2-16（a）所示的绘制椭圆子菜单，输入 X 轴半径为"60.0"，输入 Y 轴半径为"40.0"，单击"确定"按钮，捕捉椭圆中心位置

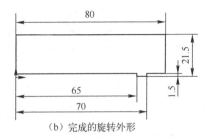

(a) 绘制椭圆子菜单　　(b) 完成的椭圆

图 3-2-16　绘制椭圆

为原点（0，0），绘制完成的椭圆，如图 3-2-16（b）所示。

③ 设定图形视角，构图平面为前视图 F，构图深度设为 Z：0。先绘制"点 2"，坐标为（0，11.5），点 1、点 3 是椭圆长轴的两个端点，经过点 1、点 2、点 3，采用三点画弧的方法画"圆弧 1"，如图 3-2-17（a）所示。

④ 设定图形视角、构图平面为侧视图 S，构图深度设为 Z：0。绘制"点 4"，坐标为（40，21.5），绘制"点 5"，坐标为（-40，21.5），经过点 4、点 2、点 5，采用三点画弧的方法画"圆弧 2"，如图 3-2-17（b）所示。

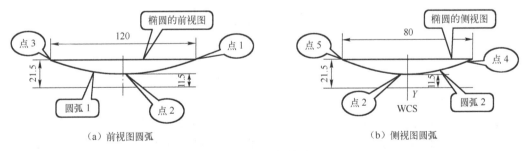

(a) 前视图圆弧　　　　　　　(b) 侧视图圆弧

图 3-2-17　绘制圆弧

⑤ 设定图形视角为等角视图 I，关闭图层 1。

⑥ 将交点处打断。单击"修整"→"打断"→"在交点处"→"窗选"命令，窗选所有的图素，单击执行命令，可将各个交点处打断，结果如图 3-2-18 所示。

2）绘制昆氏曲面

(1) 绘图设置。将当前图层设为 4，图层名称命名为"昆氏曲面"，图层群组命名为

217

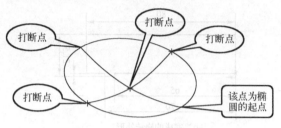

图 3-2-18 完成的顶面外形

"曲面",其余设置为默认值。

(2) 单击主菜单"绘图"→"曲面"→"昆氏曲面"命令。

(3) 依次点选椭圆的 4 段为切削方向外形 1 的段落 1、2、3、4,如图 3-2-19 (a) 所示;选取 4 条圆弧的交点为切削方向外形 1 的段落 1、2、3、4,如图 3-2-19 (b) 所示;依次选取 4 段圆弧为截断方向外形的段落。绘制完成的曲面如图 3-2-20 所示。

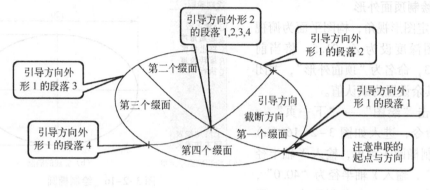

(a) 点选切削方向外形

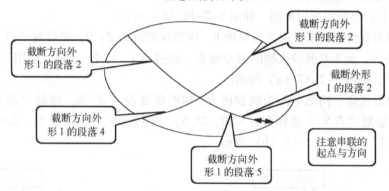

(b) 点选截断方向外形

图 3-2-19 选取切削和截断方向外形

3) 绘制旋转曲面

(1) 单击"绘图"→"曲面"→"旋转曲面"→"串联"命令。

(2) 如图 3-2-21 所示,点选旋转截面为串联,单击执行命令,选择的垂直线为旋转轴。

图 3-2-20 绘制完成的昆氏曲面

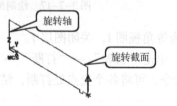

图 3-2-21 选择截面及旋转轴

(3) 单击"执行"命令,生成旋转曲面,如图 3-2-22 所示。

4) 曲面修剪

(1) 单击"绘图"→"曲面"→"曲面修整"→"修整到曲线"命令。
(2) 选择旋转曲面的顶面为被修整曲面,选取椭圆为修整曲线,点击执行。
(3) 选取旋转曲面的顶面上边缘为保留部分,修剪完毕的曲面如图 3-2-23 所示。

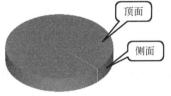

图 3-2-22 绘制完成的旋转曲面   图 3-2-23 曲面修剪完成的曲面

5) 曲面倒圆角

应用变化半径倒圆角的方法,在砚台的顶部与侧面之间倒圆角,在 0°、180°位置圆角半径为 $R5$,90°、270°位置的圆角半径为 $R8$。

(1) 单击主菜单"绘图"→"曲面"→"曲面倒圆角"→"曲面/曲面"命令。
(2) 选择相交的两组曲面。第一组曲面选择顶部的平面,选择执行命令后,再选择侧面曲面作为第二组曲面。
(3) 单击"执行"命令,在系统信息提示区出现提示:输入半径,输入"5",回车,进入曲面对曲面倒圆角的参数设置菜单。
(4) 单击"变化半径"命令,单击"两点中间"命令,在系统信息提示区出现提示:请选择一半径标记位置,按"Alt+S"键,图形不着色,如图 3-2-24(a)所示。在 0°位置出现半径标识点 1。选择半径标识点 1,在系统信息提示区出现提示:请选择一邻近的半径标记位置。因为该圆角是一个整圆,其起点与终点重合,故相邻的半径标记位置仍为点 1,再点选该半径标识点 1,在系统信息提示区出现提示:输入半径,输入 5,回车。在 180°的

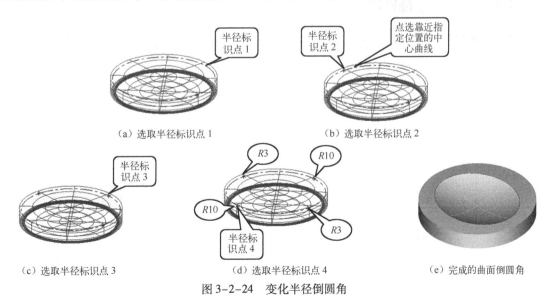

图 3-2-24 变化半径倒圆角

位置，出现另一个半径标识点 2，如图 3-2-24（b）所示。

（5）重复（4）步骤，依次选取半径标识点 3、4，如图 3-2-24（c）（d）所示。

（6）单击"完成"→"执行"命令，产生了变化的倒圆角，按"Alt+S"键，曲面着色，如图 3-2-24（e）所示。

至此，完成了砚台的绘制，要进一步完善砚台的结构，还可以在砚台的周围开一个架笔的槽，具体结构不再赘述。

6）存档

以文件名"砚台.MC8"存档即可。

任务巩固 绘制完成如图 3-2-25 所示的印章曲面造型，其线框图如图所示，完成后的曲面造型以文件名"印章.MC8"存档。

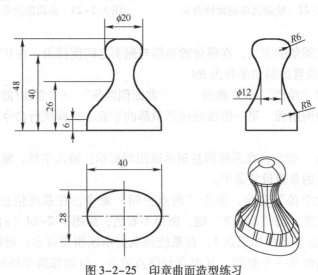

图 3-2-25 印章曲面造型练习

任务 3.2.2 实体造型

任务描述 完成如图 3-2-26 所示的果冻盒的实体造型。通过完成工作任务，巩固相关理论知识和获取实践技能，获得实体造型的能力要求。

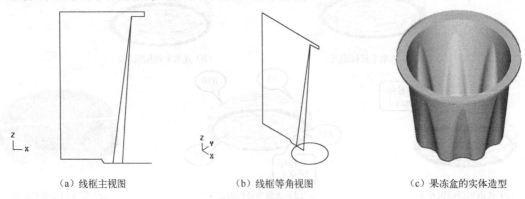

（a）线框主视图　　　　（b）线框等角视图　　　　（c）果冻盒的实体造型

图 3-2-26 实体造型示例

学习情境 3　宏程序及模具 CAM 加工技术

任务分析　本任务中主要要求掌握实体造型及实体编辑的内容,实体造型包括挤出实体、扫掠实体、旋转实体、举升实体等;实体编辑包括实体倒角、实体倒圆角、薄壳、布林运算、实体修整等。要完成本任务,需熟练掌握各种实体生成及实体编辑的方法。

相关知识

1. 零件造型分析

本任务中实体造型是难点,同时也是需要掌握的重点内容。实体造型的方法很多,本任务零件造型主要介绍旋转实体、扫掠实体、实体倒圆角及薄壳实体。

2. MasterCAM 绘制实体的方法

1) 实体生成

(1) 挤出实体。挤出实体是将一个或多个共面的曲线串联,按指定方向和距离进行拉伸所构建的新实体。当选取的曲线串联均为封闭曲线串联时,可以生成实心的实体或薄壁实体。当选取的串联为不封闭串联时则只能生成薄壁实体。

① 在主菜单中选取"实体"→"挤出"命令,选择串联选项,选取串联对象,如图 3-2-27 (a) 所示,单击"执行",弹出如图 3-2-27 (b) 所示对话框。

② 设置参数完成后单击"确定"按钮,完成构建挤压实体,如图 3-2-27 (c) 所示。

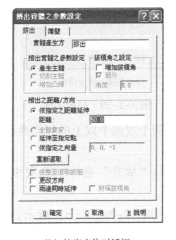

　(a) 线框图　　　　　　　　(b) 挤出实体对话框　　　　　　(c) 完成的实体造型

图 3-2-27　挤出实体

(2) 旋转实体。旋转实体是将共面且封闭的曲线串联绕某一轴线旋转一定角度生成的实体。

① 在主菜单中选取"实体"→"旋转"命令,选取曲线串联后,单击"执行"。

② 选取旋转轴后,在旋转轴上显示出旋转方向和起点的箭头并显示"旋转实体"子菜单,可以重新选取旋转轴线或将旋转方向反向之后,如图 3-2-28 (a) 所示,单击"执行"。

③ 系统弹出如图 3-2-28 (b) 所示旋转实体对话框,输入旋转的起始和终止角度,设置后单击"确定"按钮。完成的旋转实体如图 3-2-28 (c) 所示。

(3) 扫掠实体。扫掠实体是将共面的封闭曲线串联沿一条路径平移或旋转所生成的实体。

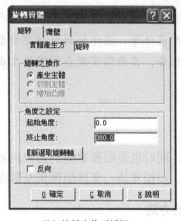

(a) 线框图　　　　　　　　　(b) 旋转实体对话框　　　　　　(c) 完成的实体造型

图 3-2-28　旋转实体

① 在主菜单中选取"实体"→"扫描"命令，选取封闭的曲线串联后，单击"执行"。选取路径曲线，如图 3-2-29（a）所示。

② 系统弹出扫掠实体对话框，如图 3-2-29（b）所示。设置参数完成后，单击"确定"按钮。完成的扫掠实体如图 3-2-29（c）所示。

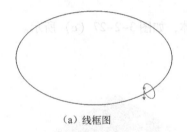
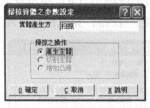

(a) 线框图　　　　　　　　　(b) 扫掠实体对话框　　　　　　(c) 完成的实体造型

图 3-2-29　扫掠实体

（4）举升实体。举升实体是将两个或两个以上的封闭曲线串联，按选取的熔接方式进行熔接所构建的新的实体。

① 在主菜单中选取"实体"→"举升"命令，选取多个封闭曲线串联后，选择"执行"选项，如图 3-2-30（a）所示。

② 系统弹出举升实体对话框，如图 3-2-30（b）所示。

③ 选取举升操作模式，单击"确定"按钮，完成的举升实体如图 3-2-30（c）所示。

2）实体编辑

（1）实体倒圆角。实体倒圆角是按指定的曲率半径构建一个圆弧面，该圆弧面与交于该边的两个面相切。

① 在主菜单中选取"实体"→"倒圆角"命令。

② 选取实体对象，如图 3-2-31（a）所示，选取实体的边、面或整个实体后，选择"执行"选项，系统弹出实体倒圆角对话框，如图 3-2-31（b）所示。

③ 设置完成各参数后，单击"确定"按钮，完成的实体倒圆角如图 3-2-31（c）(d)(e)所示。

（2）布林运算。布林运算是利用两个或多个已有实体，通过求和、求差和求交运算组合

学习情境 3　宏程序及模具 CAM 加工技术

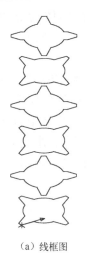
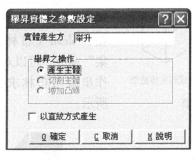

（a）线框图　　　　　　　（b）举升实体对话框　　　　　（c）完成的实体造型

图 3-2-30　举升实体

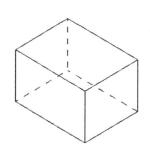

（a）线框图　　　　　　　　　　　　（b）实体倒圆角对话框

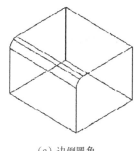
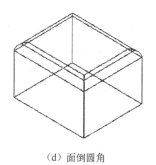
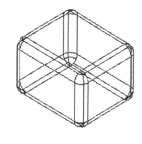

（c）边倒圆角　　　　　　（d）面倒圆角　　　　　　（e）体倒圆角

图 3-2-31　实体倒圆角

成新的实体并删除原有实体。

① 布林结合运算。布林结合运算是将工具实体的材料加入目标实体中构建一个新实体。
- 在主菜单中选取"实体"→"布林运算"→"结合"命令。
- 选取目标实体（上长方体）。
- 选取工具实体（下长方体），如图 3-2-32（a）所示。
- 单击"执行"，完成的布林结合运算实体如图 3-2-32（b）所示。

② 布林切割运算。布林切割运算是在目标实体中减去与各工具实体公共部分的材料后构建一个新实体。在子菜单中选取切割命令，可以对实体进行布林切割运算，操作步骤与

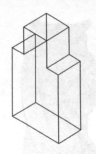
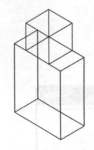

布林求和运算相同。目标实体为竖直长方体，工具实体为横放长方体，如图 3-2-33 所示。

③ 布林交集运算。布林交集运算是将目标实体与各工具实体的公共部分组合成新实体。在 Boolean（布林运算）子菜单中选取"交集"命令，可以对实体进行布林求交运算，操作步骤与布林求和运算相同，如图 3-2-34 所示。

(a) 目标实体与工具实体　　(b) 完成的实体造型

图 3-2-32　布林结合运算

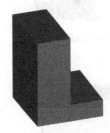

(a) 目标实体与工具实体　(b) 完成的实体造型　　(a) 目标实体与工具实体　(b) 完成的实体造型

图 3-2-33　布林切割运算　　　　　　　　图 3-2-34　布林交集运算

(3) 薄壳实体。薄壳实体可以将三维实体生成新的开放式空心实体和封闭式空心实体。

① 在主菜单中选取"实体"→"薄壳"命令。

② 选择实体面，选项后显示为 Y，然后选取顶面（选取面为开放面），单击"执行"，如图 3-2-35（a）所示。

③ 系统弹出"薄壳实体"对话框，如图 3-2-35（b）所示。

④ 设置完后，单击"确定"按钮，完成的薄壳实体如图 3-2-35（c）所示。

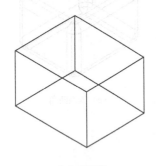

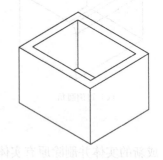

(a) 线框图　　　　　　　　　(b) 薄壳实体对话框　　　　　　　　(c) 完成的实体造型

图 3-2-35　薄壳实体

3. 任务实施

1) 绘制果冻盒的线框图

(1) 绘制果冻盒的旋转外形

① 设定图形视角、构图平面为前视图 F，构图深度设为 Z：0，当前层别设为 1，命名为

"旋转外形",其余设置为默认值。

② 绘制砚台的旋转外形的草图如图3-2-36 (a) 所示。其各点坐标(从1开始,顺时针)为 (0, 1.69)、(0, 30)、(17, 30)、(17, 29)、(14.4, 29)、(12.32, 1)、(8.57, 1)、(8.09, 1.69)。

(2) 绘制扫描外形

① 设定图形视角,构图平面为前视图F,构图深度设为Z:0,将当前图层设为2,命名为"顶面外形",关闭图层1,其余设置为默认值。

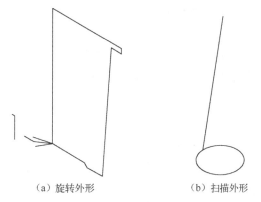

(a) 旋转外形　　　　　(b) 扫描外形

图3-2-36　绘制果冻盒的线框图

② 单击"绘图"→"直线"→"任意线段"命令,输入X轴半径为"70.0",输入第一点坐标 (10.345, 1),回车,输入第二点坐标 (14.63, 28.03),回车,完成直线绘制。

③ 设定图形视角,构图平面为前视图T,构图深度设为Z:1,将当前图层设为2,命名为"顶面外形",关闭图层1,其余设置为默认值。

④ 单击"绘图"→"圆弧"→"直径圆"命令,输入直径7.73,回车,输入圆心坐标 (14.21, 0),完成圆弧绘制,完成扫描外形的草图如图3-2-36 (b) 所示。

2) 绘制旋转实体

(1) 将当前图层设为3,关闭图层2,单击"实体"→"旋转"→"串联"命令。

(2) 如图3-2-37 (a) 所示,点选串联旋转外形,单击"执行"命令,选择的垂直线为旋转轴。

(3) 系统弹出"旋转实体"对话框,输入旋转的起始和终止角度,设置后,单击"确定"按钮。完成的旋转实体如图3-2-37 (b) 所示。

3) 实体倒圆角

应用实体倒圆角的方法,在果冻盒的上部下沿边及底边倒圆角。

(1) 单击"实体"→"倒圆角"。

(2) 选择需要倒圆角的边。选取如图3-2-38 (a) 所示的P_1边,单击"执行"命令。

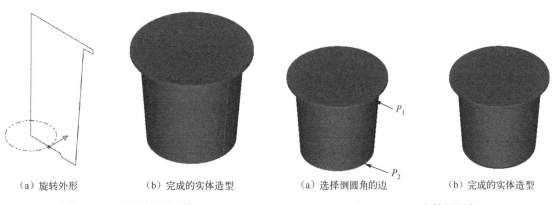

(a) 旋转外形　　(b) 完成的实体造型　　(a) 选择倒圆角的边　　(b) 完成的实体造型

图3-2-37　绘制旋转实体　　　　　图3-2-38　实体倒圆角

(3) 系统弹出"实体倒圆角"对话框，输入半径 2.0，单击"确定"按钮，完成实体倒圆角。

(4) 重复上述步骤，选择 P_2 边，输入半径 0.2，单击"确定"按钮，所有完成后的实体倒圆角如图 3-2-38（b）所示。

4）绘制扫掠实体

(1) 将当前图层设为 4，关闭图层 1、3，打开图层 2，单击"实体"→"扫掠"命令。

(2) 如图 3-2-39（a）所示，选择圆弧，单击"执行"命令，选择斜线为扫掠路径。

(3) 系统弹出"扫掠实体"对话框，设置后，单击"确定"按钮。完成的旋转实体如图 3-2-39（b）所示。

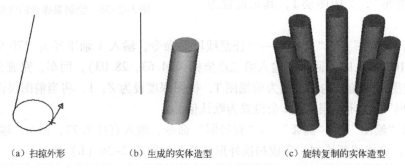

（a）扫掠外形　　　　（b）生成的实体造型　　　　（c）旋转复制的实体造型

图 3-2-39　绘制旋转实体

5）旋转复制扫掠实体

(1) 将当前图层设为 4，关闭图层 1、3，打开图层 2，单击主菜单"转换"→"旋转"命令。

(2) 选择如图 3-2-39（b）所示的实体，单击"执行"；选择垂直线端点为旋转中心，系统弹出"旋转复制"对话框，处理方式为复制，次数为 7，旋转角度为 45°，单击"确定"命令，完成的旋转复制实体如图 3-2-39（c）所示。

6）布林切割

(1) 将当前图层设为 5，关闭图层 1、2，打开图层 3、4，单击"实体"→"布林运算"→"切割"命令。

(2) 选择如图 3-2-40（a）所示的中间实体为目标实体，选择周围的旋转复制实体为工具实体，单击"执行"，完成的布林切割运算实体如图 3-2-40（b）所示。

（a）切割前实体　　　　　　　　　　（b）切割完成的实体

图 3-2-40　布林切割实体

7）实体倒圆角

应用实体倒圆角的方法，在果冻盒的侧面倒圆角。

（1）单击"实体"→"倒圆角"。

（2）选择需要倒圆角的面。选取如图 3-2-41（a）所示的布林切割运算后的各面（M_1等），单击"执行"命令。

（3）系统弹出"实体倒圆角"对话框，输入半径 2.0，单击"确定"按钮，完成的实体倒圆角如图 3-2-41（b）所示。

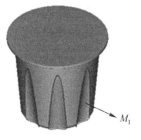

（a）选择倒圆角的面　　　（b）完成的实体造型

图 3-2-41　实体倒圆角

8）薄壳实体

（1）将当前图层设为 6，打开图层 3、4、5，单击"实体"→"薄壳"命令，选择实体面，选项后显示为 Y。

（2）选择如图 3-2-41（b）所示的实体的上表面，单击"执行"命令，系统弹出"薄壳实体"对话框，选择薄壳方向为向内，薄壳厚度为 0.2，单击"确定"按钮，完成的实体如图 3-2-42 所示。

至此，已完成了果冻盒的绘制。

9）存档

以文件名"果冻盒.MC8"存档即可。

任务巩固　绘制完成如图 3-2-43 所示的实体造型，尺寸标注如图上所示，完成后的实体造型以文件名"实体练习.MC8"存档。

图 3-2-42　全部完成的果冻盒造型

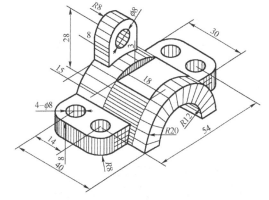

图 3-2-43　实体造型练习

任务3.2.3　可乐瓶底电极模的设计与加工

任务描述　完成如图 3-2-44 所示的可乐瓶底电极模的设计与加工。通过完成工作任务，实现相关理论知识和实践技能的获取，获得复杂实体零件设计与加工的能力要求。

任务分析　本任务中主要要求掌握实体造型及实体编辑的内容，实体造型包括挤出实体、扫掠实体、旋转实体、举升实体等；实体编辑包括实体倒角、实体倒圆角、薄壳、布林运算、实体修整等。复杂曲面类零件的加工能力有：确定曲面粗加工、曲面精加工的刀具路径。要完成本任务，需熟练掌握各种曲面、实体的生成及编辑方法，曲面粗、精加工的刀具路径的确定方法。

相关知识

1. 工艺分析

1）零件图分析

本任务中零件的设计与加工，需掌握旋转实体、扫掠实体、拉伸实体、实体修剪、实体倒圆角等绘图知识，介绍曲面的挖槽粗加工、等高外形粗加工、等高外形精加工、实体浅平面加工、放射状精加工及陡斜面精加工等加工知识。可乐瓶底电极模线框图如图3-2-44（a）所示，其实体模型如图3-2-44（b）所示。

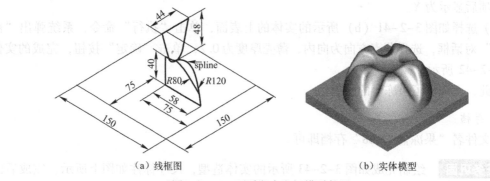

(a) 线框图　　　　　　　　　(b) 实体模型

图3-2-44　可乐瓶底电极模零件图

2）数控加工工艺的制订

由图3-2-44可知，该可乐瓶底电极模可在立式加工中心上进行加工，且只需一次装夹即可。零件毛坯为150 mm×150 mm×66 mm的长方体铜料，六面均已加工到尺寸，因此只需考虑可乐瓶底电极模的加工。

（1）确定装夹方案及定位基准

工具毛坯的外形为长方体，使用机用平口钳装夹定位，毛坯顶面露出钳口≥70 mm，工件坐标系原点设在（0,0,1）处。

（2）制订数控加工工艺

结合零件图及工艺分析，制订的数控加工工艺如表3-2-1所示。

表3-2-1　可乐瓶底电极模的数控加工工艺

工步号	工步作业内容	刀具号	刀具规格	主轴转速	进给速度
1	挖槽粗加工开粗	T01	$\phi 20$ 圆角刀，圆角半径 $r=1$	S1200	F800
2	等高外形粗加工	T02	$\phi 12$ 圆角刀，圆角半径 $r=1$	S1500	F1000
3	等高外形精加工	T03	$\phi 12$ 球头铣刀	S1500	F300
4	浅平面精加工	T04	$\phi 20$ 立铣刀	S1500	F500
5	放射状精加工	T05	$\phi 6$ 球头铣刀	S2000	F200
6	陡斜面精加工	T06	$\phi 12$ 立铣刀	S1500	F300

2. 设计与加工思路

本任务包含零件的设计与加工，因此确定其思路为：绘制可乐瓶底电极模所用实体表面→设计模具→可乐瓶底电极模的刀具路径设计→后处理，生成CNC程序→使用加工中心进行加工。

3. 任务实施

1) 绘制可乐瓶底电极模的线框图

（1）绘制可乐瓶底电极模的俯视图矩形线框

① 按功能键F9，在屏幕中间出现一个十字线，即为工件设计坐标系。

设置构图平面为俯视图T，构图深度为0，当前图层为1。

② 绘制可乐瓶底电极模的俯视图矩形线框，单击"绘图"→"矩形"→"1点"命令，进入"绘制矩形"对话框，输入长宽为150、150，中心定位在原点，完成后单击"确定"按钮，完成矩形绘制，如图3-2-45所示。

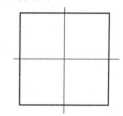

图3-2-45 绘制俯视图矩形线框

（2）绘制可乐瓶底电极模轮廓线的前视图线框

① 设置图形视角为I，构图平面为前视图F，构图深度为Z：0，当前图层为2。

② 单击"绘图"→"直线"→"连续线"，输入线段起始点坐标（58,0），回车→用鼠标单击菜单区中的"原点"完成线段第二点输入→输入线段第三点坐标（0,40），回车→按ESC键完成直线绘制，按功能键F9，得到结果如图3-2-46（a）所示。

③ 单击"上层功能表"→"圆弧"→"两点画弧"，输入圆弧起始点坐标（58,0），回车→输入圆弧终点坐标（42,50.5），回车→输入半径120，回车，选择需要保留的圆弧，得到的结果如图3-2-46（b）所示。

④ 单击"回主功能表"→"绘图"→"曲线"→"手动输入"，逐一输入样条曲线的坐标值（0,40）、（3.88,40.13）、（8.36,40.55）、（13.5,41.7）、（16.6,43）、（23.64,47.28）、（29.3,49.5）、（35.75,50.17）、（42,50.5）→按ESC键完成曲线绘制，每输入一个坐标值，按一下回车（或鼠标右键）确认；单击"回主功能表"→"绘图"→"倒圆角"→"圆角半径"，输入半径12，回车→用鼠标单击绘制的圆弧和曲线，得到的结果如图3-2-46（c）所示。

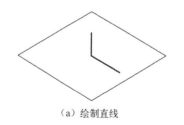

（a）绘制直线　　　　　　（b）绘制圆弧　　　　　　（c）绘制曲线并倒圆角

图3-2-46 绘制前视图线框

⑤ 设置当前图层为3，单击"回主功能表"→"绘图"→"圆弧"→"两点画弧"，输入圆弧起始点坐标（58,10），回车→输入圆弧终点坐标（16.6,43），回车→输入半径80，

回车,选择需要保留的圆弧,得到的结果如图3-2-47(a)所示。

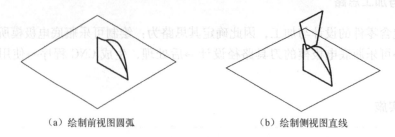

(a) 绘制前视图圆弧　　　　　　(b) 绘制侧视图直线

图3-2-47　绘制侧视图线框1

(3) 绘制可乐瓶底电极模轮廓线的侧视图线框

① 设置图形视角为I,构图平面为侧视图S,构图深度为Z:16.6,当前图层为3。

② 单击"回主功能表"→"绘图"→"直线"→"连续线",逐一输入线段的坐标值(-22,91)、(-9,43)、(9,43)、(22,91)、(-22,91)→按ESC键完成直线绘制,每输入一个坐标值,按一下回车(或鼠标右键)确认;,得到结果如图3-2-47(b)所示。

③ 单击"上层功能表"→"圆弧"→"切弧"→"切三物体",分别点选1步骤中所画的三条线段,得到如图3-2-48(a)所示的圆弧。

④ 单击"回主功能表"→"修整"→"修剪延伸"→"三个物体",用鼠标按顺序分别点击图3-2-48(a)示的直线上位置P1、位置P2和圆弧上位置P3,并删除底部直线;单击回"主功能表"→"转换"→"平移"→"选择所有图素"→"执行"→"直角坐标"→输入坐标值z-51,回车→在平移对话框中选择"移动",次数为1,点击"确定",完成的可乐瓶底电极模线框图结果如图3-2-48(b)所示。

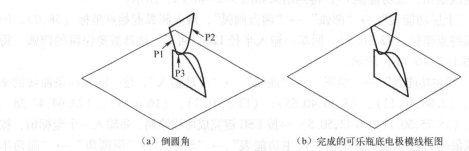

(a) 倒圆角　　　　　　(b) 完成的可乐瓶底电极模线框图

图3-2-48　绘制侧视图线框2

2) 绘制可乐瓶底电极模的三维实体模型

(1) 绘制可乐瓶底电极模旋转实体

① 设置图形视角为I,构图平面为俯视图T,构图深度为默认,当前图层为4,关闭1、3图层,结果为如图3-2-49(a)所示。

② 单击"回主功能表"→"实体"→"旋转"→"串连",用鼠标单击图3-2-49(a)中图形的任意一条边,完成图素选择→用鼠标单击菜单区中的"执行",完成旋转截面图形选择→选择图3-2-49(a)中的L1边为旋转轴,用鼠标单击菜单区中的"执行"→在旋转实体对话框中输入起始角度为0,终止角度为360,点击"确定"按钮,得到如图3-2-49(b)所示。

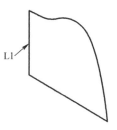
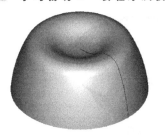

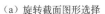

（a）旋转截面图形选择　　　　　（b）完成的旋转实体模型

图 3-2-49　绘制旋转实体

（2）绘制可乐瓶底电极模扫掠实体

① 设置图形视角为 I，构图平面为俯视图 T，构图深度为默认，当前图层为 5，关闭 2、4 图层，打开第 3 层，结果为如图 3-2-50（a）所示。

② 单击"回主功能表"→"实体"→"扫掠"→选择扫掠实体截面图形→用鼠标单击菜单区中的"串连"后，用鼠标单击图 3-2-50（a）中图形的 P4 位置，完成图素选择→用鼠标单击菜单区中的"执行"，完成扫掠截面图形选择→选择图 3-2-50（a）中的 P5 边为扫掠路径→在"扫掠实体"对话框中点选"建立实体"选项，点击"确定"按钮，得到如图 3-2-50（b）所示。

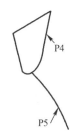

（a）截面图形选择　　　（b）生成扫掠实体　　　（c）旋转后的扫掠实体

图 3-2-50　绘制扫掠实体

③ 单击"回主功能表"→"转换"→"旋转"，选择图 3-2-50（b）中的扫掠实体→用鼠标单击菜单区中的"执行"→选择旋转的基准点为"原点"→在"旋转参数设定"对话框中，选择"复制"、次数输入为 4 次、旋转角度为 72→点击"确定"按钮，得到如图 3-2-50（c）所示。

（2）可乐瓶底电极模实体切割、倒圆角

① 设置图形视角为 I，构图平面为俯视图 T，构图深度为默认，当前图层为 5，关闭 3 图层，打开第 4 层，结果为如图 3-2-51（a）所示。

② 单击"回主功能表"→"实体"→"布林运算"→"切割"，先点选旋转实体，再逐一点选 5 个扫掠实体→用鼠标单击菜单区中的"执行"，得到结果为如图 3-2-51（b）所示。

③ 单击"上层功能表"→"倒圆角"→用鼠标单击菜单区中的实体边界为 Y、实体面为 N、实体主体为 N，逐一选择图 3-2-51（b）中 5 个凹陷部分的所有边界线→点击"确定"按钮，得到如图 3-2-51（c）所示。

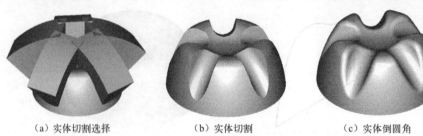

(a) 实体切割选择　　　　(b) 实体切割　　　　(c) 实体倒圆角

图 3-2-51　实体切割、倒圆角

④ 设置图形视角为 I，当前图层为 5，打开第 1 层，结果为如图 3-2-52（a）所示。单击"回主功能表"→"实体"→"挤出实体"，选择矩形框为挤出实体截面，设置挤出方向向下，在"实体"对话框中点选"增加凸缘"，挤出距离 15，→点击"确定"按钮，得到如图 3-2-52（b）所示。

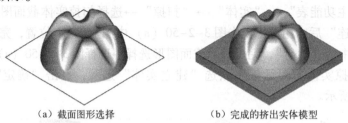

(a) 截面图形选择　　　　　(b) 完成的挤出实体模型

图 3-2-52　绘制挤出实体

3) 可乐瓶底电极模的刀具路径设计

(1) 工作设定

设置图形视角为 I，当前图层为 6，打开 1、4、5 层。点选"工作设定"以进行毛坯、工件原点定义，设置毛坯 X=150，Y=150，Z=66；选择工件原点 X=0，Y=0，Z=1，确定即可，打开工件坐标系及"显示工件"选项结果，其如图 3-2-53（a）所示。

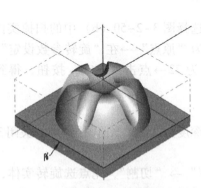
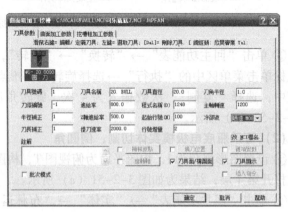

(a) 工件毛坯及坐标系设定　　　　(b) "曲面粗加工-挖槽"对话框

图 3-2-53　设定工件毛坯、坐标系及刀具参数

(2) 可乐瓶底电极模曲面挖槽粗加工

可乐瓶底电极模曲面挖槽粗加工主要是为了粗加工去除大部分多余毛坯材料。

① 单击"回主功能表"→"刀具路径"→"曲面加工"→"粗加工"→"挖槽粗加工"→"实体",点选图3-2-53(a)所示实体→用鼠标单击菜单区中的"执行",结束选择实体→再次点击"执行",出现如图3-2-53(b)所示的"曲面粗加工-挖槽"对话框,刀具参数设置如图3-2-53(b)所示。

② 选择"曲面加工参数"选项卡,出现如图3-2-54(a)所示对话框,输入参数为:安全高度100,绝对坐标。该值一定要大于零件的最高点到坐标原点的距离,否则会发生撞刀事故,其余如图3-2-54(a)所示。

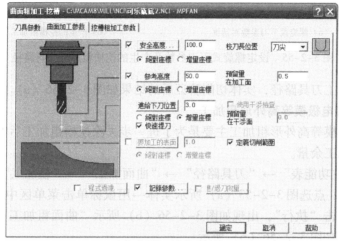

(a) 曲面加工参数对话框

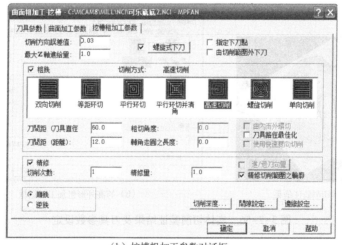

(b) 挖槽粗加工参数对话框

图3-2-54 设定曲面加工参数及挖槽粗加工参数

③ 选择"挖槽粗加工参数"选项卡,出现如图3-2-54(b)所示对话框,选择高速切削方式,顺铣,其余如图3-2-54(b)所示。为保护刀具底刃,选择螺旋式下刀方式,点击"螺旋式下刀"按钮,出现"螺旋式下刀"对话框,参数设定如图3-2-55(a)所示。

④ 点击"确定"按钮,提示选择挖槽边界,选择"串连",选择图3-2-53(a)中实体矩形边界框P6,用鼠标单击菜单区中的"执行",产生如图3-2-55(b)所示的可乐瓶底电

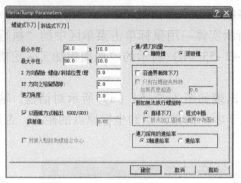

(a) 螺旋式下刀参数对话框　　　　　　(b) 产生的挖槽粗加工刀具路径

图3-2-55　设定螺旋式下刀参数及产生的挖槽粗加工刀具路径

极模曲面挖槽粗加工刀具路径,实体切削验证后的结果如图3-2-56 (a) 所示。

(3) 可乐瓶底电极模等高外形粗加工

可乐瓶底电极模等高外形粗加工主要是为了进一步去除挖槽粗加工后留下的多余毛坯材料,减少后续精加工余量。

① 单击"回主功能表"→"刀具路径"→"曲面加工"→"粗加工"→"等高外形粗加工"→"实体",点选图3-2-53 (a) 所示实体→用鼠标单击菜单区中的"执行",结束选择实体→再次点击"执行",出现如图3-2-56 (b) 所示"曲面粗加工-等高外形"对话框,刀具参数设置如图3-2-56 (b) 所示。

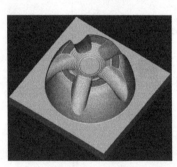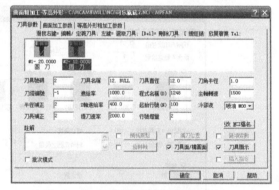

(a) 实体切削验证结果　　　　　　　　(b) 等高外形粗加工对话框

图3-2-56　实体切削验证结果及刀具参数设定

② 选择"曲面加工参数"选项卡,出现如图3-2-57 (a) 所示对话框,输入参数为:安全高度100,绝对坐标。该值一定要大于零件的最高点到坐标原点的距离,否则会发生撞刀事故,其余如图所示。点击"进退刀向量"按钮,设置的进退刀向量参数如图3-2-57 (b) 示,点击"确定"按钮。

③ 选择"等高外形粗加工参数"选项卡,出现如图3-2-58 (a) 所示对话框,最大Z轴进给量选为:0.5,输入图示参数,点击"确定"按钮,产生如图3-2-58 (b) 所示的可乐瓶底电极模等高外形粗加工刀具路径,实体切削验证后的结果如图33-2-59 (a) 所示。

学习情境3　宏程序及模具CAM加工技术

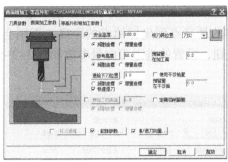
（a）曲面加工参数对话框

（b）进退刀向量参数对话框

图3-2-57　设定曲面加工参数及进退刀向量参数

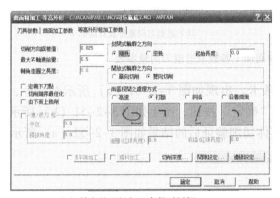
（a）等高外形粗加工参数对话框

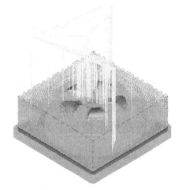
（b）产生的等高外形粗加工刀具路径

图3-2-58　设定等高外形粗加工参数及产生的等高外形粗加工刀具路径

（4）可乐瓶底电极模等高外形精加工

可乐瓶底电极模等高外形精加工主要是为了去除粗加工后留下的残料。

① 单击"回主功能表"→"刀具路径"→"曲面加工"→"精加工"→"等高外形精加工"→"实体"，点选图3-2-53（a）所示实体→用鼠标单击菜单区中的"执行"，结束选择实体→再次点击"执行"，出现如图3-2-59（b）所示"曲面精加工-等高外形"对话框，刀具参数设置如图3-2-59（b）所示。

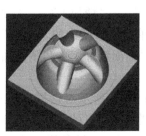
（a）实体切削验证结果

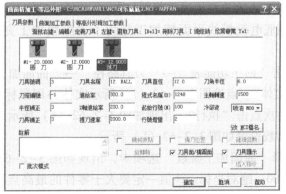
（b）等高外形精加工对话框

图3-2-59　实体切削验证结果及刀具参数设定

235

② 选择"曲面加工参数"选项卡,出现如图 3-2-60(a)所示对话框,输入参数为:安全高度 100,绝对坐标。该值一定要大于零件的最高点到坐标原点的距离,否则会发生撞刀事故,其余如图所示。点击"进退刀向量"按钮,设置的进退刀向量参数如图 3-2-60(b)示,点击"确定"按钮。

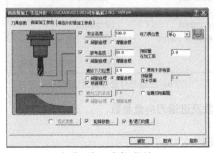
(a)曲面加工参数对话框

(b)进退刀向量参数对话框

图 3-2-60　设定曲面加工参数及进退刀向量参数

③ 选择"等高外形精加工参数"选项卡,出现如图 3-2-61(a)所示对话框,最大 Z 轴进给量选为 0.5,输入图示参数,点击"确定"按钮,产生如图 3-2-51(b)所示的可乐瓶底电极模等高外形精加工刀具路径,实体切削验证后的结果如图 3-2-52(a)所示。

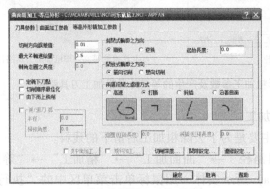
(a)等高外形精加工参数对话框

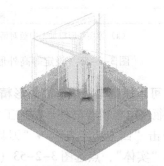
(b)产生的等高外形精加工刀具路径

图 3-2-61　设定等高外形精加工参数及产生的等高外形精加工刀具路径

(5)可乐瓶底电极模浅平面精加工

可乐瓶底电极模浅平面精加工是为了去除粗加工完成后在平坦位置留下的多余毛坯材料。

① 单击"回主功能表"→"刀具路径"→"曲面加工"→"精加工"→"浅平面精加工"→"实体",点选图 3-2-62(a)所示实体→用鼠标单击菜单区中的"执行",结束选择实体→再次点击"执行",出现如图 3-2-62(b)所示"曲面精加工-浅平面加工"对话框,刀具参数设置如图 3-2-62(b)所示。

② 选择"曲面加工参数"选项卡,出现如图 3-2-63(a)所示对话框,输入参数为:安全高度 100,绝对坐标。该值一定要大于零件的最高点到坐标原点的距离,否则会发生撞刀事故,其余如图所示。点击"进退刀向量"按钮,设置的进退刀向量参数如图 3-2-63(b)所示,点击"确定"按钮。

学习情境 3　宏程序及模具 CAM 加工技术

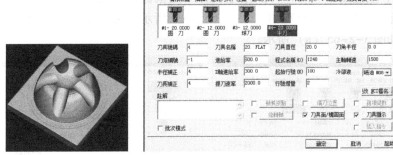

（a）实体切削验证结果　　　　　　（b）浅平面精加工对话框

图 3-2-62　实体切削验证结果及刀具参数设定

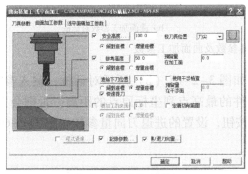

（a）曲面加工参数对话框　　　　　　（b）进退刀向量参数对话框

图 3-2-63　设定曲面加工参数及进退刀向量参数

③ 选择"浅平面精加工参数"选项卡，出现如图 3-2-64（a）所示对话框，输入图中参数，点击"确定"按钮，产生如图 3-2-64（b）所示的可乐瓶底电极模等高外形精加工刀具路径。

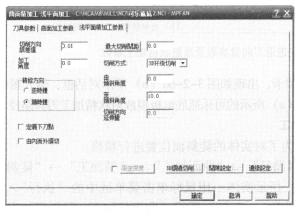
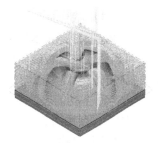

（a）浅平面精加工参数对话框　　　　　　（b）产生的浅平面精加工刀具路径

图 3-2-64　设定浅平面精加工参数及产生的浅平面精加工刀具路径

(6) 可乐瓶底电极模放射状精加工

可乐瓶底电极模放射状精加工是为了对实体进行精修。

237

典型模具零件的数控加工一体化教程（第2版）

① 单击"回主功能表"→"刀具路径"→"曲面加工"→"精加工"→"放射状精加工"→"实体"，点选图3-2-53（a）所示实体→用鼠标单击菜单区中的"执行"，结束选择实体→再次点击"执行"，出现如图3-2-65（a）所示"曲面精加工－放射状"对话框，刀具参数设置如图3-2-65（a）所示。

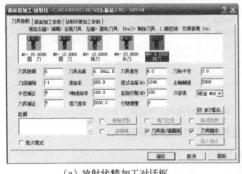

（a）放射状精加工对话框　　　　　　　（b）曲面加工参数对话框

图3-2-65　设定刀具参数及曲面加工参数

② 选择"曲面加工参数"选项卡，出现如图3-2-65（b）所示对话框，输入参数为：安全高度100，绝对坐标。该值一定要大于零件的最高点到坐标原点的距离，否则会发生撞刀事故，其余如图所示。点击"进退刀向量"按钮，设置的进退刀向量参数如图3-2-66（a）所示，点击"确定"按钮。

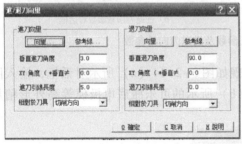

（a）进退刀向量参数对话框　　　　　　　（b）放射状精加工参数对话框

图3-2-66　设定进退刀向量参数及放射状精加工参数

③ 选择"放射状精加工参数"选项卡，出现如图3-2-66（b）所示对话框，输入图中参数，点击"确定"按钮，产生如图3-2-67（a）所示的可乐瓶底电极模放射状精加工刀具路径。

（7）可乐瓶底电极模陡斜面精加工

可乐瓶底电极模陡斜面精加工是为了对实体的陡斜面位置进行精修。

① 单击"回主功能表"→"刀具路径"→"曲面加工"→"精加工"→"陡斜面精加工"→"实体"，点选图3-2-53（a）所示实体→用鼠标单击菜单区中的"执行"，结束选择实体→再次点击"执行"，出现如图3-2-67（b）所示"曲面精加工－陡斜面加工"对话框，刀具参数设置如图3-2-67（b）所示。

② 选择"曲面加工参数"选项卡，出现如图3-2-68（a）所示对话框，输入参数为：安全高度100，绝对坐标。该值一定要大于零件的最高点到坐标原点的距离，否则会发生撞刀事故，其余如图所示。

学习情境 3　宏程序及模具 CAM 加工技术

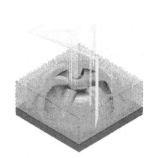
（a）产生的放射状精加工刀具路径

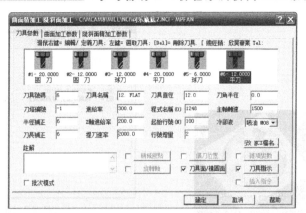
（b）陡斜面精加工对话框

图 3-2-67　产生的放射状精加工刀具路径及刀具参数设定

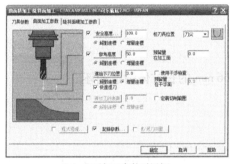
（a）曲面加工参数对话框

（b）陡斜面精加工参数对话框

图 3-2-68　设定曲面加工参数及陡斜面精加工参数

③ 选择"陡斜面精加工参数"选项卡，出现如图 3-2-68（b）所示对话框，输入图中参数；点击"限定深度"按钮，出现如图 3-2-69（a）所示对话框，由于本电极模陡斜面集中在实体下部，参数设置如图 3-2-69（a）所示，点击"确定"按钮；再次点击"确定"按钮，产生如图 3-2-69（b）所示的可乐瓶底电极模放射状精加工刀具路径。全部刀具路径设置完毕，最终的实体切削验证后的结果如图 3-2-70 所示。

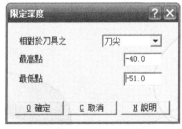
（a）限定深度参数对话框

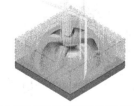
（b）产生的陡斜面精加工刀具路径

图 3-2-69　设定限定深度参数及产生的陡斜面精加工刀具路径

4）后处理

点选图 3-2-71（a）中的"全选"按钮，选择所有的刀具路径，再点击"执行后处理"按钮，出现如图 3-2-71（b）所示对话框，设置后点击"确定"，选择存储路径即可。

(a)操作管理员对话框　　　　(b)后处理对话框

图3-2-70　实体切削验证结果　　　　图3-2-71　实体切削验证及后处理

5）数控加工

（1）打开机床和数控系统。

（2）接通电源，松开急停按钮，机床回零。

（3）装夹工件，毛坯为150 mm×150 mm×66 mm的长方体锻造铜坯。

（4）安装刀具。

（5）程序的输入与校验。

（6）工件坐标系的建立（对刀）。

（7）在开始加工前检查倍率和主轴转速按钮，然后开启循环启动按钮，机床开始自动加工。

（8）自动加工完成后，再检测零件的形状、尺寸及精度要求。

（9）加工合格后，对机床进行相应的保养。

（10）将工、量、卡具还至原位，填写工作日志。

任务巩固　绘制完成如图3-2-72所示玩具车轮电极模线框图及实体模型进行刀具路径设计，并在数控机床上进行加工。

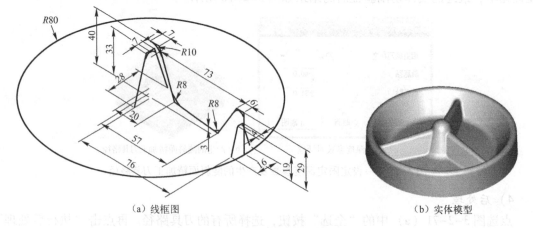

(a)线框图　　　　(b)实体模型

图3-2-72　玩具车轮底电极模零件图

项目3.3 典型模具零件的数控编程加工

职业能力 通过典型案例的训练，培养学生系统、完整、具体地应用数控编程及加工技术完成数控加工典型模具零件的工作能力；通过信息收集处理、方案比较决策、制订加工工艺规划、实施工艺计划任务和自我检查评价的能力训练，以及团队工作的协调配合，锻炼团队协作能力、计划组织能力；具备完成数控加工工艺分析、设计与实施、CAD/CAM及手工编程、机床操作，以及质量、效率、成本和安全意识等核心能力。

任务描述 根据如图3-3-1～图3-3-5所示的仪表板左右安装支架模具的零件图纸要求，利用CAD/CAM软件、数控车床、数控铣床、加工中心和其他工具，完成该典型模具零件的数学建模、工艺设计、加工程序编制、零件加工。

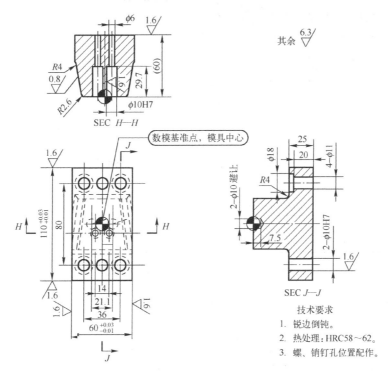

图3-3-1 仪表板左右安装支架凸模零件图

任务分析 本任务属于模具数控加工技术中的综合应用部分，是对前面所学的各项目内容的综合性演练。要完成本任务，需掌握常用数控机床的编程技术、CAD/CAM软件应用技术、数控加工工艺编制与实施、机床操作技能，以及生产成本、效率、安全意识、操作规范、职业素养等，并掌握常用量具的使用。

相关知识

1. 零件工艺分析

本任务中的零件为从工艺零件库中选取的某仪表板左右安装支架模具的五个关键零件，

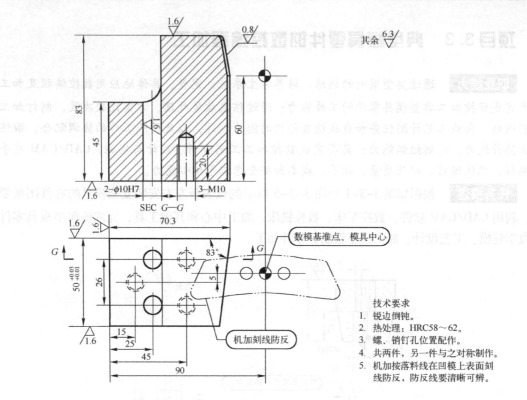

图 3-3-2 仪表板左右安装支架凹模零件图

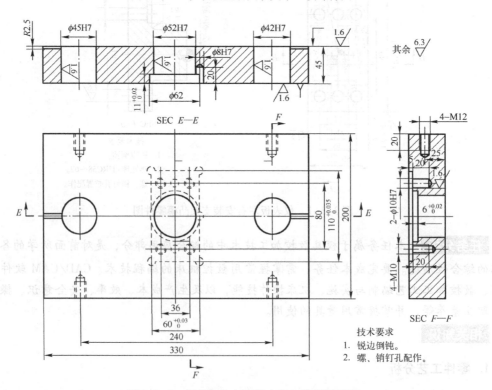

图 3-3-3 仪表板左右安装支架上模板零件图

学习情境 3 宏程序及模具 CAM 加工技术

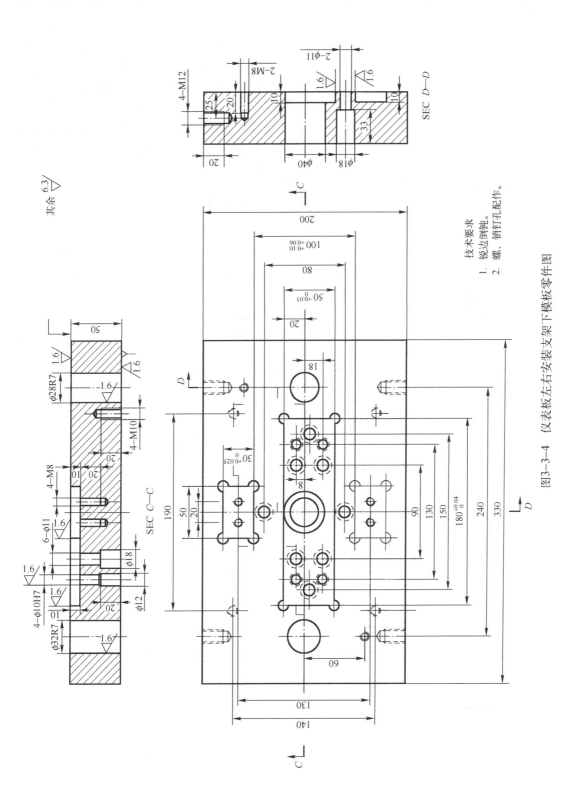

图3-3-4 仪表板左右安装支架下模板零件图

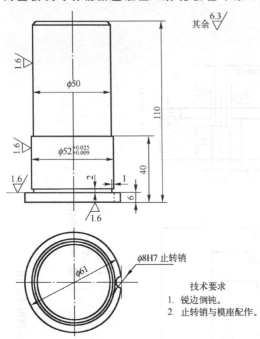

图 3-3-5 仪表板左右安装支架模柄零件图

根据任务要求,利用数控设备完成部件和零件的工艺方案,并提交相应工艺文件。在该产品中,凸模、凹模两个零件材料为Cr12MoV,凸模毛坯为 115 mm × 65 mm × 65 mm,凹模毛坯为75 mm × 55 mm × 90 mm;模柄材料为A3,上模板、下模板两个零件材料为45钢,模柄毛坯为 ϕ65 mm × 120 mm 棒料,上模板毛坯为340 mm × 210 mm × 55 mm 的方料,下模板毛坯为 340 mm × 210 mm × 60 mm 的方料。

2. 进度安排

进度安排如表3-3-1所示,总时间为30学时,其中教师布置任务、指导工艺文件填写、指导编程及操作共3学时,学生实训25学时,产品质量检测、分析指导及交流2学时。

说明:每组4～5人,使用1台数控车床、1台数控铣床或加工中心。

表 3-3-1 课时进度安排表

课时安排	地点	项目任务	组织形式	学生工作任务	学生作业文件	教师指导要求
1～6	多媒体教室	分组,分配任务,讨论	班级	1. 分组,3～4人/组 2. 任务分解与分工	1. 零件精度及工艺分析报告 2. 机械加工工艺过程卡 3. 数控加工工序卡 4. 数控加工刀具卡	1. 全班学生分组 2. 宣布纪律和注意事项 3. 布置实训任务 4. 组织讨论,控制时间 5. 点评各种方案的优缺点 6. 指导填写工艺文件 7. 考核记录成绩
		工艺文件制订	小组	1. 加工工艺路线方案讨论 2. 确定装夹方案及定位基准 3. 加工阶段划分 4. 工、量具选择 5. 工艺文件制订		
7～14	数控编程仿真实训室	1. CAD/CAM编程 2. 仿真验证	小组编程员	编制数控加工程序	程序单(纸质或电子稿)	1. 指导与答疑 2. 考核记录成绩
15～28	先进制造技术车间	领取毛坯、刀具、工具,安全教育,操作加工	小组	1. 工件装夹、找正 2. 机床调试、对刀 3. 程序输入、加工	完成的产品零件	1. 加工过程指导 2. 考核记录成绩
29～30	多媒体教室	产品质量检测与分析	小组	1. 检测零件加工精度 2. 自评并撰写加工质量检测分析报告	加工质量检测分析报告	1. 指导与交流 2. 阶段成绩记录 3. 项目总成绩评定及反馈

3. 任务实施

1) 工艺过程

单独的车削及铣削加工的工艺过程请参照前述内容各小组自行安排,讨论其可行性,并填写相应工艺卡。

车铣复合件的加工工艺主要有以下两种。

第一种工艺是先在数控车床上将零件左右两端车削部分内容全部加工完毕后,再在数控铣床或加工中心上,采用三爪卡盘装夹已经车削好的工件半成品(卡盘轴心线垂直安装在工作台上),然后进行铣削加工,完成铣削部分内容的全部加工。这种工艺适合于在铣削设备工作台上有垂直安装三爪卡盘的场合。

第二种工艺是先在数控车床上完成右端部分车削内容的加工,再在数控铣床或加工中心上,采用机用平口钳装夹已经车削好的工件半成品铣削出一个定位装夹面;再以铣削出来的工艺平面在机用平口钳中定位装夹工件,完成铣削部分内容的全部加工;最后,回到数控车床上完成其余车削内容的加工。这种工艺适合于在铣削设备工作台上有安装机用平口钳的场合。

训练时根据学校的具体情况选择需要加工的内容与学时。

2) CAD/CAM 自动编程

(1) 3D 建模:在 CAD/CAM 软件中完成零件的曲面造型的 3D 建模。可采用 MasterCAM 或 CAXA 制造工程师完成。

(2) 刀具路径的安排。

(3) 刀具路径的实体切削验证。

(4) 后处理生成加工程序并保存。

4. 任务完成后学生应提交的作业文件

(1) 零件精度及工艺分析报告。

(2) 机械加工工艺过程卡,如表 3-3-2 所示。

表 3-3-2 机械加工工艺过程卡

机械加工工艺过程卡		产品名称	零件名称	零件图号	
材料名称及牌号		毛坯种类或材料规格		总工时	
工序号	工序名称	工序简要内容	设备名称及型号	夹具	量具	工时

(3) 数控加工工序卡片,如表 3-3-3 所示。

表 3-3-3 数控加工工序卡片

单位		数控加工工序卡片		产品名称或代号		零件名称	零件图号
				车 间		使用设备	
				先进制造技术车间			
				工艺序号		程序编号	
工步号		工步作业内容		刀具号	刀补号	主轴转速	进给速度	背吃刀量	备注
编制		审核		批准		日期		共 页	第 页

(4) 数控加工刀具卡,如表3-3-4所示。

表3-3-4 数控加工刀具卡

数控加工刀具卡								
零件名称				零件图号				
设备名称		设备型号		编制		审核		
序号	刀具编号	刀具名称		刀具材料及牌号	加工内容	刀具补偿量		程序号
						半径	长度	

(5) 程序单(纸质或电子稿)。纸质加工程序按照加工顺序排列,CAD/CAM后处理生成的加工程序,请同学们用姓名+学号为文件名保存在计算机内,保证随时可以调出。

(6) 加工完成的产品零件。

(7) 加工质量检测分析报告。根据加工工件精度检测及装配结果,结合实际加工过程找出问题所在,提出改进方法,并总结。加工质量检测分析报告如表3-3-5所示。

表3-3-5 加工质量检测分析报告

精度不够的位置所在	可能产生的原因	解决方法
自我综合评价:		
		完成时间:

5. 任务评价

本任务工艺文件评价标准如表3-3-6所示,任务评价标准与表2-1-7类似。

表3-3-6 工艺文件评价标准

序号	工艺文件名称	编制规范、完整	工艺装备及切削用量选择合理
1	机械加工工艺过程卡	4分	16分
2	数控加工工序卡	4分	16分
3	数控铣刀具卡	2分	2分
4	数控车刀具卡	2分	2分
	小计	12分	36分
	合计	50分	

学习情境 4

模具零件的电火花线切割加工

要点链接

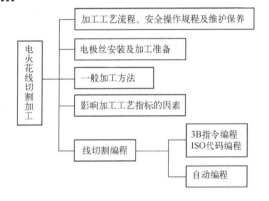

项目 4.1 电火花线切割机床的操作与编程

职业能力 培养电加工机床加工工艺制订的能力,具备利用计算机辅助编程编制加工程序的能力,具备加工中等复杂程度的模具类零件的技能,能对所完成零件的超差进行原因分析并进行修正。

任务描述 能熟练掌握快走丝电火花机床的操作,以及程序的调试对刀,能熟练掌握该零件的加工工艺安排、程序编制及加工全过程。

任务分析 本任务是属于快走丝电火花数控机床编程与加工中比较简单的内容,要完成本任务,需掌握数控电火花基本编程指令、编程规则及编程步骤,并掌握计算机 CAM 软件辅助编程的方法。

相关知识

1. 数控电火花线切割加工的基本原理及应用范围

1)电火花线切割加工的基本原理

电火花线切割加工的基本原理如图 4-1-1 所示。被切割的工件作为工件电极,电极丝作为工具电极。电极丝接脉冲电源的负极,工件接脉冲电源的正极。当来一个电脉冲时,在电极丝和工件之间就可能产生一次火花放电,在放电通道中瞬时可达 5000℃以上高温使工件局部金属熔化,甚至有少量气化,高温也使电极和工件之间的工作液部分产生气化,这些气化后的工作液和金属蒸气瞬间迅速膨胀,并具有爆炸特性。靠这种热膨胀和局部微爆炸,抛出熔化和气化了的金属材料而实现对工件材料进行电蚀切割加工。

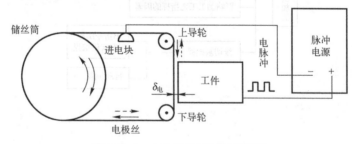

图 4-1-1 电火花线切割加工原理

2)电火花线切割的主要特点

(1)不需要制造成形电极,用简单的电极丝即可对工件进行加工。可切割各种高硬度、高强度、高韧性和高脆性的导电材料,如淬火钢、硬质合金等。

(2)由于电极丝比较细,可以加工微细异形孔、窄缝和复杂形状的工件。

(3)能加工各种冲模、凸轮、样板等外形复杂的精密零件,尺寸精度可达 0.02~0.01mm,表面粗糙度 Ra 值可达 1.6μm。还可切割带斜度的模具或工件。

(4)由于切缝很窄,切割时只对工件进行"套料"加工,故余料还可以利用。

(5)自动化程度高,操作方便,劳动强度低。

（6）加工周期短，成本低。

3）线切割的应用范围

（1）应用最广泛的是加工各类模具，如冲模、铝型材挤压模、塑料模具及粉末冶金模具等，如图 4-1-2、图 4-1-3 所示。

（2）加工二维直纹曲面的零件（需配有数控回转工作台），如图 4-1-4 所示。

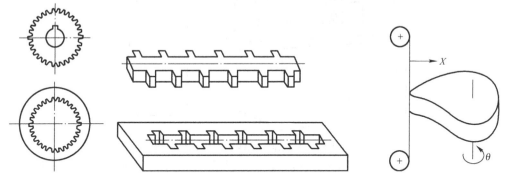

图 4-1-2　齿轮模具　　　　　图 4-1-3　窄长冲模　　　　　图 4-1-4　加工平面凸轮零件

（3）加工三维直纹曲面零件（需配有数控回转工作台），如图 4-1-5、图 4-1-6、图 4-1-7 所示。

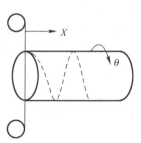  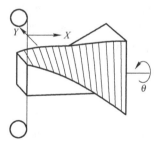

图 4-1-5　加工螺旋面　　　　图 4-1-6　加工双曲面　　　　图 4-1-7　加工扭转锥台

（4）各种导电材料和半导体材料以及稀有、贵重金属的切断。

（5）加工微细槽、任意曲线窄缝。

2. 数控电火花线切割加工机床的型号及组成部分

1）线切割机床的型号

线切割机床按电极丝运动的线速度，可分高速走丝和低速走丝两种。电极丝运动速度在 7～10 m/s 范围内的为高速走丝，低于 0.2 m/s 的为低速走丝。例如 DK7725 机床为高速走丝线切割机床，DK7632 机床为低速走丝线切割机床，我国常采用高速走丝线切割机床。

型号 DK7725 的含义如表 4-1-1 所示。

表 4-1-1　DK7725 型号的含义

D	K	7	7	25
机床类别代号（电加工机床）	机床特性代号（数控）	组别代号（电火花加工机床）	型别代号（高速走丝线切割机床）	基本参数代号（工作台横向行程250 mm）

2) 高速走丝线切割机床的组成部分

DK7725 高速走丝微机控制线切割机床由机床本体、脉冲电源、微机控制装置、工作液循环系统等部分组成，如图 4-1-8 所示。

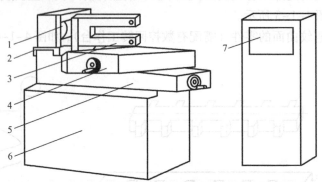

图 4-1-8　DK7725 高速走丝线切割机床结构简图

1—储丝筒；2—走丝溜板；3—丝架；4—上工作台；5—下工作台；6—床身；7—脉冲电原及微机控制柜

(1) 机床本体：机床本体由床身、走（运）丝机构、工作台和丝架等组成。

① 床身：用于支承和连接工作台、运丝机构等部件和工作液循环系统。

② 走（运）丝机构：电动机通过联轴节带动储丝筒交替作正、反向运动，钼丝整齐地排列在储丝筒上，并经过丝架作往复高速移动（线速度为 9 mm/s 左右）。

③ 工作台：用于安装并带动工件在水平面内作 X、Y 两个方向的移动。工作台分上、下两层，分别与 X、Y 向丝杠相连，由两个步进电机分别驱动。步进电机每接收到计算机发出的一个脉冲信号，其输出轴就旋转一个步距角，再通过一对变速齿轮带动丝杠转动，从而使工作台在相应的方向上移动 0.001 mm。工作台的有效行程为 250 mm×320 mm。

④ 丝架：丝架的主要功用是在电极丝按给定线速度运动时，对电极丝起支撑作用，并使电极丝工作部分与工作台平面保持一定的几何角度。

(2) 脉冲电源：脉冲电源又称高频电源，其作用是把普通 50 Hz 交流电转换成高频率的单向脉冲电压，加工中供给火花放电的能量。电极丝接脉冲电源负极，工件接正极。

(3) 微机控制装置：微机控制装置的主要功用是轨迹控制。其控制精度为 ±0.001 mm，机床切割加工精度为 ±0.01 mm。

(4) 工作液循环系统：由工作液泵、工作液箱和循环导管组成。工作液起绝缘、排屑、冷却的作用。每次脉冲放电后，工件与电极丝（钼丝）之间必须迅速恢复绝缘状态，否则脉冲放电就会转变为稳定持续的电弧放电，影响加工质量。在加工过程中，工作液可把加工过程中产生的金属微颗粒迅速从电极之间冲走，使加工顺利进行，工作液还可冷却受热的电极丝和工件，防止烧丝和工件变形。

3. 电火花线切割加工的主要工艺指标

电火花线切割加工的主要工艺指标包括加工精度、表面质量、切割速度等，用以对数控电火花线切割机床的加工过程及效果进行综合评价。

1) 加工精度

加工精度包括尺寸精度、形状精度和位置精度。加工精度受到机床本身固有精度的限制，同时也受到非机床因素的影响，如环境因素、操作人员的技能水平等。

2) 表面质量

数控电火花线切割加工工件的表面质量包括表面粗糙度和表面变质层两项工艺指标。

(1) 表面粗糙度：线切割产品表面粗糙度的测量和车、铣加工产品等有所不同，由于线切割产品加工后表面有污物（分解的炭黑、电极丝残留物等），所有表面粗糙度值等于或大于尺寸 $Ra\ 0.3\ \mu m$ 的工件，在工艺参数试验的过程中，都进行了表面微粒喷砂处理。喷砂处理后的工件表面粗糙度值会减小，例如，处理前为 $Ra\ 3.6\ \mu m$，处理后为 $Ra\ 1.8\ \mu m$。

(2) 表面变质层：数控电火花线切割加工是利用放电热效应进行加工的，材料表面因放电产生高温而熔化，然后急冷产生变质层。它与工件材料、电极丝材料、脉冲电源和工作液等参数有关。变质层的厚度随脉冲能量的增大而变厚。变质层上常出现较多的显微裂纹，这种显微裂纹大多是由于金属从熔化状态突然急冷凝固，材料收缩产生拉伸热应力造成的。变质层金相组织和元素含量也会发生变化，使得工件表面的显微硬度显著下降。

为了提高工件的表面质量，目前较常采用平均电压为零的交流脉冲电源，使电解的破坏作用降到最低。此外采用高峰值电流、窄脉宽进行切割时，材料大多为气相抛出，带走大量的热，不使工件表面温度过高，开裂及显微裂纹大为减少。

3) 切割速度

数控快走丝电火花线切割加工的切割速度，一般是指在一定的加工条件下，单位时间内工件被切割的面积，单位为 mm^2/min。一般情况下，加工一个工件的切割速度往往指的是平均切割速度：

平均切割速度＝切割总面积/切割总时间＝切割长度×工件厚度/切割总时间

为了评价数控电火花线切割加工机床脉冲电源的性能，往往用最大切割速度作为衡量的指标之一。最大切割速度是指在不计切割方向，不考虑切割精度、表面质量和电极丝损耗等情况下，在单位时间内机床切割工件第一遍时可达到的最大切割面积，单位也是 mm^2/min。

4. 数控电火花快走丝线切割机床的安全操作规范

1) 安全技术规程

电火花线切割机床的安全技术规程可从两方面考虑：一方面是人身安全；另一方面是设备安全。具体包括以下几点：

(1) 操作者必须熟悉线切割机床的操作技术，开机前应按设备润滑要求，对机床有关部位注油润滑（润滑油必须符合机床说明书的要求）。

(2) 操作者必须熟悉线切割加工工艺，恰当地选取加工参数，按规定操作顺序操作，防止造成断丝等故障。

(3) 用摇柄操作储丝筒后，应及时将摇柄拔出，防止储丝筒运转时摇柄甩出伤人。装卸电极丝时，注意防止电极丝扎手。换下来的废丝要放在规定的容器内，防止混入电路和走丝系统中造成电器短路、触电和断丝等事故。注意防止因丝筒惯性造成断丝及传动件碰撞，因此在停机时，要在储丝筒刚换向后再尽快按下停止按钮。

(4) 正式加工工件前，应确认工件位置已安装正确，防止碰撞线架和因超程撞坏丝杠、螺母等传动部件。对于无超程限位的工作台，要防止超程坠落事故。

（5）尽量消除工件的残余应力，防止切割过程中工件爆炸伤人。加工之前应安装防护罩。

（6）机床附近不得放置易燃、易爆物品，防止因工作液一时供应不足产生火花放电而引起事故。

（7）在检修机床、机床电器、脉冲电源、控制系统时，应注意适当地切断电源，防止触电和损坏电路元件。

（8）定期检查机床的保护接地是否可靠，注意各部位是否漏电，尽量采用触电开关。合上加工电源后，不可用手或手持导电工具同时接触脉冲电源的两个输出端（床身与工件），以防触电。

（9）禁止用湿手按开关或接触电器部分。防止工作液等导电物进入电器部分，一旦因电器短路造成火灾时，应首先切断电源，立即用四氯化碳等合适的灭火器灭火，不准用水救火。

（10）停机时，应先停止高频脉冲电源，然后停止工作液，让电极丝运行一段时间，并等储丝筒反向后再停止走丝。工作结束后，关掉总电源，擦净工作台及夹具，并润滑机床。

（11）加工时应特别注意电压表与电流表是否在规定的标准范围内。序号同上

（12）落料时应防止卡住导轮造成断丝。

（13）不允许多人同时操作同一机床。

另外，在日常加工中，经常会遇到使用一般装夹方法而无法加工的工件，这时就必须使用特殊的装夹工具、夹具。

（1）对于小型工件，压板无法架设时，可使用正角器或平口钳进行加工。

（2）当遇到大斜度类工件无法倾斜加工时，应采用正弦台或斜度垫块辅助倾斜的加工方法进行加工。

（3）对于多件加工，可考虑采用正角器或平口钳进行重叠加工。

（4）在工具的使用过程中，应保证工具不受到损伤（如为方便装夹而在切割中伤到工具等情况都是不允许的）。

2）数控电火花快走丝线切割机床的使用规则

数控电火花快走丝线切割机床是技术密集型产品，属于精密加工设备，操作人员在使用机床前必须经过严格的培训，取得操作证后才能上机操作。

为了安全、合理、有效地使用机床，要求操作人员必须遵守以下几项规则：

（1）对自用机床的性能、结构有充分的了解，能掌握操作规程和遵守安全生产制度。

（2）在机床的允许规格范围内进行加工，不要超重或超行程工作。

（3）经常检查机床的电源线、超程开关和换向开关是否安全可靠，不允许带故障工作。

（4）按机床操作说明书所规定的润滑部位，定时注入规定的润滑油或润滑脂，以保证机构运转灵活，特别是导轮和轴承，要定时检查和更换。

（5）加工前检查工作液箱中的工作液是否足够，水管和喷嘴是否通畅。

（6）下班后清理工作区域，擦净机床和附件等。

（7）定期检查机床电器设备是否受潮和可靠，并清除尘埃，防止金属物落入。

（8）遵守定人定机制度，定期维护保养。

5. 数控电火花快走丝线切割机床的基本操作

以 DK7725 型机床为例介绍下线切割机床的基本操作。

1) 操作面板

图 4-1-9 为 DK7725 型数控线切割机床操作面板。

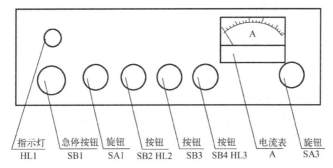

图 4-1-9　DK7725 型数控线切割机床操作面板

DK7725 型线切割机床脉冲电源操作面板，如图 4-1-10 所示。

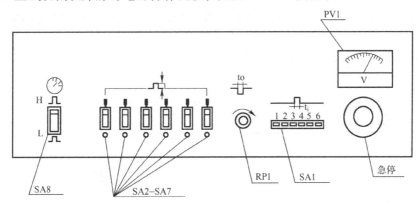

图 4-1-10　DK7725 型线切割机床脉冲电源操作面板

SA1—脉冲宽度选择；SA2～SA7—功率管选择；SA8—电压幅值选择；RP1—脉冲间隔调节；
PV1—电压幅值指示；急停按钮—按下此键，机床运丝、水泵电机全停，脉冲电源输出切断

(1) 脉冲宽度：脉冲宽度 t_i 选择开关 SA1 共分 6，从左边开始往右边分别为：第 1 挡 5 μs；第 2 挡 15 μs；第 3 挡 30 μs；第 4 挡 50 μs；第 5 挡 80 μs；第 6 挡 120 μs。

(2) 功率管：功率管个数选择开关 SA2～SA7 可控制参加工作的功率管个数，如 6 个开关均接通，6 个功率管同时工作，这时峰值电流最大。如 5 个开关全部关闭，只有 1 个功率管工作，此时峰值电流最小。每个开关控制一个功率管。

(3) 幅值电压：幅值电压选择开关 SA8 用于选择空载脉冲电压幅值，开关按至"L"位置，电压为 75 V 左右，按至"H"位置，则电压为 100 V 左右。

(4) 脉冲间隙：改变脉冲间隔 t_0 调节电位器 RP1 阻值，可改变输出矩形脉冲波形的脉冲间隔 t_0，即能改变加工电流的平均值，电位器旋置最左，脉冲间隔最小，加工电流的平均值最大。

(5) 电压表：电压表 PV1，由 0～150 V 直流表指示空载脉冲电压幅值。

2) 开机程序

(1) 合上机床主机上电源总开关；
(2) 松开机床电气面板上急停按钮 SB1；
(3) 合上控制柜上电源开关，进入线切割机床控制系统；

(4）按要求装上电极丝；

(5）逆时针旋转 SA1；

(6）按 SB2，启动运丝电机；

(7）按 SB4，启动冷却泵；

(8）顺时针旋转 SA3，接通脉冲电源。

3）关机程序

(1）逆时针旋转 SA3，切断脉冲电源；

(2）按下急停按钮 SB1；运丝电机和冷却泵将同时停止工作；

(3）关闭控制柜电源；

(4）关闭机床主机电源。

4）线切割机床控制系统的操作

DK7725 型线切割机床配有 CNC-10A 自动编程和控制系统。

(1）系统的启动与退出：在计算机桌面上双击 YH 图标，即可进入 CNC-10A 控制系统。按"Ctrl + Q"退出控制系统。

(2）CNC-10A 控制系统界面示意图如图 4-1-11 所示。

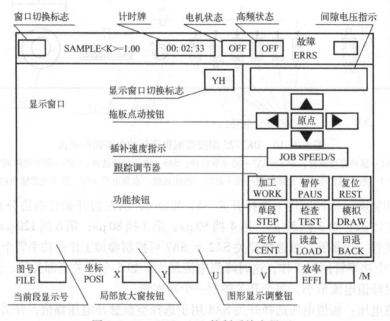

图 4-1-11　CNC-10A 控制系统主界面

此系统所有的操作按钮、状态、图形显示全部在屏幕上实现。各种操作命令均可用轨迹球或相应的按键完成。鼠标操作时，可移动鼠标，使屏幕上显示的箭状光标指向选定的屏幕按钮或位置，然后用鼠标左键点击，即可选择相应的功能，现将各种控制功能介绍如下。

【显示窗口】：用来显示加工工件的图形轮廓、加工轨迹或相对坐标、加工代码。

【显示窗口切换标志】：用轨迹球点取该标志（或按 F10 键），可改变显示窗口的内容。系统进入时，首先显示图形，以后每点取一次该标志，依次显示"相对坐标""加工代码""图形"……，其中相对坐标方式，以大号字体显示当前加工代码的相对坐标。

【间隙电压指示】：显示放电间隙的平均电压波形（也可以设定为指针式电压表方式）。在波形显示方式下，指示器两边各有一条 10 等分线段，空载间隙电压定为 100%（即满幅值），等分线段下端的黄色线段指示间隙短路电压的位置。波形显示的上方有二个指示标志：短路回退标志"BACK"，该标志变红色，表示短路；短路率指示，表示间隙电压在设定短路值以下的百分比。

【电机开关状态】：在电机标志右边有状态指示标志 ON（红色）或 OFF（黄色）。ON 状态，表示电机上电锁定（进给）；OFF 状态为电机释放。用光标点取该标志可改变电机状态（或用数字小键盘区的 Home 键）。

【高频开关状态】：在脉冲波形图符右侧有高频电压指示标志。ON（红色）、OFF（黄色）表示高频的开启与关闭；用光标点该标志可改变高频状态（或用数字小键盘区的 PgUp 键）。在高频开启状态下，间隙电压指示将显示电压波形。

【拖板点动按钮】：屏幕右中部有上下左右向四个箭标按钮，可用来控制机床点动运行。若电机为 ON 状态，光标点取这四个按钮可以控制机床按设定参数作 X、Y 或 U、V 方向点动或定长走步。在电机失电状态 OFF 下，点取移动按钮，仅用作坐标计数。

【原点】：用光标点取该按钮（或按 I 键）进入回原点功能。若电机为 ON 状态，系统将控制拖板和丝架回到加工起点（包括 $U-V$ 坐标），返回时取最短路径；若电机为 OFF 状态，光标返回坐标系原点。

【加工】：工件安装完毕，程序准备就绪后（已模拟无误），可进入加工。用光标点取该按钮（或按 W 键），系统进入自动加工方式。首先自动打开电机和高频，然后进行插补加工。此时应注意屏幕上间隙电压指示器的间隙电压波形（平均波形）和加工电流。若加工电流过小且不稳定，可用光标点取跟踪调节器的 + 按钮（或 End 键），加强跟踪效果。反之，若频繁地出现短路等跟踪过快现象，可点取跟踪调节器 - 按钮（或 PgDn 键），至加工电流、间隙电压波形、加工速度平稳。加工状态下，屏幕下方显示当前插补的 $X-Y$、$U-V$ 绝对坐标值，显示窗口绘出加工工件的插补轨迹。显示窗下方的显示器调节按钮可调整插补图形的大小和位置，或者开启/关闭局部观察窗。点取显示切换标志，可选择图形/相对坐标显示方式。

【暂停】：用光标点取该按钮（或按 P 键或数字小键盘的 Del 键），系统将终止当前的功能（如加工、单段、控制、定位、回退）。

【复位】：用光标点取该按钮（或按 R 键）将终止当前一切工作，消除数据和图形，关闭高频和电机。

【单段】：用光标点取该按钮（或按 S 键），系统自动打开电机、高频，进入插补工作状态，加工至当前代码段结束时，系统自动关闭高频，停止运行。再按【单段】，继续进行下段加工。

【检查】：用光标点取该按钮（或按 T 键），系统以插补方式运行一步，若电机处于 ON 状态，机床拖板将作响应的一步动作，在此方式下可检查系统插补及机床的功能是否正常。

【模拟】：模拟检查功能可检验代码及插补的正确性。在电机失电状态下（OFF 状态），系统以每秒 2500 步的速度快速插补，并在屏幕上显示其轨迹及坐标。若在电机锁定状态下（ON 状态），机床空走插补，拖板将随之动作，可检查机床控制联动的精度及正确性。"模拟"操作方法：(a) 读入加工程序；(b) 根据需要选择电机状态后，按【模拟】钮（或 D 键），即进入模拟检查状态。

屏幕下方显示当前插补的 $X-Y$、$U-V$ 坐标值（绝对坐标），若需要观察相对坐标，可用光标点取显示窗右上角的【显示切换标志】（或 F10 键），系统将以大号字体显示，再点取【显示切换标志】，将交替地处于图形/相对坐标显示方式，点取显示调节按钮最左边的局部观察钮（或 F1 键），可在显示窗口的左上角打开一局部观察窗，在观察窗内显示放大十倍的插补轨迹。若需中止模拟过程，可按【暂停】钮。

【定位】：系统可依据机床参数设定，自动定中心及 $\pm X$、$\pm Y$ 四个端面。

【读盘】：将存有加工代码文件的软盘插入软驱中，用光标点取该按钮（或按 L 键），屏幕将出现磁盘上存贮全部代码文件名的数据窗。用光标指向需读取的文件名，轻点左键，该文件名背景变成黄色；然后用光标点取该数据窗左上角的口（撤消）钮，系统自动读入选定的代码文件，并快速绘出图形。该数据窗的右边有上下两个三角标志△按钮，可用来向前或向后翻页，当代码文件不在第一页中显示时，可用翻页来选择。

【回退】：系统具有自动/手动回退功能。在加工或单段加工中，一旦出现高频短路现象，系统即自动停止插补，若在设定的控制时间内（由机床参数设置），短路达到设定的次数，系统将自动回退。若在设定的控制时间内，短路仍不能消除，系统将自动切断高频，停机。

【跟踪调节器】：该调节器用来调节跟踪的速度和稳定性，调节器中间红色指针表示调节量的大小；表针向左移动，位跟踪加强（加速）；向右移动，位跟踪减弱（减速）。指针表两侧有二个按钮，+按钮（或 End 键）加速，-按钮（或 PgDn 键）减速；调节器上方英文字母 JOB SPEED/S 后面的数字量表示加工的瞬时速度，单位为步/秒。

【段号显示】：此处显示当前加工的代码段号，也可用光标点取该处，在弹出屏幕小键盘后，键入需要起割的段号。（注：锥度切割时，不能任意设置段号）。

【局部观察窗】：点击该按钮（或 F1 键），可在显示窗口的左上方打开一局部窗口，其中将显示放大十倍的当前插补轨迹；再按该按钮时，局部窗关闭。

【坐标显示】：屏幕下方坐标部分显示 X、Y、U、V 的绝对坐标值。具体操作可用轨迹球点取相应的按钮，或从局部放大起直接按 F1、F2、F3、F4、F5、F6、F7 键。

【断丝处理】：加工遇到断丝时，可按【原点】（或按 I 键）拖板将自动返回原点，锥度丝架也将自动回直（注：断丝后切不可关闭电机，否则即将无法正确返回原点）。若工件加工已将近结束，可将代码倒置后，再行切割（反向切割）。

6. 程序编制

数控线切割机床的控制系统是根据输入的命令控制机床进行加工的。所以必须先将要进行线切割加工的图形，用线切割控制系统所能接受的语言编好加工命令，输入控制系统（控制器）。这种命令就是线切割程序，编写这种命令的工作叫做编程。

编程方法分手工编程和计算机辅助编程。手工编程是线切割工作者的一项基本功，它能使你比较清楚的了解编程所需要进行的各种计算和编程的原理与过程。但手工编程的计算工作比较繁杂、费时间，因此，近年来由于微机的飞速发展，线切割编程大都采用微机编程。微机有很强的计算功能，大大减轻编程的劳动强度，并大幅度地减少编程所需时间。

1）3B 程序格式

线切割程序格式有 3B、ISO 代码两种，3B 程序格式如表 4-1-2 所示。

表 4-1-2　3B 程序格式

B	X	B	Y	B	J	G	Z
分隔符	X 轴坐标值	分隔符	Y 轴坐标值	分隔符	计数长度	计数方向	加工指令

(1) 平面坐标系和坐标值 X、Y 的确定。平面坐标系规定：面对机床工作台，工作台平面为坐标平面，左右方向为 X 轴，且向右为正；前后方向为 Y 轴，且向前为正。

坐标系的原点随程序段的不同而变化：加工直线时，以该直线的起点为坐标的原点，X、Y 取该直线终点的坐标值；加工圆弧时，以该圆弧的圆心为坐标原点，X、Y 取该圆弧起点的坐标值。坐标值的负号均不写，单位为 μm。

(2) 计数方向 G 的确定。不管是加工直线还是圆弧，计数方向均按终点的位置来确定。具体确定的原则：

加工直线时计数方向取与直线终点走向较平行那个坐标轴。例如图 4-1-12 中，加工直线 $\overrightarrow{OA}$，计数方向取 X 轴，记作 Gx；加工 $\overrightarrow{OB}$，计数方向取 Y 轴，记作 Gy；加工 $\overrightarrow{OC}$，计数方向取 X 轴、Y 轴均可，记作 Gx 或 Gy。

加工圆弧时，同样，终点走向较平行于哪一轴，则计数方向取该轴。例如在图 4-1-13 中，加工圆弧 AB，计数方向应取 X 轴，记作 Gx；加工圆弧 MN，计数方向应取 Y 轴，记作 Gy；加工圆弧 PQ，计数方向取 X 轴、Y 轴均可，记作 Gx 或 Gy。

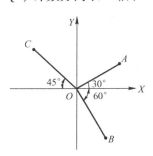

图 4-1-12　直线计数方向的确定

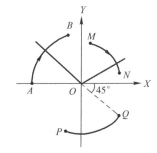

图 4-1-13　圆弧计数方向的确定

(3) 计数长度的确定。计数长度是在计数方向的基础上确定的，是被加工的直线或圆弧在计数方向的坐标轴上投影的绝对值总和，单位为 μm。

例如，在图 4-1-14 中，加工直线 $\overrightarrow{OA}$，计数方向为 X 轴，计数长度为 OB，数值等于终点 A 的 X 坐标值。在图 4-1-15 中，加工半径为 0.5 mm 的圆弧 MN，计数方向为 X 轴，计数长度为 500 μm × 3 = 1500 μm，即圆弧 MN 三段 90°圆弧在 X 轴上投影的绝对值总和，而不是 500 μm × 2 = 1000 μm。

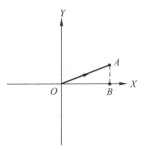

图 4-1-14　直线计数长度的确定

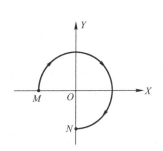

图 4-1-15　圆弧计数长度的确定

(4) 加工指令 Z 的确定。加工直线时有四种加工指令：L1、L2、L3、L4。如图 4-1-16 (a) 所示，当直线处于第Ⅰ象限（包括 X 轴而不包括 Y 轴）时，加工指令记作 L1；当处于第Ⅱ象限（包括 Y 轴而不包括 X 轴）时，记作 L2；L3、L4 依次类推。

加工顺圆弧时由四种加工指令：SR1、SR2、SR3、SR4。如图 4-1-16 (b) 所示，当圆弧的起点顺时针第一步进入第Ⅰ象限时，加工指令记作 SR1（简称顺圆1）；当起点顺时针第一步进入第Ⅱ象限时，记作 SR2（简称顺圆2）；SR3、SR4 依次类推。

加工逆圆弧时也有四种加工指令：NR1、NR2、NR3、NR4。如图 4-1-16 (c) 所示，当圆弧的起点逆时针第一步进入第Ⅰ象限时，加工指令记作 NR1（简称逆圆1）；当起点逆时针第一步进入第Ⅱ象限时，记作 NR2（简称逆圆2）；NR3、NR4 依次类推。

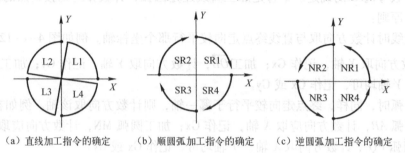

(a) 直线加工指令的确定　　(b) 顺圆弧加工指令的确定　　(c) 逆圆弧加工指令的确定

图 4-1-16　加工指令 Z 的确定

2) 3B 程序格式手工编程方法

下面以图 4-1-17 所示样板零件为例，介绍编程方法。

(1) 确定加工路线。起始点为 A，加工路线按照图中所标的 ①②③…⑧ 进行，共分八个程序段。其中 ① 为切入程序段，⑧ 为切出程序段。

(2) 计算坐标值。按照坐标系和坐标 X、Y 的规定，分别计算 ① ~ ⑧ 程序段的坐标值。

(3) 填写程序单。按程序标准格式逐段填写 B X B Y B J G Z，见表 4-1-3。

图 4-1-17 所示样板的图形，按程序①（切入）、②…⑦、⑧（切出）进行切割，编制的 3B 程序见表 3。

表 4-1-3　程序举例

N	B	X	B	Y	B	J	G	Z
1	B	0	B	2000	B	2000	Gy	L2
2	B	0	B	10000	B	10000	Gy	L2
3	B	0	B	10000	B	20000	Gx	NR4
4	B	0	B	10000	B	10000	Gy	L2
5	B	3000	B	8040	B	30000	Gx	L3
6	B	0	B	23920	B	23920	Gy	L4
7	B	3000	B	8040	B	30000	Gx	L4
8	B	0	B	2000	B	2000	Gy	L4

3) ISO 代码数控线切割程序编制

(1) ISO 代码编程时常用的地址字符：表 4-1-4 是数控线切割机床编程时常用的地址字符表，字是组成程序段的基本单元，一般都是由一个英文字母加若干位 10 进制数字组成的（如 X8000），这个英文字母称为地址字符。不同的地址字符表示的功能也不一样。

表 4-1-4 地址字符表

地 址	功 能	含 义
N	顺序号	程序段号
G	准备功能	指令动作方式
X、Y、Z	尺寸字	坐标轴移动指令
A、B、C、U、V		附加轴移动指令
I、J、K		圆弧中心坐标
W、H、S	锥度参数字	锥度参数指令
F	进给速度	进给速度指令
T	刀具功能	刀具编号指令
M	辅助功能	机床开/关及程序调用指令
D	补偿字	间隙及电极丝补偿指令

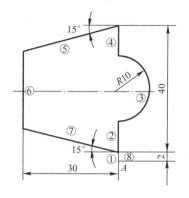

图 4-1-17 样板零件

顺序号 N：位于程序段之首，表示程序段的序号，后续数字 2~4 位。如 N03，N0020。

准备功能 G：简称 G 功能，是建立机床或控制系统工作方式的一种指令，其后续有两位正整数，即 G00~G99。

尺寸字：尺寸字在程序段中主要是用来指示电极丝运动到达的坐标位置。电火花线切割加工常用的尺寸字有 X、Y、U、V、A、I、J 等。尺寸字的后续数字在要求代数符号时应加正负号，单位为 μm。

辅助功能 M：由 M 功能指令及后续的两位数字组成，即 M00~M99，用来指令机床辅助装置的接通或断开。

（2）ISO 代码程序段的格式：线切割加工时，采用 ISO 代码程序段的格式如下：

N___ G___ X___ Y___

一个完整的加工程序是由程序名、程序的主体和程序结束指示组成，如：

W10			
N 01	G92	X0	Y0
N 02	G01	X5000	Y5000
N 03	G01	X2500	Y5000
N 04	G01	X2500	Y2500
N 05	G01	X0	Y0
N 06	M02		

程序名由文件名和扩展名组成。程序的文件名可以用字母和数字表示，最多可用 8 个字符，如 W10，但文件名不能重复。扩展名最多用 3 个字母表示，如 W10.CUT。

程序的主体由若干程序段组成，如上面加工程序中 N01~N05 段。在程序的主体中又可分为主程序和子程序。将一段重复出现的、单独组成的程序，称为子程序。子程序取出命名后单独储存，即可重复调用。子程序常应用在某个工件上有几个相同型面的加工中。调用子程序所用的程序，称为主程序。

程序结束指令 M02，该指令安排在程序的最后，单列一段。当数控系统执行到 M02 程序段时，就会自动停止进给并使数控系统复位。

(3) ISO 代码及其编程：表 4-1-5 是电火花线切割数控机床常用 ISO 代码。

表 4-1-5　电火花线切数控机床常用 ISO 代码

代码	功　能	代码	功　能
G00	快速定位	G55	加工坐标系 2
G01	直线插补	G56	加工坐标系 3
G02	顺圆插补	G57	加工坐标系 4
G03	逆回插补	G58	加工坐标系 5
G05	X 轴镜像	G59	加工坐标系 6
G06	Y 轴镜像	G80	接触感知
G07	X、Y 轴交换	G82	半程移动
G08	X 轴镜像，Y 轴镜像	G84	微弱放电找正
G09	X 轴镜像，X、Y 轴交换	G90	绝对尺寸
G10	Y 轴镜像，X、Y 轴交换	G91	增量尺寸
G11	Y 轴镜像，X 轴镜像，X、Y 轴交换	G92	定起点
G12	消除镜像	M00	程序暂停
G40	取消偏移补偿	M02	程序结束
G41	左偏移补偿	M05	接触感知解除
G42	右偏移补偿	M96	主程序调用文件程序
G50	消除锥度	M97	主程序调用文件结束
G51	锥度左偏	W	下导轮到工作台面高度
G52	锥度右偏	H	工件厚度
G54	加工坐标系 L	S	工作台面到上导轮高度

(4) 快速定位指令 G00：在机床不加工状况下，G00 指令可使指定的某轴以最快的速度移动到指定的位置。其程序段格式为 G00　XY。

例：如图 4-1-18 中快速定位到线段终点的程序段格式为：

　　G00　X60000　Y80000

注意：如果程序段中有了 G01～G02 指令，则 G00 指令无效。

(5) 直线插补指令 G01：该指令可使机床在各个坐标平面内加工任意斜率直线轮廓和用直线段逼近曲线轮廓，其程序段格式为 G01 XY。

例：如图 4-1-19 中直线插补的程序段格式为：

　　G92　X20000　Y20000
　　G01　X60000　Y80000

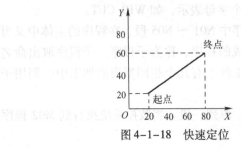

图 4-1-18　快速定位

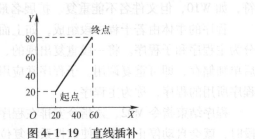

图 4-1-19　直线插补

目前，可加工锥度的电火花线切割数控机床具有 X、Y 坐标轴及 U、V 附加轴的工作台，加工锥度时使用，其程序段格式为 G01　XYUV。

（6）圆弧插补指令 G02、G03：G02 为顺时针插补圆弧指令，G03 为逆时针插补圆弧指令。用圆弧插补指令编写的程序段格式为 G02　XYIJ 和 G03　XYIJ。程序段中：X、Y 分别表示圆弧终点坐标；I、J 分别表示圆弧的圆心相对于圆弧起点在 X、Y 方向的增量值，与正方向相同，取正值，反之取负值。

例：如图 4-1-20 中圆弧插补的程序段格式为：

G92	X10000	Y10000			起切点 A
G02	X30000	Y30000	I20000	J0	弧 AB
G03	X45000	Y15000	I15000	J0	弧 BC

（7）指令 G90、G91、G92：G90 为绝对尺寸指令。表示该程序段中的编程尺寸是按绝对尺寸给定的，即移动指令终点坐标值 X、Y 都是以工件坐标系原点（程序的零点）为基准来计算的。

G91 为增量尺寸指令。该指令表示程序段中的编程尺寸是按增量尺寸给定的，即坐标值均以前一个坐标位置作为起点来计算下一点位置值。3B、4B 程序格式均按此方法计算坐标点。

G92 为定起点坐标指令。G92 指令中的坐标值为加工程序的起点的坐标值，如图 4-1-20 中的 A 点，其程序段格式为 G92XY。

例：加工如图 4-1-21 中的零件，用 G90 指令和 G91 指令，按图样尺寸编程：

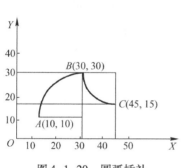

图 4-1-20　圆弧插补

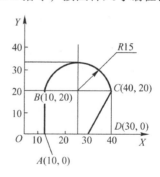

图 4-1-21　零件

W01						程序名
N01	G92	X0	Y0			定加工程序起点 O
N02	G90G01	X10000	Y0			O→A 按绝对尺寸指令
N03	G01	X10000	Y20000;			A→B
N04	G02	X40000	Y20000	I15000	J0;	B→C
N05	G01	X30000	Y0;			C→D
N06	G01	X0	Y0;			D→O
N07	M02;					程序结束

W02				程序名
N01	G92	X0	Y0;	
N02	G91			按增量尺寸指令
N03	G01	X10000	Y0;	
N04	G01	X0	Y20000;	
N05	G02	X30000	Y0 I15000 J0;	
N06	G01	X−10000	Y−20000;	
N07	G01	X−30000	Y0;	
N08	M02;			

(8) 镜像及交换指令 G05、G06、G07、G08、G10、G11、G12：G05 为 X 轴镜像，函数关系式：$X = -X$；G06 为 Y 轴镜像，函数关系式：$Y = -Y$。

在图 4-1-22 中，直线 OA 对 X 轴镜像为 OA″，对 Y 轴镜像 OA′。在加工模具零件时，常遇到所加工零件上的图形是对称的（如多孔凹模）。例如，编制图 4-1-23 中的 ABC 和 A′B′C′ 的加工程序时，可以先编制其中一个，然后通过镜像交换指令即可加工。

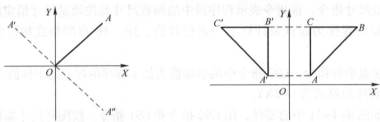

图 4-1-22　X 轴、Y 轴镜像图　　　　图 4-1-23　G05 指令

G12 为消除镜像指令。凡有镜像交换指令的程序，都需用 G12 作为该程序的消除指令。

(9) 偏移补偿指令 G40、G41、G42：G41 为左偏补偿指令，其程序段格式为 G41　D；G42 为右偏补偿指令，其程序段格式为 G42　D。

程序段中的 D 表示偏移补偿量，其计算方法与前面方法相同。左偏、右偏是沿加工方向看，电极丝在加工图形左边为左偏；电极丝在右边为右偏，如图 4-1-24 所示。G40 为取消偏移补偿指令。

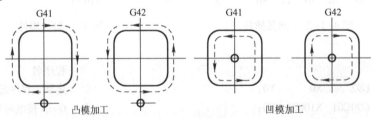

图 4-1-24　偏移补偿指令

(10) 锥度加工指令 G50、G51、G52：在目前的一些电火花线切割数控机床上，锥度加工都是通过装在上导轮部位的 U、V 附加轴工作台实现的。加工时，控制系统驱动 U、V 附加轴工作台，使上导轮相对于 X、Y 坐标轴工作台平移，以获得所要求的锥角。用此方法可以解决凹模的漏料问题。G51 为锥度左偏指令，G52 为锥度右偏指令，G50 为取消锥度指令。

程序段格式为：G51(G52)　A
程序段中 A 表示锥度值。

如图 4-1-25 中的凹模锥度加工指令的程序段格式为"G51　A0.5"。加工前还需输入工件及工作台参数指令 W、H、S（功能见表 4-1-5）。

4）快走丝数控线切割机床的自动编程

下面以 DK7725 型线切割机床配有 CNC-10A 绘图式自动编程系统为例作介绍，如图 4-1-26 所示为绘图式自动编程系统主界面。

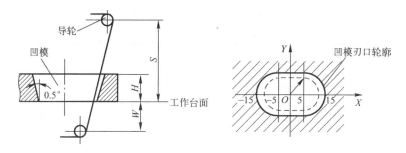

图 4-1-25　凹模锥度加工

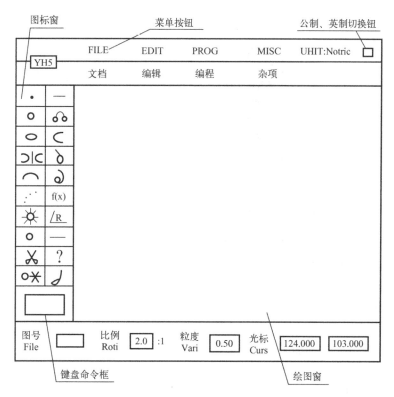

图 4-1-26　绘图式自动编程系统主界面

(1) CNC-10A 绘图式自动编程系统图标命令和菜单命令

CNC-10A 绘图式自动编程系统的操作集中在 20 个命令图标和 4 个弹出式菜单。它们构成了系统的基本工作平台。在此平台上，可进行绘图和自动编程。表 4-1-6 为 20 个命令图标的功能,图 4-1-27 为菜单功能。

表 4-1-6 绘图命令图标功能

名称	图标	名称	图标	名称	图标
1. 点输入	·	8. 渐开线输入	∂	15. 辅助圆输入	○
2. 直线输入	—	9. 摆线输入	⌒	16. 辅助线输入	—
3. 圆输入	○	10. 螺旋线输入	⌇	17. 删除线段	✂
4. 公切线/公切圆输入	∞	11. 列表点输入	∴	18. 询问	?
5. 椭圆输入	○	12. 任意函数方程输入	$f(x)$	19. 清理	○✶
6. 抛物线输入	⊂	13. 齿轮输入	✻	20. 重画	✎
7. 双曲线输入	✶	14. 过渡圆输入	∠R		

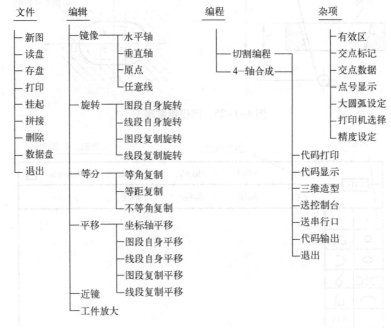

图 4-1-27 CNC-10A 自动编程系统的菜单功能

(2) CNC-10A 自动编程系统操作步骤

① 进入编程界面：在如图 4-1-26 所示的控制屏幕中用光标点取左上角的【YH】窗口切换标志（或按 ESC 键），系统将转入 CNC-10A 编程屏幕。

② 绘制图形。

③ 绘制引入线。

④ 设定加工路线：选择加工方向、补偿方向及传丝点、退出点。

⑤ 数据存盘。

⑥ 代码输出并加工。

7. 任务实施

1) 图样审核与技术分析

(1) 在电火花线切割制造零件前，先对图样进行分析和审核，根据零件特点、加工要求来确定合理的加工工艺,是保证零件加工质量的第一步。在考虑选用电火花线切割加工时,应根据现有加工设备的情况,考虑采用线切割工艺方法的可行性,如下列情况就不能实现加工。

① 窄缝小于电极丝直径加放电间隙的工件。
② 图形内拐角处不允许带有电极丝半径加放电间隙所形成圆角的工件。
③ 非导电材料的工件。
④ 厚度超过丝架跨距的工件。
⑤ 加工长度超过机床 X、Y 拖板的有效行程长度,且精度要求较高的工件。

(2) 在符合电火花线切割加工工艺的条件下,应根据零件的加工要求(如表面质量、尺寸精度要求),决定选用数控高速走丝电火花线切割机床还是数控低速走丝电火花线切割机床来进行加工。对于尺寸精度要求很高、表面粗糙度值要求很小的零件,应采用数控低速走丝电火花线切割机床来完成。

2) 安装电极丝

如图 4-1-28 示为 DK7725 型线切割机床的走丝系统,其结构较为简单。穿丝时按图 4-1-29 所示安装电极丝,具体绕装过程如下:

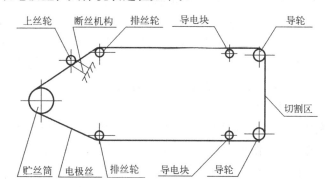

图 4-1-28 电极丝绕至丝架上示意图

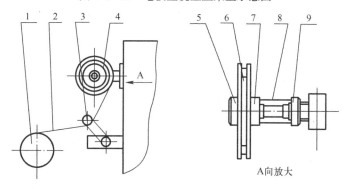

图 4-1-29 电极丝绕至贮丝筒上示意图

1—储丝筒;2—钼丝;3—排丝轮;4—上丝架;5—螺母;6—钼丝盘;7—挡圈;8—弹簧;9—调节螺母

(1) 机床操纵面板 SA1 旋钮左旋;
(2) 上丝起始位置在贮丝筒右侧,用摇手手动将贮丝筒右侧停在线架中心位置;
(3) 将右边撞块压住换向行程开关触点,左边撞块尽量拉远;

(4) 松开上丝器上螺母5,装上钼丝盘6后拧上螺母5;

(5) 调节螺母5,将钼丝盘压力调节适中;

(6) 将钼丝一端通过图4-1-29中件3上丝轮后固定在贮丝筒1右侧螺钉上;

(7) 空手逆时针转动贮丝筒几圈,转动时撞块不能脱开换向行程开关触点;

(8) 按操纵面板上SB2旋钮(运丝开关),贮丝筒转动,钼丝自动缠绕在贮丝筒上,达到要求后,按操纵面板上SB1急停旋钮,即可将电极丝装至贮丝筒上;

(9) 按图4-1-28所示方式,将电极丝绕至丝架上。

3) 工件的装夹与找正

(1) 装夹工件前先校正电极丝与工作台的垂直度;

电极丝的找正通常有两种方法,一种是使用校正器找正;一种是火花找正。

① 校正器找正。使用校正器对电极丝进行找正,应在不放电、不走丝的情况下进行。如图4-1-30所示为校正器,该方法的具体操作为:

- 擦干净校正器底面、测试面及工作台面。把校正器放置于台面与桥式夹具的刃口上,使测量头探出工件夹具,且 a、b 面分别与 X、Y 轴平行。
- 把校正器连线上的鳄鱼夹夹在导电块固定螺钉头上。
- 移动工作台,使电极丝接触测量头,看指示灯。如果是 X 方向的上面灯亮,则调整 U 轴电动机正向移动,即往 U 轴正向调整电极丝,反之亦然,直至两个指示灯同时亮,说明电极丝在 X 轴方向已垂直。Y 方向(Y 轴调整电极丝)的找正方法与上面相同。为精确校正,可反复调整,直至两显示灯同时闪烁。
- 找正后把 U、V 轴坐标清零。

② 火花找正。利用简易工具(规则的六面体、圆柱体或火花找正块),或直接以工件的工作台(或放置其上的夹具工作台)为校正基准,开启机床,使电极丝空运行放电,通过移动机床的 X 轴或 Y 轴,使电极丝与工件接触来碰火花,目测电极丝与工件表面的火花上下是否一致。X 轴方向的垂直度通过移动 U 轴来调整,Y 轴方向垂直度通过移动 V 轴来调整,直至火花上、下一致为止,如图4-1-31所示。调整过程中,为避免电极断丝和蚀伤接触表面,通常使用最小的放电能量。

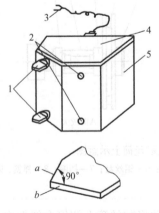

图4-1-30 校正器

1—测量头;2—显示灯;3—鳄鱼夹及插头座;4—盖板;5—支座

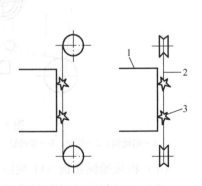

图4-1-31 火花找正

1—工件或工具;2—电极丝;3—火花

（2）选择合适的夹具将工件固定在工作台上；

① 工件装夹的一般要求：
- 工件的基准面应清洁、无毛刺，在穿丝孔内及扩孔的台阶处，要清除油污、锈蚀、热处理残留物及氧化皮等。
- 夹具应具有必要的精度，将其稳固地固定在工作台上，拧紧螺钉时用力均匀。
- 工件装夹的位置应有利于工件找正，并应与机床行程相适应，工作台移动时工件不得与线架碰撞。
- 对工件的夹紧力要均匀，不得使工件变形或翘起。
- 加工大批零件时，最好采用专用夹具，以提高生产率。
- 细小、精密、薄壁工件应固定在不易变形的辅助夹具上。
- 不论采用何种装夹方式，工件与工作台基面必须保持绝缘，以免影响正常切割。

② 常用的装夹方法及特点：
- 悬臂式支撑：工件直接装在台面上或桥式夹具的一个刃口上，如图 4-1-32 所示。悬臂式支撑通用性强，装夹方便。但由于工件单端压紧，另一端悬空，使得工件不易与工作台平行，所以易出现上仰或倾斜，致使切割表面与工件上下平面不垂直或达不到预定的精度。因此，只有在工件的技术要求不高或悬臂部分较小的情况下才能使用。

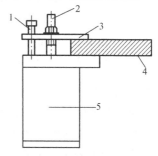

图 4-1-32　悬臂式支撑
1—调节螺栓或垫块；2—锁紧螺栓；
3—压板；4—工件；5—工作台

- 两端支撑：工件两端或两侧都固定在工作台上，如图 4-1-33 所示。这种方法装夹稳定，平面定位精度高，工件底面与切割面垂直度好，但对装夹位置不允许或较小的零件不适用。

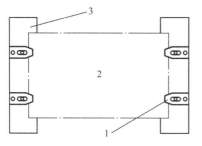 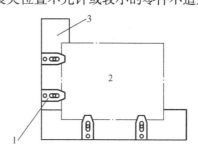

图 4-1-33　两端支撑
1—压板；2—工件；3—工作台

- 垂直刃口支撑：工件装在具有垂直刃口的夹具上，如图 4-1-34 所示，夹具一般定位固定在工作台上，其刃口经过百分表找正后可作为工件的定位面。此种方法装夹后，工件也能悬伸出一角便于加工。装夹精度和稳定性较悬臂式支撑好，也便于找正。装夹时，夹紧点注意对准刃口。垂直刃口装夹方式也可以避免因夹位不足造成的工作台限位问题。
- 桥式支撑：如图 4-1-35 所示，此种装夹方式是快走丝线切割机床最常用的装夹方法，适用于装夹各类工件，特别是方形工件，装夹后稳定可靠。只要工件上、下表面平行，装夹力均匀，工件表面即能保证与台面平行。支撑桥的侧面也可作定位面使用，百分表找正桥的侧面与工作台 X 方向平行，工件如果有较好的定位侧面，与桥的侧面靠紧即可保证工件与 X 方向平行。桥式支撑一般装在带有 T 形槽的工作台上,其位置可以在 T 形槽中滑动调整,以适应不同大小工件的加工。通常情况下,将一个支撑桥找正后固定不动,调整另一支撑桥的位置。

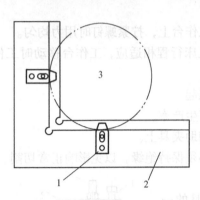

图 4-1-34　垂直刃口支撑
1—压板；2—垂直刃口夹具；3—工件

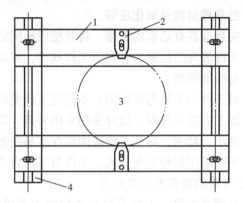

图 4-1-35　桥式支撑
1—桥式支撑；2—压板；3—工件；4—工作台

- 采用 V 形夹具:此种装夹方式适合于圆形工件的装夹,工件素线要求与端面垂直。如果切割薄壁零件,注意装夹力要小,以防变形。
- 采用轴向安装的分度夹具:如小孔机上弹簧夹头的切割,要求沿轴向切两个垂直的窄槽,即可采用专用的轴向安装的分度夹具,如图 4-1-36 所示。分度夹具安装在工作台上,工件用自定心卡盘夹紧。先在自定心卡盘内装一检验棒,用百分表使其与夹具的 X 或 Y 方向平行,将分度夹具固定。然后安装工件,旋转找正外圆和端面,找中心后切第一个槽,切完后旋转分度夹具旋钮,使工件转动 90°,切割另一个槽。
- 采用端面安装的分度夹具:如加工中心上链轮的切割,其外圆尺寸已超过工作台行程,不能一次装夹切割,即可采用分齿加工的方法。如图 4-1-37 所示,工件安装在分度夹具的端面上,通过心轴定位在夹具的锥孔中,一次加工 2～3 齿,通过连续分度完成一个零件的加工。

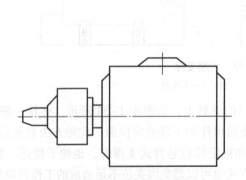

图 4-1-36　轴向安装的分度夹具

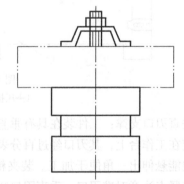

图 4-1-37　端面安装的分度夹具

- 采用板式夹具:加工某些外周已无夹紧位置或夹紧位置很小的工件时,可在底面加一拖板,用胶粘住或用螺栓压紧,使工件与托板连成一体,且保证导电良好,将拖板定位夹紧在工作台或夹具上,加工时连托板一起切割。

- 采用磁性夹具：采用磁性工作台或磁性表座夹持工件，不需要压板和螺钉，操作快速方便，定位后不会因压紧力而变动。

（3）按工件图纸要求用百分表或其它量具找正基准面，使之与工作台的 X 向或 Y 向平行；

① 工件或夹具的找正：

- 用百分表找正：如图 4-1-38 所示，利用磁力表架，将百分表固定在线架或其他"接地"位置上，百分表触头接触在工件基准面上，然后横向或纵向往复移动工作台，根据百分表指示数值相应调整工件，校正应在三个坐标方向上进行。
- 划线找正：如图 4-1-39 所示，将划针固定在线架上，划针指向工件图形的基准线或基准面，横向或纵向移动工作台，根据目测调整工件找正。

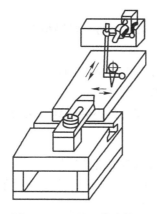
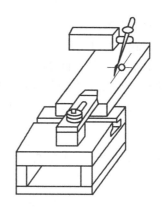

图 4-1-38 用百分表找正　　　图 4-1-39 划线法找正

当线切割加工型腔的位置和其他已成形的型腔位置要求不严格时，可靠紧基面，穿丝可按划线定位。

当同一工件上型孔之间的相互位置要求严格，但与外形要求不严格，又都是只用线切割一道工序加工时，也可按基面靠紧，按划线定位、穿丝，切割一个型孔后卸丝，走一段规定的距离，再穿丝切第二个型孔，如此重复，直至加工完毕。

- 按已成形的孔找正：当线切割型孔位置与外形要求不严格，但与工件上其他工艺已成形的型腔位置要求严格时，可按成形的孔找正后再加工。
- 按基准孔找正：当切割加工的工件较大，但切割型孔总的行程未超过机床行程，又要求按外形找正时，可按外形尺寸做出基准孔，线切割时先将基准面找正，再按基准孔定位。
- 按外形找正：当线切割型孔位置与外形要求较严格时，可按外形尺寸来定位。此时最少要磨出侧垂直基准面，有的甚至要磨六面。圆形工件通常要求圆柱面和端面垂直，这样用圆柱面即可定位。当型孔在中心且与外形的同轴度要求不严格，又无方向性时，可直接穿丝，然后用钢尺比一下外形，丝在中间即可。若与外形的同轴度要求不严格但有方向性时，可按线找正。若同轴度要求严格，方向性也严格时，则要求磨基准孔和基准面。当基准孔无法磨削时（孔太小），也可按线仔细找正。按外形找正有两种方法，一种是直接按外形找正，第二种是按工件外形配做胎具，找正胎具外形，工件固定好后即可加工。

② 工件找正步骤：将上述工件安装在机床工作台支撑架上，并找正工件。其具体操作过

程如下：
- 将工作台支撑架和工件表面擦拭干净。
- 把工件放置在支撑架上的合适位置，用压板螺钉固定工件（工件还需要找正，此时螺钉不要上紧）。因为工件较小，可采用悬臂式支撑方式。
- 将百分表的磁性表座固定在上丝架侧门某一个合适位置，保证固定可靠，同时将表架摆放到能方便校正工件的位置。
- 使用手控盒或者工作台手轮移动相应的轴，使百分表的测头与工件的基准面相接触，直到表的指针有指示数值为止。
- 纵向或横向移动工作台，观察百分表的读数变化，即反映工件基准面与机床 X、Y 轴的平行度。
- 使用铜棒轻敲工件来调整平行度，在指针摆动较小时，轻轻地敲，观察指针的摆动范围尽可能小，满足精度要求为止。
- 将压板螺钉上紧。注意上的时候，用力要匀，避免带动工件移动，否则前功尽弃。

(4) 工件装夹位置应使工件切割区在机床行程范围之内；
(5) 调整好机床线架高度，切割时，保证工件和夹具不会碰到线架的任何部分。

任务巩固

(1) 简述电火花线切割加工的原理，并分析其微观的五个阶段。

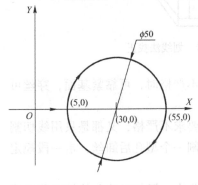

图 4-1-40 圆凸模

(2) 认真观察实习车间的线切割设备，画出其结构简图并标示出其主要结构组成。
(3) 为什么在线切割加工前，需要校正电极丝的垂直度？有哪些注意事项？
(4) 电极丝找正的方法通常有哪些？简述各自的原理。
(5) 在实习车间内的电火花线切割机床上利用百分表进行工件找正。
(6) 如图 4-1-40 所示 $\phi50$ mm 圆凸模，切入长度为 5 mm，间隙补偿量 $f=0.1$ mm，利用自动编程的方法编写零件的加工程序，并比较自动编程与手工编程的异同。

项目4.2 落料凹模的电火花线切割加工

任务描述 了解模具毛坯类型选择及对毛坯的制造设计加工工艺，设计留有合理的加工余量，及热处理方法。

任务分析 能对模具零件进行基本的工艺分析，加工基准点选择，工序工步的确定。

相关知识

1. 零件工艺分析

如图 4-2-1 所示为一落料凹模的线切割加工零件图，材料为普通模具钢，利用线切割机床完成其加工。

该零件由单个封闭图形组成,一般称之为单个形状零件。其加工的主要方式一般为:首先对穿丝孔、加工路径进行选择,再利用手工编程或编程软件编制其加工程序,最后选用合适的电加工参数进行加工。

选用电极丝直径为 0.18 mm,单边放电间隙为 0.01 mm,选 O 点为加工起点(穿丝孔在该处),其加工顺序为:$O \to A \to B \to C \to D \to A \to O$。

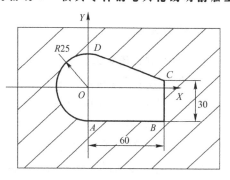

图 4-2-1 线切割凹模加工图

2. 编制加工程序

建立如图 4-2-1 所示坐标系,并按照图样上的平均尺寸计算轮廓交点坐标及圆心坐标,间隙补偿量为:

$$f = r + \delta = 0.18/2 + 0.01 = 0.1 \text{ mm}$$

编制的加工程序为:

(1) ISO 代码编程加工程序:

W01			程序名
G92	X0	Y0	定起点
G41	D90		确定偏移,应放于切入线之前
G01	X0	Y-25000	$O \to A$
G01	X60000	Y-25000	$A \to B$
G01	X60000	Y5000	$B \to C$
G01	X8456	Y23526	$C \to D$
G03	X0	Y-25000 I 8456 J 23526	$D \to A$
G40		:放于退出线之前	
G01	X0	Y0	回到起切点
M02			程序结束

(2) 3B 代码编程加工程序如表 4-2-1 示。

表 4-2-1 3B 代码编程加工程序

程序	B	x	B	y	B	J	G	Z	备注
	B		B		B	25000			
1	B		B		B	60000	GY	L3	直线 OA
2	B		B		B	30000	GX	L1	直线 AB
3	B	8456	B	23526	B	51544	GY	L2	直线 BC
4	B	8456	B	23526	B	58456	GX	L2	直线 CD
5	B		B		B	25000	GX	NR1	圆弧 DA
6							Gy	L2	直线 AO
7							D		

3. 任务实施

1) 加工前的预备工作

① 合理选择工件材料：为了减少电火花线切割加工造成的工件变形，应选择可锻性好、渗透性好、热处理变形小的材料，工件材料应按技术要求进行规范的热处理。

② 加工穿丝孔：封闭型孔和一些凸模的加工，需要在电火花线切割之前加工出穿丝孔。穿丝孔的位置应符合编程时指定的加工起点。可用铣床、钻床等机床来钻削加工穿丝孔，对于孔径小或者硬度大的工件，采用电火花穿孔机来加工穿丝孔，其加工效率甚至高于钻削加工，被广泛采用。

③ 选择电极丝的种类：数控高速走丝电火花线切割加工一般采用直径为 $\phi0.18$ mm 的钼丝作为电极丝；数控低速走丝电火花线切割加工的电极丝一般采用黄铜丝，另外还有镀锌丝、钢芯丝等，电极丝的直径可根据加工精度要求来选择，尽量选用直径不小于 0.2 mm 的电极丝，以获得较高的切割速度，减少加工中断丝的风险。

④ 工件装夹与校正：根据工件的加工形状、大小选用合适的装夹方式，确定夹持工件的位置。如板类零件、回转体零件、块类零件的装夹方式不同，可选用专用夹具或者自行设计夹具来装夹工件。工件装夹好后要进行校正，一般是检查工件装夹的垂直度、平面度，校正工件基准面与机床的轴向平行度。

⑤ 穿丝与校丝：将电极丝正确地缠绕在走丝机构的各部位，使电极丝保持一定的张力。选用适当的方式来校正电极丝的垂直度，如利用找正器校丝、火花校丝等。

⑥ 电极丝的定位：数控电火花线切割加工前，应将电极丝准确定位到切割的起始坐标位置，其调整方法有目测法、火花法、自动找正等。目前的数控电火花线切割加工机床都具有接触感知功能，都具有自动找边、自动找中心等功能，找正精度高，用于电极丝定位非常方便，操作方法因机床而异。

⑦ 加工编程：数控电火花线切割加工编程是整个工艺环节的重点。机床是根据数控程序来进行加工的，程序的正确与否直接影响到加工形状、加工精度等。数控电火花线切割加工编程的方法有自动编程和手工编程。实际生产中绝大多数采用自动编程的方法，通过电火花线切割加工自动编程系统来生成加工程序。

2) 加工程序的检查与验证

在编程完成后，正式切割前，应对数控程序进行检查与验证，确定其正确性。数控电火花线切割加工机床的数控系统均提供程序验证的方法，常用的方法有：一种是画图检验法，主要用于验证程序中是否存在语法错误及是否符合图样加工轮廓；一种是空行程检验法，可检验程序的实际加工情况，检查加工中是否存在碰撞或干涉现象，以及机床行程是否满足加工要求等，通过模拟动态加工实况，对程序及加工轨迹路线进行全面验证。

对于一些尺寸精度要求高、凸、凹模配合间隙小的冲模，可先用薄板料试切割，检查有无尺寸精度与配合间隙，如发现不符合要求，应及时修正程序，直至验证合格后，方可正式切割加工。加工中可根据加工状态调整电参数和非电参数，使加工保持最佳放电状态。正式切割结束后，不可急于拆下工件，应检查起始坐标与终结坐标是否一致，如发现有问题，应及时采取补救措施。

3）零件加工

选择合适的电加工参数，包括脉冲宽度、脉冲间隙、脉冲电压幅值及峰值电流等。这些参数都直接影响到零件的加工效率、精度和表面粗糙度。另外，进给速度的调整也是一个重要内容。进给速度过慢，则加工时间过长，效率低；进给速度太快，超过蚀除速度，则会出现钼丝与工件接触不良的现象，导致钼丝拉弯甚至拉断，无法加工。具体加工步骤如下：

（1）合上机床主机上电源开关；

（2）合上机床控制柜上电源开关，启动计算机，双击计算机桌面上 YH 图标，进入线切割控制系统；

（3）解除机床主机上的急停按钮；

（4）按机床润滑要求加注润滑油；

（5）开启机床空载运行 2 分钟，检查其工作状态是否正常；

（6）按所加工零件的尺寸、精度、工艺等要求，在线切割机床自动编程系统中编制线切割加工程序，并送控制台。或手工编制加工程序，并通过软驱读入控制系统；

（7）在控制台上对程序进行模拟加工，以确认程序准确无误；

（8）工件装夹；

（9）开启运丝筒；

（10）开启冷却液；

（11）选择合理的电加工参数；

（12）手动或自动对刀；

（13）点击控制台上的"加工"键，开始自动加工；

（14）加工完毕后，按"Ctrl + Q"键退出控制系统，并关闭控制柜电源；

（15）拆下工件，检测尺寸，清理机床；

（16）关闭机床主机电源。

4）检测

加工完成后，取出工件，检测其尺寸。

任务巩固

如图 4-2-2 示为一凸模的线切割加工零件图，材料为 Cr12MoV。电极丝为 $\phi0.2$ 的钼丝，单边放电间隙 0.01 mm，写出其工艺流程，并利用手工编程及自动编程软件进行编程、加工。

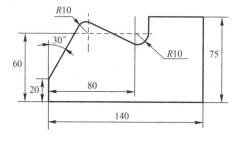

图 4-2-2　凸模零件加工图

参 考 文 献

[1] 汪程,顾晔. 数控加工技术项目化实训教程. 南昌:江西高校出版社,2010.
[2] 韩鸿鸾. 数控车削工艺与编程一体化教程. 北京:高等教育出版社,2009.
[3] 韩鸿鸾. 数控铣削工艺与编程一体化教程. 北京:高等教育出版社,2009.
[4] 刘宏军. 模具数控加工技术. 大连:大连理工大学出版社,2010.
[5] 高汉华,赵红梅. 数控编程与操作项目化实训教程. 哈尔滨:哈尔滨工程大学出版社,2011.
[6] 吴明友. 数控车床考工实训教程. 北京:化学工业出版社,2006.
[7] 邵刚,谢暴. 数控车工技术操作教程. 合肥:安徽科技出版社,2008.
[8] 孙德茂. 数控机床铣削加工直接编程技术. 北京:机械工业出版社,2004.
[9] 赵长明,刘万菊. 数控加工工艺及设备. 北京:高等教育出版社,2003.
[10] 吴明友. 数控铣床考工实训教程. 北京:化学工业出版社,2006.
[11] 吴明友. 加工中心考工实训教程. 北京:化学工业出版社,2006.
[12] 劳动和社会保障部教材办公室. 数控机床编程与操作2版:数控铣床、加工中心分册. 北京:中国劳动社会保障出版社,2005.
[13] 张秀玲,韩鸿鸾. 数控机床加工技师手册. 北京:机械工业出版社,2005.
[14] 张超英,罗学科. 数控加工综合实训. 北京:化学工业出版社,2003.
[15] 眭润舟. 数控编程与加工技术. 北京:机械工业出版社,2001.
[16] 袁锋. 全国数控大赛试题精选. 北京:机械工业出版社,2005.
[17] 陈海舟. 数控铣削加工宏程序及应用实例. 北京:机械工业出版社,2006.
[18] 北京发那科机电有限公司. FANUC Series 0i – MC 操作说明书. 北京:北京发那科机电有限公司,2004.
[19] 上海宇龙软件工程有限公司. 数控加工仿真系统FANUC系列使用手册. 上海:上海宇龙软件工程有限公司,2007.
[20] 黄如林. 切削加工简明实用手册. 北京:化学工业出版社,2004.
[22] 王启义,李文敏. 几何量测量器具使用手册. 北京:机械工业出版社,1997.
[23] 蒋洪平. MasterCAM X 标准教程. 北京:北京理工大学出版社,2007.
[24] 何满才. 三维造型设计–MasterCam 9.0 实例详解. 北京:人民邮电出版社,2003.
[25] 颜新宁. MasterCAM 软件应用技术基础. 北京:电子工业出版社,2010.
[26] 苟琪,等. MasterCAM 进阶功能剖析. 北京:机械工业出版社,2002.
[27] 甄瑞麟. 模具制造工艺学. 北京:清华大学出版社,2009.
[28] 郭铁良. 模具制造工艺学. 北京:高等教育出版社,2011.
[29] 何满才. 数控编程与加工–Mastercam 9.0 实例详解. 北京:人民邮电出版社,2004.
[30] 蔡冬根. Mastercam X2 应用与实例教程. 北京:人民邮电出版社,2013.
[31] 袁根福,祝锡晶. 精密与特种加工技术. 北京:北京大学出版社,2007.
[32] 李立. 数控线切割加工实用技术. 北京:机械工业出版社,2007.
[33] 伍端阳. 数控电火花成形加工技术培训教程. 北京:化学工业出版社,2009.
[34] 罗学科,李跃中. 数控电加工机床. 北京:化学工业出版社,2003.
[33] 林涛,谭成智. 电加工编程及操作. 北京:机械工业出版社,2013.